市政给排水工程规划与设计

袁 帅 冷 越 郭 猛 主编

中国建设科技出版社有限责任公司
China Construction Science and Technology Press Co., Ltd.
北 京

图书在版编目（CIP）数据

市政给排水工程规划与设计/袁帅，冷越，郭猛主编．--北京：中国建设科技出版社有限责任公司，2025.5． -- ISBN 978-7-5160-4513-8

Ⅰ．TU99

中国国家版本馆 CIP 数据核字第 2025QN9468 号

市政给排水工程规划与设计
SHIZHENG JIPAISHUI GONGCHENG GUIHUA YU SHEJI
袁 帅 冷 越 郭 猛 主 编

出版发行：	中国建设科技出版社有限责任公司
地　　址：	北京市西城区白纸坊东街 2 号院 6 号楼
邮　　编：	100054
经　　销：	全国各地新华书店
印　　刷：	北京雁林吉兆印刷有限公司
开　　本：	787mm×1092mm　1/16
印　　张：	12.25
字　　数：	290 千字
版　　次：	2025 年 5 月第 1 版
印　　次：	2025 年 5 月第 1 次
定　　价：	**78.00 元**

本社网址：www.jskjcbs.com，微信公众号：zgjskjcbs
请选用正版图书，采购、销售盗版图书属违法行为
版权专有，盗版必究。本社法律顾问：北京天驰君泰律师事务所，张杰律师
举报信箱：zhangjie@tiantailaw.com　　举报电话：（010）63567684
本书如有印装质量问题，由我社事业发展中心负责调换，联系电话：（010）63567692

编 委 会

主　编： 袁　帅（中交第二公路勘察设计研究院有限公司）
　　　　冷　越（深圳市宝安设计集团有限公司）
　　　　郭　猛（中国市政工程华北设计研究总院有限公司）
副主编： 刘扬帆（广州市设计院集团有限公司）
　　　　赖海灵（广州市设计院集团有限公司）
　　　　张健春（深圳市市政设计研究院有限公司）
编　委： 黄玲芳（厦门市政管廊投资管理有限公司）
　　　　程　龙（中交四航局第八工程有限公司）
　　　　吕英俊（深圳市利源水务设计咨询有限公司）

前　　言

市政给排水系统作为城市基础设施的核心组成部分，承载着保障居民生活用水、防治内涝灾害、维护生态环境等重要功能。随着城市化进程的加速与可持续发展理念的深化，其规划设计的科学性与前瞻性直接关系到城市的综合承载能力与绿色发展水平。

在城市规模扩张与气候变化的双重挑战下，传统给排水系统暴露出诸多结构性矛盾与不足。部分城市存在排水系统标准滞后、雨污混排现象突出等问题，导致内涝频发与水体污染加剧。此外，水资源供需失衡与再生利用率不足的矛盾日益显现，制约着城市的可持续发展。因此，亟须以系统性思维重构规划框架，统筹考虑防洪排涝、水资源循环利用与生态环境保护的协同发展。

本书结合行业实践与理论研究，从规划理念革新、技术路径优化及管理机制完善等维度，探讨市政给排水工程规划设计的创新方向。现代市政给排水规划设计应遵循"全周期管理"理念，强化源头减排、过程控制与末端治理的有机衔接。在给水系统优化方面，需建立区域水资源平衡模型，结合"海绵城市"建设理念，构建多水源互补的供水网络。应科学规划给水管道系统，合理确定管径与流速，保障供水的安全和稳定，紧抓管网布局、管径计算等核心要点，致力于打造高效、稳定的供水脉络。给水厂设计部分则聚焦于净水工艺选择、设备配置等方面，确保优质水源供应。排水系统设计则应突破传统重力流模式，通过低影响开发（LID）技术实现雨水的自然积存与净化，同时采用智慧化监测手段提升系统运行效率。此外，污水处理模式需向资源化利用转型，通过分散式处理设施与集中式处理厂的协同布局，实现污水的梯级利用与能源回收。

本书适合市政给排水工程专业的高校师生以及从事市政给排水工程规划与设计相关工作的人员进行阅读和参考。全书共七章，内容包含：绪论、市政给水工程规划、市政排水工程规划、市政给水管道系统设计、市政排水管道系统设计、给水厂设计、海绵城市理念下的市政给排水规划设计新技术。第一主编袁帅负责第1章、第4章的第3节、第5章、第7章的第5节的编写，并负责全书的统稿及前言的整理；第二主编冷越负责第2章、第3章、第4章的第1节的编写；第三主编郭猛负责第4章的第2节、第7章的第1节～4节，以及参考文献的整理；第二副主编赖海灵负责第6章的第1节～4节的编写；编委程龙负责第6章的第5节的编写。感谢第一副主编刘扬帆、第三副主编张健春以及编委黄玲芳、吕英俊为编写本书做了大量数据、资料的搜集整理工作。

鉴于编写人员专业能力和知识储备有限，全书难免有不当之处，敬请读者批评指正，不胜感谢。

编　者

2024年12月

目　　录

1 绪论 ··· 1
   1.1　市政给排水工程基本介绍 ··· 1
   1.2　市政给排水工程规划设计基本介绍 ································· 10
   1.3　海绵城市理念与市政给排水工程 ···································· 13

2 市政给水工程规划 ··· 18
   2.1　给水系统的规划 ·· 18
   2.2　给水泵站与给水管网布置 ·· 20
   2.3　给水厂厂址选择和平面布置 ··· 28

3 市政排水工程规划 ··· 33
   3.1　排水系统规划 ··· 33
   3.2　排水系统的布置 ·· 34
   3.3　雨水管道与排水泵站布置 ·· 44

4 市政给水管道系统设计 ··· 53
   4.1　用水量设计 ·· 53
   4.2　水源及取水构筑物 ·· 61
   4.3　给水管道设计 ··· 65

5 市政排水管道系统设计 ··· 79
   5.1　污水量设计 ·· 79
   5.2　排水管材和附属构筑物 ··· 82
   5.3　污水管道设计 ··· 92
   5.4　雨水管道设计 ··· 105

6 给水厂设计 ··· 119
   6.1　絮凝池设计 ··· 119
   6.2　沉砂池设计 ··· 126
   6.3　沉淀池设计 ··· 129
   6.4　澄清池设计 ··· 136
   6.5　消毒设施设计 ··· 140

7 海绵城市理念下的市政给排水规划设计新技术 …… 147
 7.1 低影响开发技术 …… 147
 7.2 绿色屋顶技术 …… 156
 7.3 雨水花园技术 …… 161
 7.4 雨水资源利用技术 …… 175
 7.5 智慧排水技术 …… 182

参考文献 …… 187

1 绪 论

1.1 市政给排水工程基本介绍

1.1.1 给排水系统概论

给排水系统是为人类生活、生产和消防提供用水和排除废水的设施总称。它是人类文明进步和城市化聚集居住的产物,是现代化城市最重要的基础设施之一,也是城市社会经济发展水平的重要标志。给排水系统的功能是向各种不同类别的用户供应满足需求的水,同时承担用户排出的废水的收集、输送和处理工作,达到消除废水中污染物质对人体健康的危害和保护环境的目的。给排水系统可分为给水系统和排水系统。

1. 给水系统

给水系统是指保证用水能满足用户使用要求(水量、水质和水压)的工程设施。其用水按照用途的不同,通常分为生活用水、工业生产用水和市政消防用水三大类。

(1) 生活用水

生活用水是人们在各类生活活动中直接使用的水,主要包括居民生活用水、公共设施用水和工业企业职工生活用水。居民生活用水是指居民家庭生活中饮用、烹调、洗浴、洗涤等用水,是保障居民日常生活、身体健康、清洁卫生和生活舒适的重要条件。公共设施用水是指机关、学校、医院、宾馆、车站、公共浴场等公共建筑和场所的用水,其特点是用水量大、用水地点集中,该类用水的水质要求与居民生活用水相同。工业企业职工生活用水是工业企业区域内从事生产和管理工作的人员在工作时间内的饮用、烹调、洗浴、洗涤等生活用水及下班后的淋浴用水。该类水的水质与居民生活用水水质相同,用水量则根据工业企业的生产工艺、生产条件、工作人员数量、工作时间安排等因素而变化。

(2) 工业生产用水

工业生产用水是指工业生产过程中为满足生产工艺和产品质量要求的用水,工业企业门类多、系统庞大复杂,对水量、水质、水压的要求差异很大。

(3) 市政消防用水

市政消防用水是指城镇或工业企业区域内的道路浇洒、绿化浇灌、公共清洁和消防用水。为了满足城市和工业企业的各类用水需求,城市给水系统需要建设适当的取水设施、水质处理设施和输配水管道系统等。

2. 排水系统

生活用水、工业生产用水在使用以后,水质受到了不同程度的污染,成为废水。这些废水携带着不同来源和不同种类的污染物质，会给人体健康、生活环境和自然生态环境带来危害，应及时进行收集、处理，而后才可以排放到天然水体或者重复利用。为此而建设的废水收集、处理和排放的工程设施，称为排水系统，即保证废水能安全可靠排放的工程设施。将废水或达到排放标准的污水进一步处理，使其满足不同使用要求而回用的工程设施则称为回用水（再生水）处理系统。另外，城镇化地区的降水会造成地面积水，甚至造成洪涝灾害，也需建设雨水排水系统及时排除。

根据排水系统所接纳的废水的来源，可将废水分为生活污水、工业废水和降水三种类型。生活污水主要是指居民生活用水所造成的废水和工业企业产生的生活废水，其中含有大量的有机污染物，受污染程度比较严重，是废水处理的重点对象。大量的工业用水在工业生产过程中用于冷却或洗涤等，仅受到轻微的水质污染或水温变化，这类废水往往经过简单处理后即可重复使用；另一类工业废水在生产过程中受到严重污染，例如许多化工行业生产废水中含有高浓度污染物质，甚至含有大量有毒有害物质，必须予以严格处理。降水是指雨水和冰雪融化水，雨水排水系统的主要目标是排除降水，防止地面积水和洪涝灾害。在水资源缺乏的地区，降水应尽可能收集并进行利用。只有建设合理、经济和可靠的排水系统，才能达到保护环境、保护水资源、促进生产和保障人们生活和生产活动安全的目的。

3. 给排水系统的要求

给排水系统主要包括以下几方面要求。

(1) 水量要求，是指向人们指定的用水地点及时可靠地提供满足用户需求的用水量，将用户排出的废水（包括生活污水和生产废水）和雨水及时可靠地收集并输送到指定地点。

(2) 水质要求，是指向指定用水地点和用户供给符合水质要求的水，并按有关水质标准将废水排入受纳水体。水质保障的措施主要包括三个方面：①采用合理的给水处理措施，使供水水质达到用水要求；②设计和运行管理过程中，通过物理和化学手段控制储水和输配水过程中的水质变化；③采用废水处理措施使废水水质达到排放标准要求，保护环境不受污染。

(3) 水压要求，是指为用户提供一定的用水压力，使用户在任何时间都能取得充足的水量；此外，排水系统还应具有足够的高程和压力，保证能够顺利将排水排入受纳体。在地形高差较大的地方，给水应充分利用地形高差，采用重力输送；在地势平坦的地区，给水压力一般采用水泵加压，必要时还需要采取措施降低水压，以保证用水设施安全和用水舒适。排水一般采用重力流输送，必要时用水泵提升，有时也通过跌水消能设施降低高程，以保证排水系统的通畅和稳定。

4. 给排水系统的组成

给排水系统可划分为六个子系统。

(1) 原水取水系统。原水取水系统包括水源地（如江河、湖泊、水库、海洋等地表水资源，潜水、承压水和泉水等地下水资源）、取水头部、取水泵站和原水输水管（渠）等。

(2) 给水处理系统。给水处理系统包括各种采用物理、化学、生物等方法的水质处理设备和构筑物。生活饮用水一般采用絮凝、沉淀、过滤和消毒等处理工艺和设施进行处理；工业用水一般由冷却、软化、除盐等工艺和设施进行处理。

（3）给水管网系统。给水管网系统又称输水与配水系统，简称输配水系统。给水管网系统包括输水管（渠）、配水管网、水压调节设施（泵站、减压阀）及水量调节设施（清水池、水塔等）等。

（4）排水管网系统。排水管网系统包括污水和废水收集与输送管渠、水量调节池、提升泵站及附属构筑物（如检查井、跌水井、水封井、雨水口等）等。

（5）废水处理系统。废水处理系统包括各种采用物理、化学、生物等方法的水质净化设备和构筑物。由于废水的水质差异大，采用的废水处理工艺各不相同。常用的物理处理工艺有格栅、沉淀、过滤等；常用的化学处理工艺有中和、氧化等；常用的生物处理工艺有活性污泥处理、生物滤池、氧化沟等。

（6）排放和重复利用系统。排放和重复利用系统包括废水受纳体（如水体、土壤等）和最终处置设施，如排放口、稀释扩散设施、隔离设施和废水回用设施。

1.1.2 给水系统组成与分类

1. 给水系统的组成

给水系统由相互联系的一系列构筑物和输配水管网组成。它的任务是从水源取水，按照用户对水质的要求进行处理，然后将水输送到用水区，并向用户配水。

为了完成上述任务，给水系统通常由以下工程设施组成。

（1）取水构筑物。取水构筑物主要用于从选定的水源（包括地表水和地下水）中取水。

（2）水处理构筑物。水处理构筑物是将取水构筑物的来水进行处理，以符合用户对水质的要求。这些构筑物常集中布置在水厂内。

（3）泵站。泵站主要用于将所需水量提升到要求的高度，可分为抽取原水的一级泵站、输送清水的二级泵站和设于管网中的增压泵站等。

（4）输水管（渠）和管网输水管（渠）。将原水送到水厂或将清水送到给水区的管（渠），管网则是将给水区的水送到各个用户的全部管道。

（5）调节构筑物。它包括各种类型的储水构筑物，如输水管（渠）、配水管网、泵站、水量调节构筑物等，用以贮存和调节水量。

① 输水管（渠）是指在较长距离内输送水量的管道或渠道，一般不沿线向外供水。如从水源输水到水厂的管道（渠道）、从水厂将清水输送至供水区域的管道、从供水管网向某大用户供水的专线管道、区域给水系统中连接各区域管网的管道等。输水管按材料有铸铁管、钢管、钢筋混凝土管、硬聚氯乙烯管材（Unplasticized Polyvinyl Chloride，U-PVC）管等，输水渠道一般由砖、石、混凝土等材料砌筑。

由于输水管发生事故将对供水产生较大影响，所以较长距离输水管一般敷设成两条并行的管线，并在中间的一些适当地点分段连通和安装切换阀门，以便其中一条管道局部发生故障时，可由另一条并行管线供水。采用重力输水方案时，许多地方采用渡槽输水，可以就地取材，降低造价。

输水管中水的流量一般都比较大，输送距离远，施工条件差，工程量巨大，甚至要穿越山岭或河流。输水管的安全可靠性要求严格，特别是在现代化城市建设中，远距离输水工程越来越普遍，对输水管道工程的规划和设计必须给予高度重视。

② 配水管网是指分布在供水区域内的配水管道。其功能是将来自于较集中点（如输水管的末端或调节构筑物等）的水量分配到整个供水区域，使用户能够从近处接管用水。

配水管网由主干管、干管、支管、连接管、分配管等构成。配水管网中还需要安装消火栓、阀门（闸阀、排气阀、泄水阀等）和检测仪表（压力、流量、水质检测等）等附属设施，以保证消防供水和满足生产调度、故障处理、维护保养等管理需求。

③ 泵站是输配水系统中的加压设施，一般由多台水泵并联组成。当不能靠重力输水时，需要通过水泵加压，使水具有足够的能量。在输配水系统中还要求水被输送到用户接水点后仍具有符合用水要求的压力，以满足用水点的位置高度和克服管道系统水流阻力。

给水系统中的泵站有取水泵站（又称一级泵站）、供水泵站（又称二级泵站、配水泵站或送水泵站）和加压泵站（又称三级泵站）三种形式。取水泵站一般靠近水源建设，将原水提升后送至水厂。供水泵站一般位于水厂内部，将清水池中的水加压后送入输水管和配水管网。加压泵站则对远离水厂的供水区域或地势较高的区域进行加压，即实现多级加压。泵站一般从调节设施中吸水，也有部分加压泵站直接从管道中吸水，前者属于间接加压泵站（又称水库泵站），后者属于直接加压泵站。

④ 水量调节构筑物包括清水池（又称清水库）、水塔和高地水池等。其主要作用是调节流量差，又称调节构筑物。水量调节构筑物也可用于储存备用水，以保证消防、检修、事故等情况下的用水，提高系统的供水安全可靠性。

设在水厂内的清水池（清水库）是水处理系统与管网系统的衔接点，既作为经过处理的清水的储存设施，又是管网系统中输配水的水源点。

2. 给水系统分类

1) 按使用目的分类

（1）生活给水系统。生活给水系统是指供给居民生活中饮用、烹调、洗涤、清洁卫生等用水的系统。其水质须符合《生活饮用水卫生标准》（GB 5749—2022）的要求。

（2）生产给水系统。生产给水系统是指供给各类生产企业的产品生产过程中所需用水的系统，包括冷却用水、产品和原料洗涤等用水，其水质、水压、水量因产品种类、生产工艺不同而不同。

（3）消防给水系统。消防给水系统是指为满足消防需求而设的给水系统，对水质要求不高，但必须满足《建筑设计防火规范》（GB 50016—2014）（2018 年版）对水量和水压的要求，一般不单独设置。

2) 按输水方式分类

（1）重力给水系统。重力给水系统无能量消耗，运行经济，如水源处地势较高，清水池（清水库）中的水依靠自身重力，经重力输水管进入管网并供用户使用。

（2）压力输水管网系统。压力输水管网系统是指清水池（清水库）的水由泵站加压送出，经输水管进入管网供用户使用，甚至需要通过多级加压将水送至更远或更高处用户使用。

3）按水源分类

（1）地表水给水系统。以地表水为水源的给水系统。其相应的工程设施和工艺流程为：取水构筑物从江河取水，经一级泵站送往水处理构筑物，处理后的清水储存在清水池中；二级泵站从清水池取水，经管网供应用户。有时，为了调节水量和保持管网的水压，可根据需要建造水库泵站、高地水池或水塔。

（2）地下水给水系统。地下水给水系统是指以地下水为水源的给水系统，常以凿井方式提取地下水。因地下水水质良好，一般可省去水处理构筑物，只需加氯消毒，使给水系统大为简化。此外，给水系统也可根据水源数量分为单水源给水系统与多水源给水系统。所有用户的用水来源于一个水厂的清水池（清水库），即为单水源给水系统。企事业单位或小城镇给水管网系统一般为单水源给水系统。有多个水厂的清水池（清水库）作为水源的给水系统，清水从不同的水源经输水管进入管网，用户的用水可以来源于不同的水厂，即为多水源给水系统。

4）给水系统布置形式

按照城市规划、水源条件、地形，用户对水量、水质、水压的要求等方面的具体情况，给水系统可选择多种布置方式。

（1）统一给水系统。根据生活饮用水卫生标准，以统一的水质和水压，通过统一的管道系统供给居民生活用水、工业生产和消防用水的系统，称为统一给水系统。该系统的水源可以是一个，也可以是多个。统一给水系统多用在新建中小城市、工业区、开发区，以及各类用户较为集中，各用户对水质、水压要求相差不大，地势比较平坦，建筑物层数差异不大的地区。该系统结构简单，便于管理，一般的城市给水系统均属于统一给水系统。

（2）分质给水系统。取水构筑物从同一水源或不同水源取水，经过不同程度的净化处理，以不同的压力，用不同的管道，分别将不同水质的水供给用户的系统，称为分质给水系统。在城市中工业较集中的区域，对工业用水和生活用水可采用分质给水系统。另外，也有将城市自来水经过进一步深度净化后制成直接饮用水，然后用直接饮用水管道系统供给用户，从而形成一般自来水和直接饮用水两套管道的分质供水系统。上海和深圳少数住宅小区即采用这种分质供水方式。

（3）分压给水系统。因水压要求不同而分系统（分压）给水时，由同一泵站内的不同水泵分别将水质相同的水供水到水压要求高的高压管网和水压要求低的低压管网，以节约能量消耗。

（4）分区给水系统。这种给水系统将给水管道系统划分为多个区域，每区管网具有独立的供水泵，供水具有不同的水压，各区之间有适当的联系以保证供水可靠和调度灵活。分区给水可以使管网水压不超过水管所能承受的压力，减少漏水量和能量的消耗，但将增加管网造价且管理比较分散。

供水管道系统的分区方式有两种。一种是采用并联分区，由同一泵站内的高压泵和低压泵分别向高区和低区供水，其特点是供水安全可靠、管理方便，给水系统的工作情况简单；但增加了高压输水管的长度和造价。另一种是采用串联分区，其高、低两区用水均由低区泵站供给，加压泵站只提升高区用水。另外，大中型城市的管网为了减少因管线太长引起的压力损失过大，在管网中间设加压泵站或由水库泵站加压——这种方法也是串联分区的一种形式。串联分区的输水管长度较短，可用扬程较低的水泵和低压管道，但将增加泵站的造价和管理费用。

（5）区域供水系统。随着经济的发展和农村城市化进程的加快，许多小城镇逐渐形成并不断扩大，或者以某一城市为中心，带动了周围城市的发展。这样，因城市距离较短，两个以上城市采用统一给水系统，或者若干原先独立的管道系统连成一片，或者以中心城市管道系统为核心向周边城市扩展的供水系统称为区域供水系统。区域供水系统不是按一个城市进行规划的，而是按一个区域进行规划的。其特点是可以统一规划、合理利用水资源。另外，分散的、小规模的独立供水系统联成一体后，通过统一管理、统一调度，可以提高供水系统技术管理水平、经济效益和供水安全可靠性。区域供水对水资源缺乏的地区，尤其是城市化密集地区的城镇较为适用，并能发挥规模效应，降低成本。

1.1.3 排水系统组成与排水体制

1. 排水系统的组成

排水管道系统承担污废水收集、输送或压力调节和水量调节任务，起到防治环境污染和防治洪涝灾害的作用。排水管道系统一般由废水收集设施、排水管网、排水调节池、提升泵站、出水口（排放口）等构成。如图1.1所示为一个典型的排水系统。

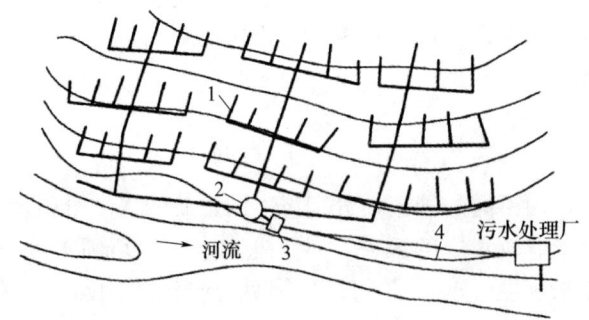

1—排水管道；2—水量调节池；3—提升泵站；4—废水输水管（渠）。

图1.1 排水系统

1）废水收集设施

废水收集设施是排水系统的起点。废水一般直接排到用户的室外窨井，并通过连接窨井的排水支管收集到排水管道系统中。雨水的收集是通过设在地面的雨水口将雨水收集到雨水排水支管。

2）排水管网

排水管网是指分布于排水区域内的排水管道（渠道），其功能是将收集到的污水、废水和雨水等输送到处理地点或排放口，以便集中处理或排放。

排水管网由支管、干管、主干管等构成，一般沿地面高程由高向低布置成树状网络。排水管网中设置检查井、跌水井、溢流井、水封井、换气井等附属构筑物，以便于系统的运行与维护管理。由于污水中含有大量的漂浮物和气体，污水管网的管道一般采用非满流，以保留漂浮物和气体的流动空间。雨水管网的管道一般采用满流。工业废水的输送管道采用满流或者非满流，则应根据水质的特性决定。

3）排水调节池

排水调节池是指具有一定容积的污水、废水或雨水调蓄设施，以调节排水管网流量与水体输水量或与处理厂处理水量的差值。通过排水调节池可以减小其下游高峰排水流量，从而减小输水管渠或排水处理设施的设计规模，降低工程造价。

排水调节池还可在系统事故时储存短时间排水量，以降低造成环境污染的风险。此外，排水调节池也能起到均和水质的作用。由于不同工厂、不同车间、不同时段排出的工业废水的水质会有变化，这种变化不利于水质处理工艺运行，而调节池可以中和酸碱、优化水质。

4）提升泵站

提升泵站可提升排水的高程或实现排水的加压输送。排水在重力输送过程中，高程不断降低，当地面较平坦时，输送一定距离后，管道的埋深会很大（如达到5m以上），建设费用很高，通过水泵提升可以降低管道埋深以降低工程费用。另外，为了使排水能够进入处理构筑物或达到排放高程，也需要进行提升或加压。

提升泵站的设置数量依需要确定，较大规模的管网或需要较长的排水距离，可能需要设置多座泵站。

5）出水口（排放口）

排水管道的末端是废水出水口，其与接纳废水的水体连接。为了保证排放口的稳定，或者使废水能够均匀地与接纳水体混合，需要合理设置出水口。出水口有多种形式，如岸边式出水口、分散式出水口等。

2. 排水体制

废水分为生活污水、工业废水和雨水三种类型。它们可以采用同一个排水管网系统来排除，也可以采用各自独立的排水管网系统来排出。不同排出方式所形成的排水系统，称为排水体制。排水体制主要有合流制和分流制两种。

1）合流制排水系统

将生活污水、工业废水和雨水混合在同一管（渠）系统内排放的排水系统称为合流制排水系统。根据污水汇集后的处理方式不同，又可将合流制分为以下三种情况。

（1）直排式合流制

直排式合流制是指管道系统的布置就近坡向水体，将收集的混合污水不经处理直接排入水体（图1.2）。我国许多城市的旧城区大多采用这种排水体制。这是因为当时工业尚不发达，城市人口不多，生活污水和工业废水量不大，直接排入水体，环境卫生和水体污染问题还不是很明显。但是，随着现代化城镇和工业企业的建设和发展，人们的生活水平不断提高，污水量不断增加，水质日趋复杂，由于污水未经处理就

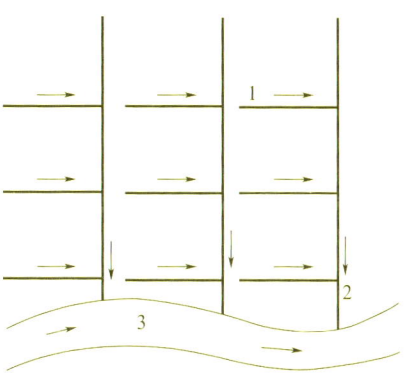

1—合流支管；2—合流干管；3—河流。

图1.2 直排式合流制排水系统

排放，受纳水体遭到的污染越来越严重。因此，这种直排式合流制排水系统目前不宜使用。

(2) 截流式合流制

为了改善直排式合流制排水系统污染水体的状况，需对旧城区的排水系统进行改造。目前常采用的是截流式合流制排水系统。这种系统是沿河岸边敷设一条截流干管，同时在合流干管与截流干管相交前或相交处设置溢流井，并在截流干管下游设置污水处理厂，晴天和降雨初期时，所有的污水都输送至污水处理厂进行处理，经处理达标后排入水体或再利用。随着降水量的增加，雨水径流量增大，当混合污水的流量超过截流干管的输水能力后，以雨水占主要比例的混合污水经溢流井溢出，直接排入水体。截流式合流制排水系统虽比直排式有了较大改进，但在雨天时，仍有部分混合污水未经处理直接排放，使水体遭受污染。然而，由于截流式合流制排水系统在城市的排水系统改造中比较简单易行，成本较低，并能大量降低污染物质的排放，因此，在国内外城市旧排水系统改造时经常采用。

(3) 完全合流制

完全合流制是指将生活污水、工业废水和雨水集中于一套管渠排出，并全部送往污水处理厂进行处理。显然，这种排水体制卫生条件好，对保护城市水环境非常有利，但工程量较大，初期投资大，污水处理厂的运行管理不方便，目前国内采用不多。

2) 分流制排水系统

将生活污水、工业废水和雨水分别在两套或两套以上管（渠）系统内排放的排水系统称为分流制排水系统。排除生活污水、城市污水（主要包括生活污水和工业废水）或工业废水的管网系统称为污水管网系统；排出雨水的管网系统称为雨水管网系统。根据排出雨水方式的不同，分流制排水系统又分为完全分流制和不完全分流制两种排水系统。

(1) 完全分流制

完全分流制是指在同一排水区域内，既有污水管道系统，又有雨水管道系统（图1.3）。生活污水和工业废水通过污水管道系统输送至污水处理厂，经过处理后再排入水体，雨水通过雨水管道系统直接排入水体。这种排水系统比较符合环境保护的要求，但城市排水管渠的一次性投资大。

(2) 不完全分流制

在城市中，完全分流制排水系统包括污水排水系统和雨水排水系统。而不完全分流制排水系统（图1.4）只建了污水排水系统，未建雨水排水系统。雨水沿天然地面、街道边沟、水渠等排入水体，城市为了补充原有渠道系统输水能力的不足可修建部分雨水管道，待进一步发展后再修建

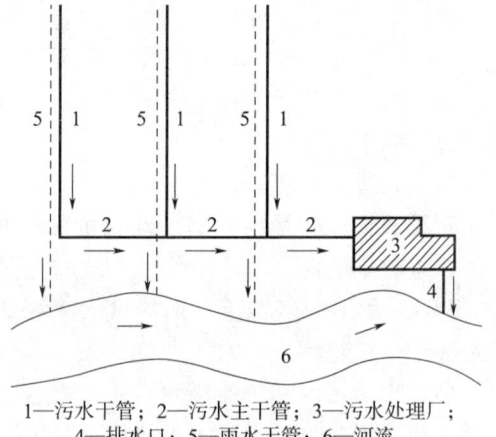

1—污水干管；2—污水主干管；3—污水处理厂；
4—排水口；5—雨水干管；6—河流。

图1.3 完全分流制排水系统

雨水排水系统，使之成为完全分流制排水系统。这样可以节省投资，有利于城镇的逐步发展。

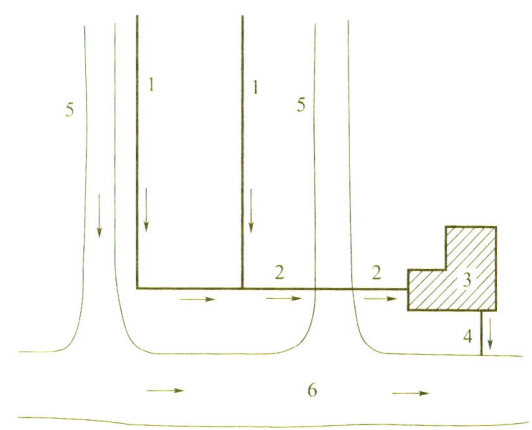

1—污水干管；2—污水主干管；3—污水处理厂；
4—排水口；5—明渠或小河；6—河流

图1.4　不完全分流制排水系统

还有一种系统——半分流制排水系统，这种排水系统既能排污水，又能排雨水。但由于初期雨水污染较严重，需进行处理后才能排放，因此在雨水截流干管上设置雨水截流井，将初期雨水引入污水管道送至污水处理厂处理。这种排水系统可以更好地保护水环境，但其工程费用较高。

3. 排水体制的选择

在工业企业中，一般采用分流制排水系统。由于工业废水的成分和性质很复杂，不但不宜与生活污水混合，而且不同工业废水之间也不宜混合，否则将造成污水和污泥处理复杂化，并给废水重复利用和回收有用物质造成很大困难。所以，在多数情况下，采用分质分流管道系统分别排除，即生活污水、生产废水、雨水分别设置独立的管道系统。如果产生废水的成分和性质同生活污水类似，生活污水和生产废水排放可用同一管道系统。水质较清洁的生产废水可直接排入雨水管道，或重复利用。含有特殊污染物质的有害生产污水，不能与生活或生产废水直接混合排放，而应在车间附近设置局部处理设施。冷却废水宜经冷却后在生产中循环使用。在条件许可的情况下，工业企业的生活污水和生产废水可直接排入城市污水管道。

在一座城市中，有时既有分流制又有合流制，这种排水系统称为混合制。该体制一般是在具有合流制的城镇需要扩建排水系统时出现的。在大城市中，因各区域的自然条件以及城市发展可能相差较大，因地制宜地在各区域采用不同的排水体制也是合理的。如美国的纽约及我国的上海等城市就是这样的混合排水体制。

合理地选择排水体制，是城市和工业企业排水系统规划和设计的重要问题。它不仅从根本上影响排水系统的设计、施工、维护管理，而且对城市和工业企业的规划和环境保护影响深远，同时也影响排水系统的建设投资费用和运行管理费用。一般情况下，排水体制的选择必须符合城镇建设规划，在满足环境保护的前提下，根据当地具体条件，通过技术经济比较确定。

从城镇规划方面看，合流制仅有一套管渠系统，地下设施相互间的矛盾小，占地面积少，施工方便，但不利于城镇的分期发展。分流制管线多，地下设施的竖向规划矛盾较大，占地面积大，施工复杂，但便于城镇的分期发展。

从环境保护方面看，直排式合流制不符合卫生要求，新建的城镇和小区已很少使用。完全合流制排水系统卫生条件好，有利于环境保护，但工程量大，初期投资大，污水处理厂的运行管理复杂，目前应用不多。在旧城区的改造中，常采用截流式合流制，充分利用原有的排水设施。与直排式相比，截流式合流制减小了环境污染，但仍有部分混合污水通过溢流井直接进入水体，环境污染问题依然存在。分流制排水系统管线多，但卫生条件好，虽然初期雨水对水体会产生污染，但该体制比较灵活，容易适应社会发展需要，符合城镇卫生的要求，所以在国内外得到推广应用。分流制排水系统也是城镇排水体制发展的方向。不完全分流制排水系统的初期投资少，有利于城镇建设的分期发展，在新建城镇和小区中可考虑采用这种体制。半分流制卫生条件较好，但管渠数量较多，建造费用高，一般用在面源污染较严重的区域（如某些工业区）。

从投资方面看，排水管道工程占整个排水工程总投资的比例大，一般占60%~80%，所以排水体制的选择对基建投资影响很大，应慎重考虑。据国内外经验，合流制排水管道的造价比完全分流制一般要低20%~40%，但是合流制的泵站和污水处理厂却比分流制的造价高。如果是新建的城镇和小区，初期投资有限时，可考虑采用不完全分流制，先建污水管道系统，再建雨水管道系统，以节省初期投资。此外，还可缩短施工期，较快发挥工程效益。因为合流制和完全分流制的初期投资均比不完全分流制要大，所以我国以前很多新建的工业基地和居住区在建设初期经常采用不完全分流制排水系统。在系统维护管理方面，晴天时污水在合流制管道中只占一小部分过水断面，流速较低，易产生沉淀，雨天时才接近满管流。根据经验，管中的沉淀物易被雨水冲走，这样，合流管道的维护管理费用可以降低。但是，晴天和雨天时流入污水处理厂的水量和水质变化较大，增加了污水处理厂运行管理的复杂性。而分流制系统可以保持管内的流速，不致发生沉淀；另外，流入污水处理厂的水量和水质比合流制稳定，污水处理厂的运行易于控制。

《室外排水设计标准》（GB 50014—2021）规定，排水体制（分流制或合流制）的选择应根据城镇的总体规划，结合当地的地形特点、水文条件、水体状况、气候特征、原有排水设施、污水处理程度和处理后出水利用等综合考虑后确定。同一城镇的不同地区可采用不同的排水体制：新建地区的排水系统宜采用分流制；合流制排水系统应设置污水截流设施；对水体保护要求高的地区，可对初期雨水进行截流、调蓄和处理；在缺水地区，宜对雨水进行收集、处理和综合利用。

1.2 市政给排水工程规划设计基本介绍

1.2.1 市政给排水工程规划设计的意义

一个城市的市政给排水系统设计的是否科学合理影响着这个城市的生态环境的好坏，而城市的生态环境制约着城市的经济发展水平，所以构建科学合理的市政给排水系统对于一个城市的发展十分重要。只有加强对城市市政给排水系统的规划设计才能为城市提供科学合理的市政给排水系统。因此，城市市政给排水的规划设计有着十分重要的作用。市政给排水系统是解决城市输水、排水、水资源净化等各种问题的系统，良好的市政给排水系统能够保障城市居民的用水量，还能够解决水资源污染、旱涝灾害等问题。科学、有效的城市市政给排水设计规划对整个城市的发展有着巨大的促进作用。因此，要以整个城市的规划安排为依据，合理、有效地对城市市政给排水系统进行规划设计，有效利用水资源，改善城市环境，促进城市协调可持续发展。

良好的市政给排水规划设计能够提高居民的生活质量，它不仅可以有效为居民提供各类用水，还能够控制和解决水污染、洪涝灾害等问题。给排水系统不仅包含供水和排水两条管道系统，还包括生活污水处理、洪水排泄等系统功能。规划设计一个良好的市政给排水系统，可以妥善处理每一个给排水环节，从而使得居民的生活环境得到改善，提高居民的生活质量。合理有效的市政给排水系统可以提高水资源的利用效率。

我国水资源分布不均，且水资源浪费和污染仍较为严重，加上最近几年我国的经济快速发展，加剧水资源污染和浪费。这要求城市建设要科学合理地规划设计城市市政给排水系统。只有这样才能使城市的市政给排水系统有效处理城市污水，做到节约水资源，并提升水资源的利用效率，实现城市经济繁荣稳定发展。

1.2.2 市政给排水工程规划设计主要内容

市政规划是市政排水工程设计的主要指导，其中市政排水的主要指定标准与内容主要由市政规划制定。对于一个城市的市政给排水设计来说，首先要考虑工程范围内，地面以及排水系统面临的处理量，这些是设计确定排水方案的重要依据。在建设规划的过程中要严格实施统一控制，对于设计与实际实施中存在的问题要注意。在市政排水的设计中，整体设计是十分关键的一步，它通常会直接影响其他部分的设计方案，例如地下水管的安置以及施工等。因此，在设计过程中要联系实际将理论与实践结合起来才能制作出合理协调的方案。

在对城市的给水系统进行规划与设计的过程中，需对该地区周边的水资源进行勘察与合理的使用。城市周围有水库的可以进行有效利用，并获取大量的水资源，再对给水系统中的给水管理与措施进行合理的设计。另外，还需将水资源进行合理的净化处理，直至达到日常用水的标准。此外，在降水频繁的时节，需对雨水进行有效的收集与净化处理，达到日常用水的标准就可以为城市的供水提供水资源。还可对城市中一些工业企业排放的废水进行相应的净化处理，随后再利用净化过的水资源进行城市绿化带的浇灌，从而实现对水资源的高效使用。

对于一个城市的发展来说，排水系统是其生活中的重要基础，其设计与规划一定要和城市的发展规模与实际情况相适应。要对该地区的天气情况与地理位置进行充分的研究与考虑，再结合城市的规划与发展目标，确保排水系统的正常使用。此外，还要对城市的降水量进行考量，一旦发生大面积强降水就需要有合理的排水管道进行雨水的排放，不然就会发生城市内涝。所以，在对排水系统进行设计与规划时要从城市的整体情况进行考虑，以保证排水系统的使用符合城市的实际情况。这样不仅可避免城市的排水出现问题，还可有效增加排水系统的使用寿命。

1.2.3 市政给排水工程规划设计存在的问题及对策

1. 存在的问题

（1）用水量预测的方法存在缺陷

原始数据、规范的研究是城市给排水系统的基础处理工作，水量的预测和探析是主要的研究领域。城市用水量的预测方法分为两种：短期用水量预测法和长期用水量预测法。短期用水量预测主要是给出城市给水在短期内的需要量，主要预测方法是时间序列法；长期用水量预测主要是给出城市整体水资源规划，预测的依据是城市经济整体发展水平和人口增长速度的规律。

城市给水系统用水量的预测是根据过去时段的城市供水量数据推测下一时段的城市需水量数据。方法是通过处理原始数据和建立用水量模型，发现、掌握城市给水系统用水量的变化规律，对下一时期的城市需水量做出科学的预测。最后，预测的结果还要进行修正，目的是使模型处于最优的状态。而由于气候、工业用水量变化、季节、水的重复利用率等因素，预测的数据会存在偏差，此预测方法比较落后，可靠性不高，最主要的问题是水量预测过高。

（2）给排水规划和建设不能同步

随着我国经济水平的增长，城市化的速度越来越快，建设者一般倾向采取分区域的建设方式，而给排水规划不能和建设同步是现在急需研究的重大课题。目前存在的主要问题是下水道系统的建设杂乱无章，很多市区的给排水系统都由环保局、市政工程管理局等多个部门共同管理。由于各部门管辖的重点存在差异，最大的矛盾就是"要不然都不管，要不然都来管"。而各个部门之间又缺乏有效的沟通，各部门管理的范围和责任不清不楚，再加上相关法律体系还不健全，导致市政给排水工程的规划设计中现存的问题不能及时解决，随着问题的日益积累，新出现的问题又无法解决，导致问题的堆积。传统的防洪和给排水的规划设计将污水和雨水排到市外采用的是分流制排水系统，但忽视了雨水资源的重复利用。

2. 解决对策

（1）给水系统规划设计

随着变频供水设备大量使用，特别是城市给水管网压力智能直接供水装置的推广应用（取消屋面水箱），在中观层面出现的问题主要是城市供水日变化系数变大、高峰供水量增大，从而相应加大水厂供水规模。因此，在这种背景下，城市供水系数应考虑设置对置水塔或高位水池的方式来降低日变化系数，此方式也提升了供水安全度。另外，给水系统规划设计应充分考虑近远期结合，为未来留下发展空间，譬如道路管线综合时给水管位的预留，给水管径合理确定等。给水系统规划设计可以避免重复投资，争取效益最大化。

（2）雨水系统规划设计

雨水系统规划设计应与城市防洪排涝规划和城市竖向规划相结合，特别是地处平原、盆地的城区，这三者的有机配合显得更为重要。譬如，在市区内河设计标准采用五年一遇不漫溢（水利标准，相当于城建一年一遇标准），而相应道路排水重现期 $P=1$

(年)情况下，两者洪峰相遇概率较大，雨水管道出口经常是压力出流，因此雨水系统要进行必要的压力流校核，同时与竖向标高相协调，避免在重现期 $P=1$ 情况下，雨水溢水路面。

(3) 城市污水系统规划设计

对城市生产和生活造成的污水，在新建设的城区中，污水排放大多是采用分流制的排放方式；而旧城区的污水管道系统，排放方式一般都是采用合流的方式。在老城区中，城市雨水和污水系统早已建成。对老城区的雨污水管道的合理拆分、分流排放改造，是排水规划调整时首要解决的问题。因此，分析现有雨污水系统排放条件，本着雨水就近排入城市雨水系统或河道流域，而污水就要纳入整个城市污水排放体系，最终进入污水厂统一处理后达标排放原则，对合流管道合理分流，在老城区污水系统规划设计时需要解决。在新建设的城区中污水管道的规划是与城市给水管道规划相辅相成的，污水量的来源应与该区域给水用量相结合，根据合理的给水量，确定符合实际情况的污水流量，规划设计出合理的污水管道系统。

(4) 市政排水防洪排涝规划设计

城市的防洪排涝也是规划设计中的重要环节，在设计城市排洪防涝时要格外慎重，要注意提高防洪排涝设计的合理性。城市防洪排涝在于外洪和内涝，对于外洪要以防为主，而内涝以雨水排出和洪水滞蓄为主。造成内涝的客观原因是降雨强度大、范围集中。因此，在规划设计时就要考虑雨水排出系统和雨水滞蓄措施相结合。在雨水管道规划设计时考虑雨水排放能力同时，还要对管道雨水滞蓄能力进行核算，使雨水管道规划设计即可达到雨水排出的需要，又可满足城市雨水滞蓄要求，还要考虑城市其他方面建设时兼顾对雨水滞蓄的调节。在建筑设计中，可采用渗滤沟、渗井、绿色屋顶、植草沟等措施，对雨水的洪峰流量进行调蓄达到削峰滞蓄，使城市洪峰均衡泄流。

总之，市政给排水系统作为城市最基本的设施，对其进行规划设计是一项非常复杂的工程，需要科学、合理地进行。其中，不仅要充分考虑城市当前城市水资源、水环境、洪涝灾害等问题，还要充分考虑城市发展过程中可能遇到的一系列问题，才能保证城市给排水系统的规划设计的质量，这不仅是城市正常发展的需要，也是城市未来发展的保障。

1.3 海绵城市理念与市政给排水工程

1.3.1 海绵城市理念及意义

1. 海绵城市理念

目前，在满足现代化城市可持续发展需要的同时，规划设计过程中还应高度重视节能环保理念，以保持现代化城市的生态平衡。为了实现这一目标，将海绵城市的理念渗透到市政给水及排水规划中是十分必要的。在目前的现代化城市里，海绵城市的发展有利于城市资源的整合，节约能源，降低消耗，使得生态环境的污染和破坏减少。为此，在海绵城市理念下，如何加强市政给排水规划要点的研究，是非常必要的。由于市政道路给排水系统承担着排放污水和雨水的任务，提高给排水规划的整体水平至关重要。海绵城市理念指导下的给排水系统规划，可以有效发挥其作用和影响，进而解决短期供水和道路积水问题。

虽然我国部分地区市政给排水管网已基本成形，但由于前期缺乏科学合理的规划建设，遇到雨期和强降雨时，道路会出现积水，造成城市内涝。因此，需要以海绵城市的理念进行优化，加强现代技术的应用；在实际建设过程中充分注意地下管线的保护，与市政工程的电缆、管线等同步进行规划建设，改进传统单一的市政给排水处理系统，避免问题的发生。海绵城市是一个崭新的概念，因发展迅速，可以结合不同城市的实际情况，在当前的市政给排水建设中可以起到很好的作用。将海绵城市概念应用于市政给水、排水建设，可以提高整个城市的防洪抗旱能力并确保城市生态的和谐发展，也可以达到涵养水资源和修复生态环境的目的。此前，我国基本是以可持续发展为基本的核心，以改善现代化城市地区生态环境和有效利用资源为开发和建设的主要内容。基于海绵城市理念，城市规划建设可以有效降低雨水径流对城市地表的侵蚀作用，将天然雨水降雨径流控制在40％以内，实现雨水的收集利用，从而保护城市自然生态环境，为后续发展奠定坚实基础。

2. 海绵城市的意义

（1）让城市水资源得到充分利用

目前，人们日常生活和生产中所使用的重要资源之一就是水资源，但随着经济发展和城市市政建设的扩大，城市水资源短缺的现象日益加剧。因此，在城市建设过程中需加大对水资源的重视力度。以往在设计城市市政给排水系统时，未充分考虑到利用雨水资源，海绵城市理念问世后，有望彻底改变城市无法充分利用雨水的缺陷。海绵城市主要指合理利用城市市政建设中给排水设计，达到雨水渗透、蓄积、净化等目的，充分利用雨水资源，不仅可避免在降雨时城市发生内涝，也可避免发生地下水资源短缺的状况。在此理念下，在进行市政给排水设计中要合理设计给排水系统，提升城市蓄积雨水的能力，高效利用水资源，建设新型自然给排水系统，强化城市给排水运行功能。

（2）降低干旱与城市内涝压力

海绵城市理念的影响和实施，有利于缓解城市干旱、内涝问题。目前，我国部分城市，特别是南方，雨期时发生内涝的概率非常大。当出现雨水集中、强降雨状况时，城市排水系统面临着较大压力，甚至会造成城市内涝，严重影响城市居民生产、生活，甚至对人民生命造成威胁。此外，基于海绵城市理念，可利用雨水再利用的优势，缓解城市的干旱问题，进一步提升城市功能性，满足社会生产和人民生活等需求。

（3）改善生态环境及水污染

近年来，我国社会经济发展日益加快，自然生态环境问题也日益突出，已对人们正常生产和生活造成影响，甚至危及其生命健康。其中，水资源浪费、水环境污染问题非常突出，海绵城市理念的提出，可以优化城市环境，减小人们在生产生活中对自然生态所产生的影响。引入海绵城市理念，能改善水污染状况，提升城市污水治理能力和水资源净化能力，提升市政建设给排水建设质量，确保城市水体环境良好，以实现城市健康且可持续发展的目的。

1.3.2 海绵城市理念下市政给排水的规划

1. 海绵城市理念下市政给排水的重要性

海绵城市的理念是把目前的现代化城市想象成巨大的海绵，根据现代城市的需求，自动实现蓄水、排水、水资源的综合储备和合理化利用，以满足现代城市居民生产和生活的需求。海绵城市在城市给水和排水工程规划中打破了传统的给排水概念。目前，人们采取草坪沟渠、侵蚀绿地及雨水庭院等措施，控制水资源的吸收和排水，积极利用城市道路的各系统，收集、净化、储存和合理利用雨水。有利于改善城市浸水和干旱问题，降低城市水资源开发利用成本，提高水资源利用效率，创造出和谐的环境。

首先，海绵城市的概念为城市市政道路的给水、排水等规划提供了理论支持。所谓的海绵就是指把城市市政的给水、排水系统改建成具有海绵弹性的功能型。在现代化城市给水、排水系统的运行过程中，不仅可以吸收道路上的大量积水，还可以通过排水系统有效地排出蓄积的水。这样可以有效地促进城市水系统的有效循环，使城市水污染程度得以减轻。这一理念会促使市政道路及给水、排水系统建设部门及相关企业、单位，在将来的现代化城市规划建设过程中始终秉持生态环境优先的基本原则。

其次，有利于传统城市市政道路的供水、排水系统的改善。近年来，由于气候条件的变化，我国大部分地区降水及分布特征发生较大变化。受运营年限以及自然条件等变化的影响，现有的城市市政道路的给排水系统，均不同程度地受到渍水以及水资源流失问题等影响，给居民的生产和生活带来了极大不便，特别是洪涝灾害高发地区，给居民的生命财产等安全带来了十分严重威胁。若要把海绵城市的概念应用到城市市政给水与排水规划及建设之中，需要将蓄水和防渗结合起来，使道路成为雨水资源利用的载体，从而涵养区域内的地下水源，达到美化城市、改善市民生活环境的效果。在市政给排水规划建设中运用海绵城市的理念，不仅可以全面改善城市的给排水系统，还可以避免雨水过多造成的洪涝灾害，在城市水资源得以调节的同时能有效地利用。

最后，改善城市环境，在新的时代背景下，随着我国经济建设的快速发展，城市污染问题日益严重。如何保持生态质量已成为国内城市建设的关键问题。海绵城市对人的生活环境要求更高，内容提到吸收性和弹性。海绵城市理念的提出，我国相关部门给予了高度重视，因为这一理念可以为未来城市建设提供发展建议，确定明确的发展目标，使得城市建设与生态环境保护密不可分。

2. 绿化带排水规划的要点

城市绿化地带的排水规划是海绵城市规划中的重点，其具有收集雨水、过滤等方面的功能，值得特别关注。例如，雨水通过地表直接流进道路两旁的绿化地带，由绿化带的植物以及土壤等系统滞留、渗透、净化雨水。绿化地带所储存的雨水经出口进入绿化地带的雨水系统，再流向下游。为了保证雨水的顺利收集和减小水资源的浪费，应该合理规划泄水口之间的距离，泄水口的高度应与绿化地带的最大含水高度相互匹配且不得高于绿化地带的倾斜高度。雨水降落后应先进行过滤，以确保雨水的清洁度。因此，过滤雨水可以通过在绿化地带铺设砾石层以及种植土层来实现，雨水渗入地下就可以补充到自然水体中，以满足城市道路水资源的开发再利用需求。在城市建设的过程中，除了道路和建筑的规划之外，城市周围还有很多相连的绿地。这些绿地为城市注入生态元素，提高了市政道路的雨水储存能力。目前，我国一些城市的连接绿地规划存在诸多不合理之处，使得城市绿地的连接部分难以发挥应有的作用。因此，需要保持规划的科学性和合理性，满足当地的实际需求，提高市政道路的雨水调蓄水平。在阴雨天气，可以通过分流的方式减少城市道路的雨水堆积问题，道路畅通，不会给人们的交通带来严重的负面影响。在规划工作的初始阶段，可以选择源渗透技术来排放植被缓冲区或下沉式绿地中的积水。中途渗滤技术可以利用渗渠、调节塘和种植草沟来收集雨水。这样城市道路就可以和城市绿化带连接起来，共同承担城市排水任务。根据实际情况，选择科学合理的手段，保证雨水净化率，提高雨水二次利用率；减少雨水中的污染物，保护城市地下水资源。

3. 排水系统顶层规划要点

因为海绵城市项目建设是一项复杂的工程，需要花费大量的时间和资金支持，相关部门要高度重视，完善配套的给排水基础设施，有充足的资金支持。海绵城市顶层的创新规划需要结合本地区的实际情况，吸收和借鉴发达国家的给排水规划经验，总结出适合我国城市给排水工程规划和施工的标准与样本。为了保证海绵城市的顺利建设，应优化现有的给排水系统，提高城市现代化的效果。此外，还应注意排水缓慢和滞蓄的问题，设置导流系统，使雨水通过导流系统进入海绵城市设施。另外，要完善市政毛细管网，使多余的雨水流向城市排水管。在此基础上，对车行道和人行道的排水规划进行优化，降低路面积水的可能性，从而营造舒适便捷的城市环境。

4. 海绵城市分层规划要点

海绵城市的规划以及建设要因地制宜，需要整体的进行规划，具体包括城市水系、城市绿地、城市排水防涝、城市道路多个环节。应当符合当地城市总体的开发建设、布局规划范畴，符合当地城市的天然水资源的保护及利用，推进城市发展的紧凑性。可在城市的公园道路、停车场以及人行道的绿地铺设透水铺装。城市年降水量超过800mm的，要按照1.5%的道路路面进行规划，要全部规划全透水结构来确保路面的透水性。同时，还可以设置雨水花园、抛物线形草沟渠等，利用土壤和植物来对雨水进行渗透和净化。特别需要注重入渗管道的选择，在输送雨水的同时，可以使部分雨水得以渗入地下，补充地下水。另外，还应建造下沉式的绿地，使雨水满溢之后直接流入植草沟，最终流向雨水花园之中。因地制宜的城市规划建设，需要结合不同的城市系统特点及要求，规划出不同的系统建设方案，包括污水处理系统、给水系统以及排水系统等，合理的规划可以减少水资源的极度浪费。

5. 人行道和行车道规划

在以往的城市道路建设过程中，规划师通常使用透水性差的材料来铺设人行道和行车道。当出现强降雨时，由于降水量的快速增加，这些道路的路面会变得非常湿滑，给城市居民的交通带来不便。而且路面会阻止雨水渗入地下，使城市的温度越来越高，使人感到潮湿闷热。为了降低这种情况的出现概率，相关的规划工作应该在海绵城市的理念指导下进行。足够重视人行道和行车道的规划，保证整体规划水平和质量，提高铺装材料质量。这样雨水可以快速渗透到地下，不会大量滞留在路面上，可以很好地调节城市的温度，也可以补充城市的地下水。尤其是在行车道的规划和施工过程中，相关人员应确保所选用的沥青、混凝土等路面施工原材料具有良好的透水性。比如春夏季节容易出现阴雨天气，经常出现大量降水。在这种情况下，城市路面会变得潮湿，减少了轮胎与路面的摩擦，行驶中容易打滑。如果车行道内有大量积水，不仅会增加行车的危险性，还会影响人们对路况的判断。因此，有必要选择透水性优良的铺装材料，加强人行道和车道的规划。

6. 路基排水规划

为了提高市政给排水规划的整体水平，规划人员需要在工作开始前充分了解这座城市道路的路基。重视市政道路路基规划，使路基规划和建设满足当前城市建设需求；根据市政道路运营的实际情况，对现行路基规划方案进行优化和完善。如果市政道路路基渗水不足，要及时制订有效的解决方案，保证城市道路路基的排水能力。如采用换填施工技术综合处理市政道路路基，解决透水性不足的问题。如果施工区域位于软土层，土质可采用堆载预压或真空处理。在改善市政道路路基排水性能时，还应注意其稳定性，避免对路基稳定性产生不利影响，进而影响城市道路的安全使用。

7. 辅助设施的规划

路缘石以及露肩槽均包含在市政道路的配套规划中。其中，路缘石是城市市政道路排水的重要设施之一，可以避免路面大量积水，保证雨水流向绿地和雨水出水口的能力。一般情况下，路缘石会比路面高一点，便于控制雨水。如果路缘石难以有效收集雨水，可以考虑在路缘石上钻孔，铺设时保持一定间隔，让雨水流向绿化带。在路肩沟渠的规划和施工阶段，通常会对混凝土进行严格的检查，以确保施工后混凝土不会堵塞，并且更加美观。这样既能提高雨水的净化率和回收率，又能很好地输送和排放雨水，发挥市政道路给排水的作用。为了保证市政给水、排水设施能够达到预期的效果，必须更加注重配套设施的规划及建设。在路肩沟渠的材料选择上，要注意材料的抗渗性和净化作用，避免雨水排入沟渠后携带泥沙，通过材料提高雨水净化功能，使收集的雨水涵养周边植物或地下水。路缘石的规划要求与路面高度一致，使路面雨水能直接流入绿化带或雨水口，而路缘石要求高于路面，雨水口的设置距离需要合理控制，并做好打孔规划，保证雨水能沿路缘石流入雨水口，提高整体排水效率。

2 市政给水工程规划

2.1 给水系统的规划

2.1.1 给水系统的总体规划内容

(1) 给水工程系统总体规划的主要内容确定用水量标准，预测城市总用水量；平衡供需水量，选择水源，确定取水方式和位置；确定给水系统的形式、水厂供水能力和厂址，选择处理工艺；布局输配水干管、输水管网和供水重要设施，估算干管管径；确定水源地卫生防护措施。设置应急水源和备用水源。

(2) 给水工程系统总体规划成果城市给水系统现状图。主要反映城市给水设施的布局和干线管网布局的情况；城市给水系统规划图。主要反映规划期末城市给水水源、给水设施的位置、规模，输配水干线管网布置、管径。

2.1.2 给水工程系统详细规划内容

(1) 给水工程系统详细规划的主要内容计算用水量，提出对水质水压要求；布局给水设施和给水管网；计算输配水管管径，校核配水管网水量及水压；选择管材；进行造价估算。

(2) 给水工程系统详细规划成果给水系统规划图。图中标明给水设施位置、规模、用地，给水管道的平面位置、管径、主要控制点标高；必要的附图。

2.1.3 给水工程规划的步骤及要求

根据《城市给水工程规划规范》(GB 50282—2016)，给水工程规划的内容包括：确定用水量标准，预测与计算城市总用水量，进行区域水资源与城市用水量之间的供需平衡分析；研究各种用户对水量和水质的要求，合理地选择水源，提出水源保护及其开源节流的要求和措施；确定水厂位置和净化方法；确定给水系统组成；布置城市输水管道及给水管网；给水系统方案比较，论证各方案的优缺点，估算工程造价和年运营费，选定规划方案。

1. 给水工程规划的步骤

(1) 明确规划任务的内容、范围

收集主管部门项目任务书，有关方针政策性文件；大型给水工程应有"水资源报告书"，环境影响评价报告书及批复文件，其他依据法律法规出具的批复文件或评价报告等文件；与其他部门分工协议等。

（2）搜集调查基础资料和现场踏勘

基础资料主要有：城市总体规划文件、城市分区规划和详细规划，新近地形图，城市近远期发展规划，人口分布；建筑高度和卫生设备标准，现有给水设备概况资料，用水人数、用水量、现有设备、供水状况等；工程勘察报告、气象、水文及水文地质、工程地质资料；城市对水量、水质、水压的要求，采用的主要规范和标准等。

制定给水工程规划设计方案。拟定几个方案，绘制给水系统规划方案图，估算工程造价，对几个方案进行技术经济比较，从中选出最佳方案。

（3）撰写给水工程规划说明书，绘制城市给水系统规划图

规划图应包括给水水源和取水位置、水厂厂址、泵站位置，以及输水管（渠）和管网的布置等。说明书内容应包括规划项目的性质、建设规模、方案构思的优缺点、设计依据、工程造价、所需主要设备材料及能源消耗等。

2. 给水工程规划的要求

（1）满足用水需求

① 水量充足：要根据城市的人口规模、产业发展、生活水平等因素，准确预测未来不同时期的需水量，确保供水设施能够提供足够的水量，满足城市居民生活、工业生产、公共服务、消防等各类用水需求。

② 水质合格：严格按照国家规定的饮用水卫生标准和各类用水的水质要求，对原水进行处理，确保供应的水符合相应的水质标准，保障居民身体健康和工业生产的正常运行。

③ 水压稳定：合理规划给水管网的布局和压力分布，根据城市的地形地貌、建筑物高度等因素，确保不同区域、不同楼层都能获得稳定可靠的水压，满足用水设备的正常工作要求。

（2）安全可靠运行

① 水源保障：选择可靠的水源，如地表水（江河、湖泊、水库等）和地下水，并采取有效的保护措施，防止水源受到污染和破坏。同时，应具备多个水源或应急水源，以应对突发的水源短缺或污染事件，确保供水的连续性。

② 设施坚固：给水工程的各项设施，如取水构筑物、水处理厂、泵站、水塔、水池、管网等，应按照相关的设计规范和标准进行建设，具备足够的强度、抗震性和耐久性，能够抵御自然灾害和人为破坏，保证在各种工况下都能安全稳定运行。

③ 应急管理：制定完善的应急预案，包括应对水源污染、设备故障、管网破裂等突发事件的措施，建立应急救援队伍，配备必要的应急设备和物资，定期进行应急演练，提高应对突发事件的能力，最大限度地减少停水事故对社会经济和居民生活的影响。

（3）经济合理规划

① 优化设计：在给水工程规划设计过程中，通过多方案比较，优化取水、水处理、输水、配水等各个环节的设计，合理选择工艺和设备，降低工程建设投资。例如，根据原水水质和供水水质要求，选择合适的水处理工艺，避免过度处理造成投资浪费。

② 节能降耗：在运行管理方面，采用先进的技术和设备，降低能耗和运行成本。

如采用高效的水泵、电机等设备，通过合理的调度和控制，实现节能运行；推广节水技术和措施，减少水资源的浪费，提高水资源的利用效率。

③可持续发展：考虑城市的长远发展，给水工程规划应具有一定的前瞻性和灵活性，避免频繁的改造和扩建。同时，要注重与城市其他基础设施的协调发展，实现资源的共享和综合利用，促进城市的可持续发展。

(4) 环境保护要求

①减小污染：给水工程本身要注重减小对环境的污染，如在水处理过程中，合理处理和处置污泥、废气等废弃物，避免对周边环境造成二次污染。同时，要保护水源地的生态环境，防止因取水、输水等工程活动对水源地的生态系统造成破坏。

②生态友好：在工程建设和运行过程中，尽量采用生态友好的技术和措施，如在给水管网铺设中，采用环保型的管材和施工工艺，减少对土壤、植被的破坏；在水处理厂的设计中，可考虑建设人工湿地等生态处理设施，提高污水处理效果的同时，美化环境。

2.2 给水泵站与给水管网布置

2.2.1 给水泵站

1. 泵站规模和等级及其建筑物级别

(1) 泵站规模应根据工程任务，以近期目标为主，并考虑远景发展要求，综合分析确定。

(2) 泵站等级应按表2.1确定。

表2.1 泵站等级指标

泵站等级	泵站规模	灌溉、排水泵站		工业、城镇供水泵站
		设计流量/（m³/s）	装机功率/MW	
Ⅰ	大（1）型	≥200	≥30	特别重要
Ⅱ	大（2）型	50～<100	10～<30	重要
Ⅲ	中型	10～<50	1～<10	中等
Ⅳ	小（1）型	2～<10	0.1～<1	一般
Ⅴ	小（2）型	<2	<0.1	—

注：1. 装机功率系指单站指标，包括备用机组在内；
2. 由多级或多座泵站联合组成的泵站工程的等别，可按其整个系统的分等指标确定；
3. 当泵站按分等指标分属两个不同级别时，应以其中的高级别为准。

(3) 泵站建筑物应根据泵站所属等级及其在泵站中的作用和重要性分级，其级别应按表2.2确定。

表 2.2 泵站建筑物级别划分

泵站等别	永久性建筑物级别		临时性建筑物级别
	主要建筑物	次要建筑物	
Ⅰ	1	3	4
Ⅱ	2	3	4
Ⅲ	3	4	5
Ⅳ	4	5	5
Ⅴ	5	5	

2. 泵站防洪标准

(1) 泵站建筑物防洪标准应按表 2.3 确定。

表 2.3 泵站建筑物防洪标准

泵站建筑物级别	防洪标准 [重现期/a]	
	设计	校核
1	100	300
2	50	200
3	30	100
4	20	50
5	10	30

注：1. 平原、滨海区的泵站，校核防洪标准可视具体情况和需要研究确定；
  2. 修建在河流、湖泊或平原水库边的与堤坝结合的建筑物，其防洪标准不应低于堤坝防洪标准。

(2) 受潮汐影响的泵站建筑物，其当潮水位的重现期应根据建筑物级别，结合历史最高潮水位，按表 2.4 的规定设计标准确定。

表 2.4 受潮汐影响泵站建筑物的防洪标准

建筑物级别	防潮标准 [重现期/a]
1	≥100
2	50～<100
3	30～<50
4	20～<30
5	<20

3. 泵站主要设计参数

1) 设计流量

(1) 工业与城镇供水泵站设计流量应根据设计水平年、设计保证率、供水对象的用水量、城镇供水的时变化系数、日变化系数、调蓄容积等综合确定。用水量主要包括综合生活用水（包括居民生活用水和公共建筑用水）、工业企业用水、浇洒道路和绿地用水、管网漏损水量、未预见用水、消防用水等。

(2) 二级泵站的设计流量应按最大日用水量变化曲线和拟定的二级泵站工作曲线

确定。

二级泵站的设计流量与管网中是否设置水塔或高地水池有关。当管网内不需设置水塔进行用水量调节时,二级泵站的设计供水流量按最大日最高时用水量计算,即式(2.1)。

$$Q_h = k_h \cdot Q_d / 24 \qquad (2.1)$$

式中　Q_h——二级泵站的设计流量,m^3/h;

　　　k_h——时变化系数;

　　　Q_d——最高日设计用水量,m^3/d。

当管网中设有水塔或高地水池时,供水泵站供水为分级供水。一般分为高峰、低峰二级供水,最多不超过三级供水。泵站各级供水线尽量接近用水线,这样可减小水塔或高地水池的调节容积,一般各级供水量可取该供水时段用水量的平均值。

2) 特征水位

(1) 工业、城镇供水泵站进水池水位应按下列规定采用。

① 防洪水位应按上述"二、泵站防洪(潮)标准"中规定的防洪标准分析确定。

② 从河流、湖泊或水库取水时,设计运行水位应取满足设计供水保证率的日平均或旬平均水位;从渠道取水时,设计运行水位应取渠道通过设计流量时的水位;从感潮河口取水时,设计运行水位应按供水期多年平均最高潮位和最低潮位的平均值确定。

③ 从河流、湖泊、感潮河口取水时,最高运行水位应取 10～20 年一遇洪水的日平均水位;从水库取水时,最高运行水位应根据水库调蓄性能论证确定;从渠道取水时,最高运行水位应取渠道通过加大流量时的水位。

④ 从河流、湖泊、水库、感潮河口取水时,最低运行水位应取水源保证率为 97%～99% 的最低日平均水位;从渠道取水时,最低运行水位应取渠道通过单泵流量时的水位;受潮汐影响的泵站,最低运行水位应取水源保证率为 97%～99% 的日最低潮水位。

⑤ 从河流、湖泊、水库或感潮河口取水时,平均水位应取多年日平均水位;从渠道取水时,平均水位应取渠道通过平均流量时的水位。

⑥ 上述水位均应扣除从取水口至进水池的水力损失。从河床不稳定的河道取水时,还应考虑河床变化的影响,方可作为进水池相应特征水位。

(2) 工业、城镇供水泵站出水池水位应按下列规定采用。

① 最高水位应取输水渠道的校核水位。

② 设计运行水位应取与泵站设计流量相应的水位。

③ 最高运行水位应取与泵站最大运行流量相应的水位。

④ 最低运行水位应取与泵站最小运行流量相应的水位。

⑤ 平均水位应取输水渠道通过平均流量时的水位。

3) 特征扬程

(1) 设计扬程应按泵站进、出水池设计运行水位差,并计入水力损失确定;在设计扬程下,应满足泵站设计流量要求。

(2) 平均扬程可按下式计算加权平均净扬程,并计入水力损失确定;或按泵站进、出水池平均水位差,按式(2.2)计算,并计入水力损失确定。在平均扬程下,水泵应在高效区工作。

$$H=\frac{\sum H_i Q_i t_i}{\sum Q_i t_i} \qquad (2.2)$$

式中　H——加权平均净扬程，m；

　　　H_i——第 i 时段泵站进、出水池运行水位差，m；

　　　Q_i——第 i 时段泵站提水流量，m³/s；

　　　t_i——第 i 时段历时，d。

（3）最高扬程宜按泵站出水池最高运行水位与进水池最低运行水位之差，并计入水力损失确定；当出水池最高运行水位与进水池最低运行水位遭遇的概率较小时，经技术经济比较后，最高扬程可适当降低。

（4）最低扬程宜按泵站出水池最低运行水位与进水池最高运行水位之差，并计入水力损失确定；当出水池最低运行水位与进水池最高运行水位遭遇的概率较小时，经技术经济比较后，最低扬程可适当提高。

（5）二级泵站的水泵扬程和水塔高度按最大日最高时流量计算。计算水泵扬程时按式（2.3）计算，一般需要考虑一定的富余水头，一般为 1～2m。

①无水塔或高地水池管网。在最高用水时，二级泵站的水泵扬程应保证管网控制点的最小服务水头。

$$H_p = Z_c + H_c + \sum h_s + \sum h_c + \sum h_n \qquad (2.3)$$

式中　H_p——二级泵站的设计扬程，m；

　　　Z_c——管网控制点的地面标高与清水池最低水位的高差，m；

　　　H_c——给水管网中控制点要求的最小服务水头（也称最小自由水头），m；

　　　$\sum h_s$——水泵吸水管路的水头损失，m；

　　　$\sum h_c$——输水管路的水头损失，m；

　　　$\sum h_n$——管网中水头损失，m。

②网前水塔管网。二级泵站供水到水塔，再经管网到用户。水塔的设置高度应保证最高用水时管网控制点的压力要求，水塔的水柜底高出地面高度按式（2.4）计算：

$$H_t = H_c + \sum h_n - (Z_t - Z_c) \qquad (2.4)$$

式中　H_t——水塔高度，即水塔水柜底高于地面的高度，m；

　　　H_c——控制点要求的最小服务水头，m；

　　　$\sum h_n$——按最高时用水量计算时从水塔到控制点的管网水头损失，m；

　　　Z_t——水塔处的地面标高，m；

　　　Z_c——控制点的地面标高，m。

泵站的设计扬程 H_p [式（2.5）] 以保证将水送到水塔。

$$H_p = Z_t + H_t + H_0 \sum h_s + \sum h_c \qquad (2.5)$$

式中　Z_t——水塔处地面和清水池最低水位的高差，m；

　　　H_0——水塔水柜的有效水深，m；

　　　H_t——水塔高度，m；

　　　$\sum h_s$——水泵吸水管路水头损失，m；

　　　$\sum h_c$——二级泵站到水塔的输水管中的水头损失，m。

③ 对置水塔管网（又称网后水塔）。在最高用水时，泵站和水塔同时向管网供水，两者有各自的供水区，形成供水分界线。在供水分界线上，水压最低，二级泵站的扬程可按无水塔管网的公式计算。水塔高度计算与网前水塔时相同，只是式中$\sum h$，为最高时供水量时，由水塔供水量引起的从水塔到分界线控制点的水头损失。

当二级泵站供水量大于用水量时，多余水量流入水塔，这种流量称转输流量。在最大转输时水泵扬程计算见式（2.6）。

$$H'_p = Z_t + H_t + H_0 + \sum h'_s + \sum h'_c + \sum h'_n \tag{2.6}$$

式中　　　　H'_p——最大转输时水泵扬程，m；

$\sum h'_s$、$\sum h'_c$、$\sum h'_n$——最大转输时，水泵吸水管路、输水管和管网的水头损失，m。

④ 网中有水塔管网。水泵扬程H_p和水塔高度H_t计算，应根据具体情况，参考网前水塔管网和对置水塔管网计算。

4. 站址选择

1）一般规定

（1）泵站站址应根据工业及城镇供水总体规划、泵站规模、运行特点和综合利用要求，考虑地形、地质、水源或承泄区、电源、枢纽布置、对外交通、占地、拆迁、施工、环境、管理等因素以及扩建的可能性，经技术经济比较选定。

（2）山丘区泵站站址宜选择在地形开阔、岸坡适宜、有利于工程布置的地点。

（3）泵站站址宜选择在岩土坚实、水文地质条件有利的天然地基上，宜避开软土、松沙、湿陷性黄土、膨胀土、杂填土、分散性土、振动液化土等不良地基；不应设在活动性的断裂构造带以及其他不良地质地段。当遇软土、松沙、湿陷性黄土、膨胀土、杂填土、分散性土、振动液化土等不良地基时，应慎重研究确定基础类型和地基处理措施。

2）具体要求

（1）由河流、湖泊、感潮河口、渠道取水的灌溉泵站，其站址宜选择在有利于控制提水灌溉范围，使输水系统布置比较经济的地点。灌溉泵站取水口宜选择在主流稳定靠岸，能保证引水，有利于防洪、防潮汐、防沙、防冰及防污的河段。由潮汐河道取水的灌溉泵站取水口，宜选择在淡水水源充沛、水质适宜灌溉的河段。

（2）供水泵站站址宜选择在受水区上游、河床稳定、水源可靠、水质良好、取水方便的河段。

（3）梯级泵站站址应结合各站站址地形、地质、运行管理、总功率最小等条件，经综合比较选定。

3）泵站总体布置

（1）一般规定

① 泵站的总体布置应根据站址的地形、地质、水流、泥沙、冰冻、供电、施工、征地拆迁、水利血防、环境等条件，结合整个水利枢纽或供水系统布局、综合利用要求、机组型式等，做到布置合理、有利施工、运行安全、管理方便、少占耕地、投资节省和美观协调。

② 泵站的总体布置应包括泵房，进、出水建筑物，变电站，枢纽其他建筑物和工

程管理用房、内外交通、通信以及其他维护管理设施的布置。

③ 站区布置应满足劳动安全与工业卫生、消防、环境绿化和水土保持等要求。

④ 泵站室外专用变电站宜靠近辅机房布置，满足变电设备安装检修方便、运输通道、进线出线、防火防爆等要求。

⑤ 站区内交通布置应满足机电设备运输、消防车辆通行的要求。

⑥ 进水处有污物、杂草等漂浮物的泵站，应设置拦污、清污设施，其位置宜设在引渠末端或前池入口处。站内交通桥宜结合拦污栅设置。

⑦ 泵房与铁路、高压输电线路、地下压力管道、高速公路及一、二级公路之间的距离不宜小于100m。

⑧ 进、出水池应设有防护和警示标志。

⑨ 对水流条件复杂的大型泵站枢纽布置，应通过水工整体模型试验论证。

(2) 泵站布置形式

① 建于堤防处且地基条件较好的低扬程、大流量泵站，宜采用堤身式布置；扬程较大或地基条件稍差或建于重要堤防处的泵站，宜采用堤后式布置。

② 从多泥沙河流上取水的泵站，当具备自流引水沉沙、冲沙条件时，应在引渠上布置沉沙、冲沙或清淤设施；当不具备自流引水沉沙、冲沙条件时，可在岸边设低扬程泵站。布置沉沙、冲沙及其他排沙设施。

③ 运行时水源有冰冻或冰凌的泵站，应有防冰、消冰、导冰等设施。

④ 在深挖方地带修建泵站，应合理确定泵房的开挖深度，减小地下水对泵站运行的不利影响，并应采取必要的站区排水、泵房通风、采暖和采光等措施。

⑤ 紧靠山坡、溪沟修建泵站，应设置排泄山洪和防止局部山体滑坡、滚石等工程措施。

⑥ 受地形条件限制，修建地面泵站不经济时，可布置地下泵站。地下泵站应根据地质条件，合理布置泵房、辅机房以及交通、通风、排水等设施。

⑦ 从血吸虫疫区引水的泵站，应根据水利血防的要求，采取必要的灭螺工程措施。

5. 泵房布置

泵房布置应根据泵站的总体布置要求和站址地质条件，机电设备型号和参数，进、出水流道（或管道），电源进线方向，对外交通以及有利于泵房施工、机组安装与检修和工程管理等，经技术经济比较确定。

1) 泵房布置原则

(1) 满足机电设备布置、安装、运行和检修要求。

(2) 满足结构布置要求。

(3) 满足通风、采暖和采光要求，并符合防潮、防火、防噪声、节能、劳动安全与工业卫生等技术规定。

(4) 满足内外交通运输要求。

(5) 注意建筑造型，做到布置合理、适用美观，且与周围环境相协调。

2) 泵房布置要求

泵房挡水部位顶部安全加高不应小于表2.5的规定。

表 2.5 泵房挡水部位顶部安全加高下限值　　　　　　　　　　单位：m

运用情况	泵站建筑物级别			
	1	2	3	4、5
设计	0.7	0.5	0.4	0.3
校核	0.5	0.4	0.3	0.2

注：1. 安全加高系指波浪、壅浪计算顶高程以上距离泵房挡水部位顶部的高度；
　　2. 设计运用情况系指泵站在设计运行水位或设计洪水位时运用的情况，校核运用情况系指泵站在最高运行水位或校核洪水位时运用的情况。

（1）机组间距应根据机电设备和建筑结构布置的要求确定。

（2）主泵房长度应根据机组台数、布置形式、机组间距、边机组段长度和安装检修间的布置等因素确定，并应满足机组吊运和泵房内部交通的要求。

（3）主泵房宽度应根据机组及辅助设备、电气设备布置要求，进、出水流道（或管道）的尺寸，工作通道宽度，进、出水侧必需的设备吊运要求等因素，结合起吊设备的标准跨度确定。立式机组主泵房水泵层宽度的确定，还应计及集水、排水廊道的布置要求等因素。

（4）主泵房各层高度应根据机组及辅助设备、电气设备的布置，机组的安装、运行、检修，设备吊运以及泵房内通风、采暖和采光要求等因素确定。

（5）主泵房水泵层底板高程应根据水泵安装高程和进水流道（含吸水室）布置或管道安装要求等因素确定。水泵安装高程应结合泵房处的地形、地质条件综合确定。主泵房电动机层楼板高程应根据水泵安装高程和泵轴、电动机轴的长度等因素确定。

（6）安装在机组周围的辅助设备、电气设备及管道、电缆道，其布置宜避免交叉干扰。

（7）辅机房宜设置在紧靠主泵房的一端或出水侧，其尺寸应根据辅助设备布置、安装、运行和检修等要求确定，且应与泵房总体布置相协调。

（8）安装检修间宜设置在主泵房内对外交通运输方便的一端（或一侧），其尺寸应根据机组安装、检修要求确定。

（9）中控室附近不宜布置有强噪声或强振动的设备。

（10）当主泵房分为多层时，各层楼板均应设置吊物孔，其位置应在同一垂线上，并在起吊设备的工作范围之内。吊物孔的尺寸应按吊运的最大部件或设备外形尺寸各边加 0.2m 的安全距离确定。

（11）主泵房对外至少应有两个出口，其中一个应能满足运输最大部件或设备的要求。

（12）立式机组主泵房电动机层的进水侧或出水侧应设主通道，其他各层应设置不少于一个主通道。主通道宽度不宜小于 1.5m，一般通道宽度不宜小于 1.0m。卧式机组主泵房内宜在管道顶部设工作通道。斜轴式机组主泵房内宜在靠近电机处设工作通道。贯流式机组主泵房内宜在进、出水流道上部分层设工作通道。

（13）当主泵房分为多层时，各层应设不少于两个通道。主楼梯宽度不宜小于 1.0m，坡度不宜大于 40°，楼梯的垂直净空不宜小于 2.0m。

（14）立式机组主泵房内的水下各层或卧式、斜轴式、贯流式机组主泵房内，应设将渗漏水汇入集水廊道或集水井的排水沟。

（15）主泵房顺水流向的永久变形缝（包括沉降缝、伸缩缝）的设置，应根据泵房结构形式、地基条件等因素确定。土基上的缝距不宜大于30m，岩基上的缝距不宜大于20m。缝的宽度不宜小于20mm。

（16）主泵房排架的布置，应根据机组设备安装、检修的要求，结合泵房结构布置确定。排架宜等跨布置，立柱宜布置在隔墙或墩墙上。当泵房设置顺水流向的永久变形缝时，缝的左右侧应设置排架柱。

（17）主泵房电动机层地面宜铺设水磨石。泵房门窗应根据通风、采暖和采光的需要合理布置。严寒地区应采用双层玻璃窗。向阳面窗户宜有遮阳设施。受阳光直射的窗户可采用磨砂玻璃。

（18）泵房屋面可根据当地气候条件和泵房通风、采暖要求设置隔热层。

2.2.2 给水管网布置

1. 给水管网布置原则

给水管网（又称配水管网）的布置应考虑以下几项原则。

（1）应选择经济合理的线路。尽量做到线路短、起伏小、土石方工程量少、减少跨（穿）越障碍次数、避免沿途重大拆迁、少占农田或不占农田。

（2）走向和位置应符合城市和工业企业的规划要求，并尽可能沿现有道路或规划道路敷设，以利于施工和维护。城市配水干管宜尽量避开城市交通干道。

（3）应尽量避免穿越河谷、山脊、沼泽、重要铁路和泄洪地区，并注意避开地震断裂带、沉陷、滑坡、坍方以及易发生泥石流和高侵蚀性土壤地区。

（4）生活饮用水输配水管道应避免穿过毒物污染及腐蚀性等地区，必须穿过时应采取必要的防护措施。

（5）应充分利用水位高差，结合沿线条件优先考虑重力输水。如因地形或管线系统布置所限必须加压输水时，应根据设备和管材选用情况，结合运行费用分析，通过技术经济比较，确定增压级数、方式和增压站点。

（6）路线的选择应考虑近远期结合和分期实施的可能。

（7）城市供水应采用管道或暗渠输送原水。当采用明渠时，应采取措施保护水质和防止水量流失。

（8）走向与布置应考虑与城市现状及规划的地下铁道、地下通道、人防工程等地下隐蔽性工程的协调与配合。

（9）当地形起伏较大时，采用压力输水的输水管线的竖向高程布置，一般要求在不同工矿输水条件下，位于输水水力坡降线以下。

（10）在输配水管渠线路选择时，应尽量利用现有管道，减少工程投资，充分发挥现有设施作用。

2. 给水管网布置形式

一般给水管网有两种基本布置形式，即树状管网和环状管网。

树状管网布置简单，供水直接，管线长度短，节省投资。树状管网一般适用于小城市和小型工矿企业，这类管网从水厂泵站或水塔到用户的管线布置成树枝状。因为管网中任一段管线损坏时，该管段以后所有的管线就会断水，故此种布置形式可靠性较差。另外，在树状管网的末端，因用水量已经很小，管中的水流缓慢，甚至停滞不流动，因此水质容易变坏，有出现浑水和红水的可能。

在环状管网中，管线连接成环状，当任一管段损坏时，可以关闭附近的阀门使其和其余管线隔开，然后进行检修，水还可从另外管线供应用户，断水的地区可以缩小，从而供水可靠性增加。环状管网还可以大大减轻因水锤作用产生的危害，而在树状管网中，则因此而使管线损坏。但是，环状管网的造价明显比树状管网高。

一般来说，城镇给水宜设计成环状管网，当对供水可靠性要求不高、允许间断供水时，可设计成树状管网，但要考虑后期连接成环状管网的可能性，保留发展余地。

2.3 给水厂厂址选择和平面布置

城市给水系统的净水工程是指包括混凝、沉淀、过滤等功能在内的自来水厂及其有关设施。净水工程的目的是通过一系列的净水构筑物和净水处理工艺流程去除原水中的悬浮物质、胶体物质、细菌、藻类等物质。在特殊情况下，还要增加消毒、生物接触氧化、臭氧、活性炭、除铁、除锰、除氟等处理过程，使净化后的水质满足城市生活、生产用水对水质的要求。自来水厂是城市重要的公用设施，必须对其选址及其用地进行认真规划。

2.3.1 给水厂厂址的选择

城市自来水厂厂址的选择应根据城市总体规划的要求，并通过技术经济比较后确定。一般应遵循以下原则。

（1）厂址应选在工程地质条件较好，不受洪水威胁，地下水位低，地基承载能力较大，湿陷性等级不高的地方。水厂的防洪标准不应低于城市防洪标准，并应留有适当的安全裕度。

（2）水厂尽量设置在交通方便，输配电线路短的地段。

（3）当水厂远离城市时，一般设置水源厂和净水厂分开。当源水浑浊度经常大于1000NTU时，水源厂可设置预沉池或建造停留水库，尽量向净水厂输送含泥沙量低的水体。

（4）有条件的地方，应尽量采用重力输水。例如，某城市水库水源在山间较高位置，距城市用水区15km，净水厂应建在距用水区2km的高地上，并在水源至净水厂间加设串联增压泵房。平时，从水源到净水厂至城区管网全部重力供水，用水高峰时，视净水厂清水库水位，不定期启用串联水泵。

（5）水厂的位置，一般应尽可能地接近用水区，特别是最大用水区。当取水点距离用水区较远时，更应如此。有时，也可将水厂设在取水构筑物附近，在靠近用水地区另设配水厂，进行消毒、加压。当取水地点距用水区较近时，亦可设在取水构筑物的附近。

（6）水厂应该位于河道主流的城市上游，取水口尤其应设于居住区和工业区排水出口的上游,并不受洪水威胁。水厂厂址应选在工程地质条件较好的地段,以降低工程造价。取用地下水的水厂,可设在井群附近,亦可分开布置。井群应按地下水流向布置在城市的上游。

不同规模水厂的用地指标,根据室外给水排水工程技术经济指标和《城市给水工程规划规范》(GB 50282—2016)确定,见表2.6和表2.7。当净水站生产率超过80万m^3/d时,占地面积根据计算确定。水厂厂区周围要求设置宽度不应小于10m的绿化带。

表2.6　$1m^3/d$水量用地指标　　　　　　　　　　　　　　单位:m^2

水厂设计规模		地面水沉淀净化工程用地综合指标	地面水过滤净化工程用地综合指标
Ⅰ类(水量>$10^5 m^3/d$)		0.2~0.3	0.2~0.4
Ⅱ类(水量为$2×10^4$~$10^5 m^3/d$)		0.3~0.7	0.4~0.8
Ⅲ类	水量<$2×10^4 m^3/d$	0.7~1.2	—
	水量为10^4~$2×10^4 m^3/d$	—	0.8~1.4
	水量为$5×10^3$~$10^4 m^3/d$	—	1.4~2
	水量<$5×10^3 m^3/d$	—	1.7~2.5

表2.7　水厂用地控制指标

给水规模/ ($10^4 m^3/d$)	地表水水厂用地控制指标/$[m^2/(m^3/d)]$		地下水水厂用地控制指标/$[m^2/(m^3/d)]$
	常规处理工艺	预处理+常规处理+深度处理工艺	
5~10	0.50~0.40	0.70~0.60	0.40~0.30
10~30	0.40~0.30	0.60~0.45	0.30~0.20
30~50	0.30~0.20	0.45~0.30	0.20~0.12

2.3.2　给水厂的平面布置

1. 给水厂构筑物组成

1)生产构筑物与建筑物

生产构筑物和建筑物主要包括处理构筑物、清水池、二级泵站、药剂间等。

(1)处理构筑物

① 格栅。格栅主要安装在污水渠道、泵房集水井的进口处或污水处理厂的前端。其作用是:截留较大的悬浮物或漂浮物;减轻后续处理构筑物的负荷;保护后续处理构筑物或水泵机组。

② 沉砂池。沉砂池主要用于初沉池、泵站和倒虹管前,其作用是:去除污水中比重较大的无机物颗粒;设于泵站倒虹管前减轻机械、管道的磨损;设于初沉池前,减轻沉淀池负荷,以及改善污泥处理构筑物的处理条件。

常用的沉砂池形式见表2.8。

表 2.8 沉砂池形式

池型	优缺点
平流式沉砂池	构造简单，处理效果好，工作稳定。但沉砂中夹杂有机物，易于腐化散发臭味
曝气沉砂池	沉砂中含有机物量低于5%，长期搁置不易腐化。还有预曝气、脱臭、除泡作用。实际工程中多采用曝气沉砂池
旋流沉砂池	利用机械力控制水流流态与流速、加速砂粒的沉降并使有机物随水流带走的沉砂装置
竖流式沉砂池	通常去除较粗（粒径在0.6mm以上）的砂粒，结构也比较复杂，目前生产中采用较少

③ 调节池。调节池一般设在一级处理之后、二级处理之前，其作用是调节水量，均衡水质。

④ 沉淀池。按照工艺布置不同，沉淀池可分为初沉池和二沉池。初沉池设置于生物处理之前，作为生物处理的预处理。其作用是：去除污水中无机颗粒和部分有机物质，降低后续生物处理构筑物的有机负荷；二沉池设置在生物处理之后，其作用是：泥水分离，使生物处理构筑物出水澄清。

沉淀池的形式和使用条件见表2.9。

表 2.9 沉淀池的形式和使用条件

池型	优点	缺点	使用条件
平流式	对冲击负荷和温度变化适应能力强； 施工简单，造价低	采用多斗排泥，每个泥斗单独操作，工作量大； 采用机械排泥时，设备都位于水下，易腐蚀	适用于地下水位较高和水质较差的地区； 适用于大、中、小型污水处理
竖流式	排泥方便，管理简单； 占地面积小	池深大，施工困难； 对冲击负荷和水温变化适应能力差	适用于小型废水处理
辐流式	机械排泥设备已定型系列化； 对大型污水处理厂较为经济	水流速度不稳定； 机械排泥设备复杂； 易于出现异重流现象	适用于地下水位较高地区； 适用于大中型废水处理
斜管式	处理效率高，停留时间短，占地面积小	构造复杂； 斜管、斜板造价高； 固体负荷不宜过大	适用于大、中、小型废水处理

⑤ 隔油池。隔油池的作用是：提供足够的容量，使废水经过隔油池时，能够发生油水分离。

⑥ 气浮池。气浮池的作用是：提供一定的容积和池表面积，使微小气泡与水中悬浮固体混合、接触、黏附，使带气絮体与水分离。

处理构筑物还包括生物处理构筑物，主要有以下功能。

① 好氧生物处理。是指污水中有分子氧存在的情况下，利用好氧微生物降解有机物，使其稳定。好氧生物处理为无害化的处理方法，主要有活性污泥法和生物膜法两类。

② 缺氧生物处理。是指水中不含分子氧，但是有如硝酸盐等化合态氧的条件下进

行的生物处理方法。

③ 厌氧生物处理。是指没有分子氧及化合态氧存在的条件下，兼性细菌与厌氧细菌降解和稳定有机物的生物处理方法。

(2) 清水池

清水池主要储存水厂中净化后的清水，以调节水厂制水量与供水量之间的差额，并为满足加氯接触时间而设置的水池，是给水系统中调节水厂均匀供水和满足用户不均匀用水的调蓄构筑物。

清水池作用是让过滤后的洁净澄清的滤后水沿着管道流往其内部进行储存，并在清水中再次投加入液氯进行一段时间消毒，对水体的细菌、大肠杆菌等病菌进行杀灭以达到灭菌的效果。

(3) 二级泵站

泵站指的是设置水泵机组、电气设备和管道、闸阀等的房屋。一级泵站指的是取水头部的泵站。二级泵站就是指水厂内的泵站布置在清水池之后，原水从一级泵站送到水厂，经过水厂的净水处理之后，由二级泵站送入城市管网。

(4) 药剂间

水厂药剂间可为利用药剂之间的协同效应达到水处理的目的。

2) 辅助建筑物

辅助建筑物又分为生产辅助建筑物和生活辅助建筑物两种。辅助建筑物包括化验室、修理部门、仓库、车库及值班宿舍等；生活辅助建筑物包括办公楼、食堂、浴室、职工宿舍等。另外，还应设堆砂场、堆料场等。

2. 给水厂构筑物的平面布置

1) 平面布置程序

(1) 确定构筑物的个数和面积。给水厂构筑物的平面尺寸由水厂的生产能力通过设计计算确定；生活辅助建筑物面积应按水厂管理体制、人员编制和当地建筑标准确定；生产辅助建筑物面积根据水厂规模、工艺流程和当地具体情况确定。

(2) 平面布置。当各构筑物和建筑物的个数和面积确定之后，根据工艺流程和构筑物及建筑物的功能要求，结合水厂地形和地质条件，进行平面布置。

2) 平面布置方式

处理构筑物一般应均分散露天布置，北方寒冷地区可采用室内集中布置，并考虑冬季采暖设施。集中布置比较紧凑，占地少，便于管理和实现自动化操作，但其结构复杂，管道立体交叉多，造价较高。

3) 平面布置内容

水厂平面布置主要内容包括：各种构筑物和建筑物的平面定位；各种管道、阀门及管道配件的布置；排水管（渠）布置；道路、围墙、绿化及供电线路的布置等。

4) 平面布置要求

水厂平面布置一般均需提出几个方案进行比较，以便确定在技术经济上较为合理的方案。进行水厂平面布置时，应考虑以下几点要求。

(1) 功能分区，配置得当。条件允许时，为保证生产安全，最好把生产区和生活区分开，尽量避免非生产人员在生产区通行和逗留。另外，为使厂区总体环境美观、协调、运输联系方便，应尽量将生活区放置在厂区前。

（2）充分利用地形，力求挖、填土方平衡以减少填、挖土方量和施工费用。例如沉淀池应尽量布置在厂区内地势较高处，清水池尽量布置在地势较低处。

（3）布置紧凑，力求处理工艺流程简短，顺畅，并便于操作管理。如沉淀池或澄清池应紧靠滤池；二级泵房尽量靠近清水池。但各构筑物之间应留出必要的施工和检修间距和管（渠）道位置。在北方寒冷地区，尽可能将有关处理设施置于一个构筑物内。对于城镇中的中小型水厂，可将辅助建筑物合并建造，以方便管理、降低造价。

（4）各构筑物之间连接管（渠）应简洁、减少转弯，尽量避免立体交叉，并考虑施工、检修方便。此外，有时也需设置必要的超越管道，以便某一构筑物停产检修时，保证供应足量水，以采取应急措施。

（5）建筑物布置应尽可能注意朝向和风向。如加氯间和氯库应尽量设在水厂夏季主导风向的下风向，泵房等常有人操作的地方应尽量布置成坐北朝南向。

（6）对分期建造的工程，既要考虑近期的完整性，又要考虑远期工程建成后整体布局的合理性，还应考虑分期施工的方便性。关于水厂内道路、绿化、堆场等设计要求应满足相应设计要求。滤料堆场应靠近滤池，且应确保坡度不小于5%。厂区道路一般为单车道，宽度常为4m左右，主要道路为4~6m，人行道为1.5~2.0m。

3 市政排水工程规划

3.1 排水系统规划

3.1.1 排水系统的总体规划内容

(1) 确定规划目标和规划排水范围。

(2) 拟订城市污水、雨水的排除方案。包括确定排水分区、排水体制、排水系统布局、排水设施的处理能力与用地规模、旧设施改造方案、建设进度等。

(3) 估算城市排水量。分别估算生活污水量、工业废水量和雨水径流量。生活污水量和工业废水量之和也称为城市总污水量。

(4) 确定污水处理与利用的方法。包括确定污水处理厂位置和规模，选择出水口位置，确定污水和初期雨水的处理程度、处理方案、污水再生利用和污泥处理处置要求。

(5) 排水工程的经济估算。

3.1.2 排水系统的详细规划内容

应以城市排水总体规划和分区规划为依据进行城市污水排水工程详细规划，编制排水系统和设施的规划指标、规模及建设管理等详细规定。为城市专项排水规划提供设计依据。

(1) 详细地统计计算城市污水量和雨水量。

(2) 确定排水系统的布局、管线走向位置、主要控制点标高，计算复核管径。

(3) 提出污水处理工艺初步方案。

(5) 提出基建投资估算。

3.1.3 排水系统规划的步骤

1. 收集基础资料

(1) 城市总体规划，城市其他单项工程规划，规划范围内各种排水量、水质情况资料。

(2) 城市建筑物、构筑物、道路、地下管线现状，绘制排水系统现状图 (比例一般为 1/10000～1/5000)。分析现有存在的问题及薄弱环节。

(3) 气象、水文、水文地质、地形、工程地质等资料。

2. 编制排水工程规划方案、计算排水量并进行分析比较

设计排水工程规划方案，绘制方案草图，估算工程造价，分析方案的优缺点。规划过程中一般要编制 2～3 套方案，进行技术经济比较，选择最佳方案。

3. 绘制排水工程规划图，编制规划文字说明

在确定方案的基础上，绘制排水工程规划图。标明城市排水设施的现状，规划的排水分区界线、排水管渠的走向、位置、长度、管径，泵站、闸门的位置，规划污水处理厂的位置、用地范围、出水口位置等。

编写规划说明，如有关规划项目的性质、规划年限、工程建设规模，采用的定额指标，总排水量、各种排水量，排水工程规划原则，城市旧排水设施利用与改造措施，排水体制的选择理由，城市污水处理与利用的途径，工业废水的处置，排水工程的总造价及年经营费用，方案技术经济比较情况，采用该方案的理由，方案的优缺点以及尚存在的问题，下一步需进行的工作等，并附规划原始资料。

3.2 排水系统的布置

3.2.1 排水系统的布置原则和形式

1. 工业企业排水系统和城市排水系统的关系

在规划工业企业排水系统时，对于工业废水的治理，应首先从改革生产工艺和技术革新入手，力求把有害物质消除在生产过程中，做到不排或少排废水。对于必须排出的废水，还应采取以下措施。

（1）采用循环利用和重复利用系统，尽量减少废水排放量。

（2）按不同水质分别回收利用废水中的有毒物质，创造财富。

（3）利用本厂和厂际的废水、废气、废渣，以废治废。无废水、无害生产工艺、闭合循环重复利用以及不排或少排废水。这是控制污染的有效途径。

当工业企业位于城市内，应优先考虑将工业废水直接排入城市排水系统，利用城市排水系统统一排出和处理。这种方法相对经济，既可以减少污水处理厂数量，降低成本，又利于进行集中管理。但不是所有工业企业废水都能直接排入城市排水系统，因为有些工业废水中含有有害和有毒物质，可能出现破坏排水管道、影响生活污水的处理、影响管道系统和运行管理等问题。

工业废水排入城市排水系统的水质，应以不影响城市排水管渠和污水处理厂等的正常运行，不对养护管理人员造成危害，不影响污水处理厂出水和污泥的排放和利用为原则，一般应满足《污水排入城镇下水道水质标准》（GB/T 31962—2015）的要求。当工业企业排出的工业废水不能满足上述要求时，应在厂区内设置废水的局部处理设施，以满足排入城市排水管道所要求的条件，然后再排入城市排水管道。当工业企业位于城市远郊区或距离市区较远时，符合排入城市排水管道的工业废水是直接排入城市排水管道还是单独设置排水系统，应根据实际情况比较确定。

2. 排水管道系统布置原则

排水管道系统布置需遵照如下原则。

（1）根据城市总体规划，结合当地实际情况布置排水管道，并对多方案进行技术经济比较。

(2) 首先确定排水区界、排水流域和排水体制,然后布置排水管道,应按从主干管、干管到支管的顺序进行布置。

(3) 充分利用地形,尽量采用重力流排出污水和雨水,并力求使管线最短和埋深最小。

(4) 协调好与其他地下管线、道路等工程的关系,考虑好与企业内部管网的衔接。

(5) 规划时要考虑到管渠的施工、运行和维护方便。

(6) 规划布置时应将远期、近期相结合,考虑分期建设的可能性,并为未来留有充分的发展余地。

3. 排水管道系统基本布置形式

城市、居住区或工业企业的排水系统在平面上的布置,应根据地形、竖向规划、污水处理厂的位置、土壤条件、河流情况,以及污水的种类和污染程度等因素而定。在工厂中,车间的位置、厂内交通运输线,以及地下设施等因素都会影响工业企业排水系统的布置。在布置排水管道系统时,还要考虑节约能源和节约用地,做到因地制宜。排水管道系统的布置形式有平行式、正交式、截流式、分区式、分散式、环绕式等,如图3.1所示。在实际中,单独采用一种布置形式的情况较少,多是根据当地地形采用多种形式组合进行综合布置。

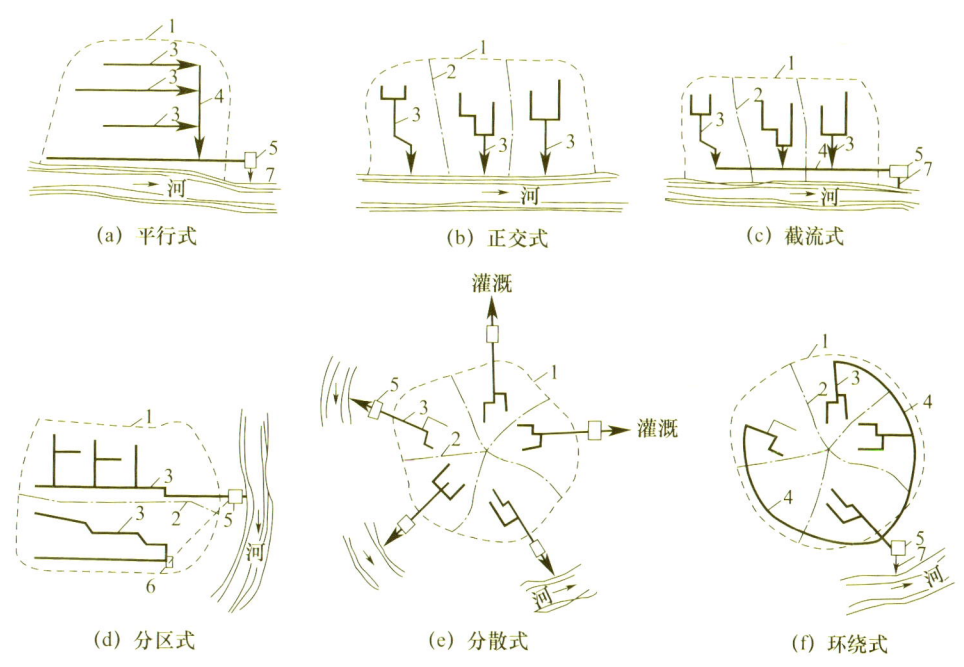

1—城市边界;2—排水流域分界线;3—干管;4—主干管;5—污水处理厂;6—污水泵站;7—出水口

图3.1 排水管道系统的布置形式

(1) 平行式

平行式是指排水干管与地形等高线(与河流走向一致)平行,主干管与等高线垂直的布置形式。适用于地势向河流方向有较大倾斜的地区,以避免因干管坡度及管内流速过大，使管道受到严重冲刷。该布置方式适用于地形坡度较大的城市，可减少管道埋设深度，改善管道水力条件，减少跌水井数量。

（2）正交式

正交式是指排水干管与地形等高线垂直相交，而主干管与等高线平行敷设的布置形式。适用于地势向水体适当倾斜的地区。正交布置的干管长度短、管径小，因而经济性好，污水排出也迅速。但是由于排水未经处理就直接排放，会使水体遭受污染，影响水环境，因此该布置形式多被用于排除雨水。

（3）截流式

截流式是指在正交式布置的基础上，沿河岸再敷设主干管，并将各干管的污水截流送至污水处理厂的布置形式，是正交式发展、改进的结果。截流式布置对减轻水体污染，改善和保护水环境有重大作用。这种方式既适用于污水分流制排水系统，将生活污水及工业废水经截流、处理后排入水体；也适用于区域排水系统，区域主干管截流各城镇的污水送至区域污水处理厂进行处理。而对于截流式合流制排水系统，因雨天有部分混合污水溢流入水体，会造成水体污染。

（4）分区式

分区式是指分别在地形高地区和低地区敷设独立的管道系统的布置形式。主要用于地势相差很大，污水不能靠重力流送至污水处理厂的地区。地形高地区的污水靠重力流直接流入，低地区的污水用水泵抽送至高地区干管或污水处理厂。这种布置适用于阶梯形地区或起伏很大的地区，优点是能充分利用地形排水，节省电力。若将地形高地区的污水靠重力流排至低地区，然后再用水泵一起抽送至污水处理厂则是不经济的。

（5）分散式

分散式又称辐射式，是指各排水流域的干管采用辐射状分散布置，使各排水系统流域具有独立的排水系统的布置形式。适用于城市周围有河流，或城市地势具有中央高、向周围倾斜特点的地区。这种布置具有干管长度短、管径小、管道埋深可能浅、便于排水灌溉等优点，但污水处理厂和污水提升泵站分散、数量多，维护管理的复杂性增加。

（6）环绕式

环绕式是指在分散式布置的基础上，沿四周布置主干管，将各干管的污水截流送往污水处理厂的布置形式，是由分散式发展而成的。由于建造分散污水处理厂的用地不足，或考虑规模效应等原因，可将分散式布置、数量多、规模小的污水处理厂，发展成为集中布置、规模大的污水处理厂。污水处理厂的各种布置各有利弊，需综合当地发展规划、地形特点、发展规模等具体情况，系统分析后确定。

4. 污水管道系统布置

污水管道系统布置的主要内容包括：确定排水区界，划分排水流域；污水处理厂和出水口位置的确定；污水管道的布置与定线；确定污水管道系统的控制点和泵站的设置地点等。在施工图设计阶段，尚需确定街道支管的路线及管道在街道上的位置等。平面布置得合理，可为进一步的设计奠定良好基础，还可有效降低成本。

（1）确定排水区界，划分排水流域

污水排水系统设置的区域界限被称为排水区界。它是根据城市规划的设计规模确定的。一般情况下，凡是卫生设备设置完善的建筑区都应布置污水排水管道。

在排水区界内，根据地形及城市和工业企业的竖向规划划分排水流域。一般根据地形划分为若干个排水流域，排水流域边界应与分水线相符合。在地形起伏和丘陵地区，可按等高线划出分水线，流域分界线通常与分水线一致，由分水线所围成的地区即为一个排水流域。

在地形平坦无显著分水线的地区，可依据面积的大小划分，使各相邻流域的管道系统能合理分担排水任务，绝大部分干管在最大合理埋深情况下，污水能自流排出。若有河流或铁路等障碍物贯穿，应根据地形、周围水体及倒虹管设置等情况，经过方案比较，决定是否分为多个排水流域。一个排水流域往往有一条或多条干管，根据地势确定水流方向和污水需要提升的位置。

如图3.2所示为某市排水流域的划分及污水管道平面布置。该市被河流划分为四个区域，根据自然地形，划分为四个排水流域。每个流域内有一条或若干条干管，Ⅰ、Ⅲ两流域形成河北排水区，Ⅱ、Ⅳ两流域形成河南排水区，两个排水区的污水分别进入各区的污水处理厂，经处理后排入河流。

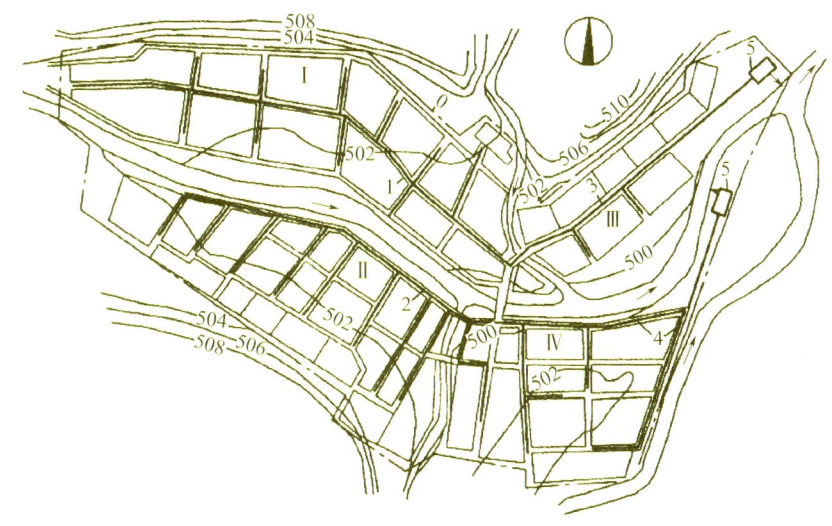

0—排水区界；1~4—各排水流域干管；5—污水处理厂；Ⅰ、Ⅱ、Ⅲ、Ⅳ—排水流域编号。

图3.2 某市排水流域的划分及污水管道平面布置（单位：m）

（2）污水处理厂和出水口位置的确定

在现代化的城镇，需将各排水流域的污水通过主干管送到污水处理厂，经处理后再排放，以保护受纳水体。因此，在布置污水管道系统时，应遵循以下原则选定污水处理厂和出水口的位置。

① 出水口应位于城市河流的下游。
② 为防止污染，出水口不应设回水区。
③ 污水处理厂要位于河流的下游，并与出水口尽量靠近，以减少排放管道的长度。
④ 污水处理厂应设在城镇夏季主导风向的下风向，并与城镇、工矿企业及郊区居民点保持300m以上的卫生防护距离。
⑤ 污水处理厂应设在地质条件较好，不受降雨、洪水威胁的地方，并留有扩建的

余地。

综合考虑以上原则，在取得当地卫生和环保部门同意的条件下，确定污水处理厂和出水口的位置。污水处理厂与出水口的位置决定了排水管网的走向，所有管线都应朝出水口方向敷设并组成树状管网。一个出水口或一个污水处理厂就应有一个独立的排水管网系统。

（3）污水管道的定线与布置

在城镇（地区）总平面图上确定污水管道的位置和走向，称为污水管道系统的定线。合理的定线是污水管道系统设计合理性与经济性的先决条件，是污水管道系统设计的关键环节。管道定线一般按主干管、干管、支管顺序依次进行。

① 污水管道的定线应尽可能在管线较短和埋深较小的情况下，让最大区域的污水能自流排出。为了实现这一原则，在定线时必须很好地研究各种条件，使拟定的路线能因地制宜地利用其有利因素，避免不利因素。定线时需考虑的因素主要包括地形和用地布局、排水体制和线路数目、污水处理厂和出水口的位置、水文地质条件、道路宽度、地下管线及构筑物的位置、工业企业和产生大量污水的建筑物的分布情况等。

在一定条件下，地形一般是影响排水管道定线的主要因素。定线时应充分利用地形，使管道的走向符合地形趋势，一般应顺坡排水。在整个排水区域地形较低的地方（如集水线或河岸等低处）敷设主干管及干管，这样便于支管污水的自流接入。而支管的坡度尽可能与地面坡度一致。在地形平坦地区，应避免支管长距离平行于等高线敷设，支管的污水应尽快汇入干管，以减小下游管段埋深。宜使主干管与等高线平行，干管与等高线垂直敷设。由于主干管管径较大，保持最小流速所需坡度小，其走向与等高线平行是合理的。当地形倾向河道的坡度很大时，则宜采用主干管与等高线垂直，干管与等高线平行的布置形式。这种布置虽然主干管的坡度较大，但可使干管的水力条件得到改善，若需在主干管设置跌水井，则跌水井的数量可较少。有时，由于地形的原因，还可以布置成几个独立的排水系统，如地形中间隆起可布置成两个排水系统，地面高程有较大差异可布置成高区与低区两个排水系统。

污水管道中的水流靠重力流动，因此管道必须具有一定坡度。在地势平坦地区，即便管线不长，埋深也会增加很快，施工难度大且造价高。当埋深超过一定极限时，则需设泵站提升，这样便会增加基建投资和常年运行管理费用。因此，在管道定线时需做方案比较，选择最适宜的定线方案，使之既能尽量减小管道埋深，又可少建泵站。

采用的排水体制不同管道定线也不同。分流制系统一般有两个或两个以上的管道系统，定线时必须在平面和高程上互相配合。采用合流制时，截流干管及溢流井的设置及其位置直接影响管道布置。若采用混合体制，则在定线时还应考虑两种体制管道的连接方式。

排水管道应尽量敷设在水文地质条件好的街道下面，最好埋深在地下水位以上。如果不能保证在地下水位以上敷设，则应注意地下水对施工的影响和向管内渗水的问题。考虑到地质条件、地下构筑物及其他障碍物对管道定线的影响，应将管道，特别是主干管，布置在坚硬密实的土壤中，尽量避免或减少管道穿越高地、基岩地带和基质土壤不良地带。尽量避免或减少与河道、山谷、铁路及各种地下构筑物交叉，以降低施工费用，缩短工期，且日后便于进行养护工作。管道定线时，若管道必须经过高地，可采用隧洞或设置提升泵站；若必须经过土壤不良地段，应根据具体情况采取不同的处理措施，以保证地基与基础有足够的承载能力。当污水管道无法避开铁路、河流、地铁或其他地下建（构）筑物时，管道最好垂直穿过障碍物，并根据具体情况采用倒虹管、管桥或其他工程设施。

管道定线时还需要考虑街道宽度及交通情况。排水管道宜沿城镇道路敷设，并与道路中心线平行。污水干管一般不宜敷设在交通繁忙且狭窄的街道下，可选择敷设在道路快车道以外。对于道路红线宽度超过 50m 的城镇干道，宜在道路两侧布置污水管道，并避免管道横穿道路，以减小管道埋深。

为了避免上游干管流量过小、管径较小、坡度较大，造成埋深较大，通常将大流量污水的工厂或公共建筑物的污水排水口接入污水干管起端，以减少整个管道系统的埋深。

管道定线时可能形成几个不同的布置方案。例如，若受地形或河流的影响，可把城市分割成几个天然的排水流域，此时设计一个集中的排水系统或设置多个独立分散的排水系统。当管线遇到高地或其他障碍物时，是绕行、设置泵站、设置倒虹管，还是采用其他的措施。管道埋深过大时，是设置中途泵站将管道高程提高，还是继续增大埋深。上述情况，在不同城市不同地区的管道定线中都有可能出现，因此应对不同的设计方案在同等条件下进行技术经济比较，选出一个最优的管道定线方案。

② 污水管道的布置。污水支管的平面布置取决于地形及街区建筑特征，并应便于用户接管排水，如图 3.3 所示。当街区面积不太大，街区污水管网可采用集中出水方式时，街道支管敷设在服务街区较低侧的街道下，称为低边式布置。当街区面积较大且地势平坦时，宜在街区四周的街道敷设污水支管，建筑物的污水排出管可直接与街道支管连接，称为周边式布置。若街区已按规划确定，街区内污水管网按各建筑物的需要设计成一个系统，再穿过其他街区并与所穿街区的污水管网相连，则称为穿坊式布置。

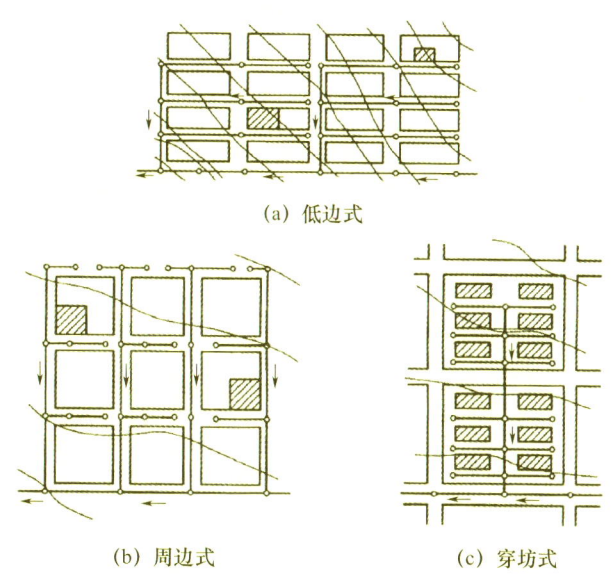

图 3.3 污水支管布置形式

污水主干管的数目和走向取决于污水处理厂和出水口的位置。在面积较大或地形复杂的城市，可能要建多个污水处理厂分别处理与利用污水，这就需要敷设多条主干管。在面积较小或地势倾斜的城市，通常只设一个污水处理厂，则可只需敷设一条主干管。若相邻城市联合建造区域污水处理厂，则需相应建造区域污水管道系统。

管道系统的方案确定后，便可形成污水管道平面布置图。在规划设计阶段，污水管道系统的总平面图包括干管、主干管的位置和走向，主要泵站、污水处理厂、出水口位置等；在工程设计阶段，管道平面图应包括全部支管、干管、主干管、泵站、污水处理厂、出水口等的具体位置和信息。

（4）确定污水管道系统的控制点和泵站的设置地点

污水管道系统控制点是指在排水流域内，对管道系统的埋深起控制作用的点。各条干管的起点都对下游管道的埋深有影响。这些点中离出水口最远、高程最低的点，通常可能是整个污水管道系统的控制点。具有较大埋深的工厂排水口或某些低洼地区的管道起点，也可能成为整个管道系统的控制点。控制点的管道埋深将影响整个污水管道系统的埋深。

确定污水管道系统控制点的埋深，一方面，应根据城市的竖向规划，保证排水区域内各点的污水都能自流排出，并考虑给发展留有适当的余地；另一方面，不能因照顾个别控制点而增加整个管道系统的埋深。对有特殊需要的点，可采取一些工程措施，如加强管材强度，填土提高地面高程以保证最小覆土厚度，设置泵站提高管道高程等措施，以减少控制点的埋深，从而减小整个管道系统的埋深，降低整个工程的造价。

在污水管道系统中，由于地形等因素的影响，通常可能需要设置中途泵站、局部泵站和终点泵站（图3.4）。当管道埋深超过最大允许埋深时，应设置泵站以提高下游管道的管位，这种泵站称为中途泵站。将低洼地区的污水抽升到地势较高地区管道中，或是将高层建筑地下室、地铁、管廊等地下设施的污水抽送到附近管道系统所设置的泵站称为局部泵站。此外，污水管道系统终点的埋深通常很大，而污水处理厂的处理构筑物，因受纳水体水位的限制，一般埋深很浅或设置在地面上，因此需设置提升泵站将污水抽升至第一个处理构筑物，这类泵站称为终点泵站或总泵站。

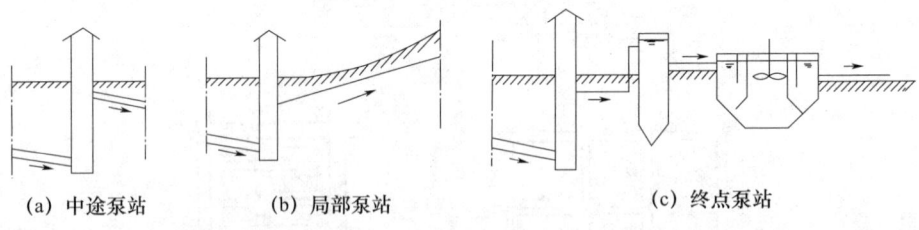

(a) 中途泵站　　　(b) 局部泵站　　　(c) 终点泵站

图3.4　污水泵站的设置地点

确定泵站设置的具体位置时，需考虑环境卫生、地质、电源和施工条件等因素，并应征询规划、环保、城建、卫生等主管部门的意见。

5. 雨水管渠系统布置

雨水管道系统布置与污水管道系统布置基本原则和方法基本相同，但因雨水的突发性、大流量等特点，雨水管道系统布置尚需考虑以下原则。

(1) 充分利用地形，就近排入水体

雨水一般可就近排入水体，但在降雨初期，雨水溶解空气中的酸性气体、粉尘等污染物，落入地面前会因冲刷了屋顶、路面等，使得降雨前期的雨水中含有大量病原体、重金属、油脂、有机物等污染物质，若直接排入水体，其污染程度有时会超过普通的城市污水。故充分利用地形，合理设计管渠系统，利用草地、花园、坑塘、湿地、驳岸等源头设施，对雨水初步净化后再就近排入水体非常必要。

因为雨水设计流量大、管径大，所以雨水管道系统设计时，要在满足流速等要求的前提下，尽量使得雨水管道坡度和埋深接近地面坡度，并就近排入水体，以避免设置雨水泵站。若建雨水提升泵站，则投资很大，运行时用电量较大，在中小城市还可能影响正常用电。因为雨水管道管径大，需要注意减小埋深、降低成本。因此，当雨水管道与其他管道并行或交叉布置时，其他管道一般都避让雨水管道。如污水管道可以敷设在雨水管道下方，压力管道可以从雨水管道上方绕过等。但有些情况明显不适宜采用正交式布置，如在地势向河流方向有较大倾斜的区域，为避免流速过大，使管道受到严重冲刷，可设置干管与等高线及河道基本平行，主干管与等高线及河道成一定角度敷设，即采用平行式布置。

当雨水管渠接入池塘或河道时，出水口构造简单，造价较低，应多考虑采用分散出水口式的雨水管道布置，如图 3.5 所示。而若是河流水位变化很大，或管道出水口离水体较远，需要泵站辅助提升时，应考虑尽量集中排放，如图 3.6 所示，以减少泵房建设，同时应在泵站前设置调节池，以减小雨水泵站的流量，节省泵站工程造价及平时的运行费用。

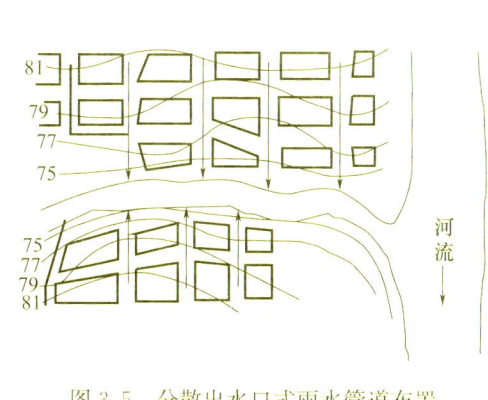

图 3.5 分散出水口式雨水管道布置
（单位：m）

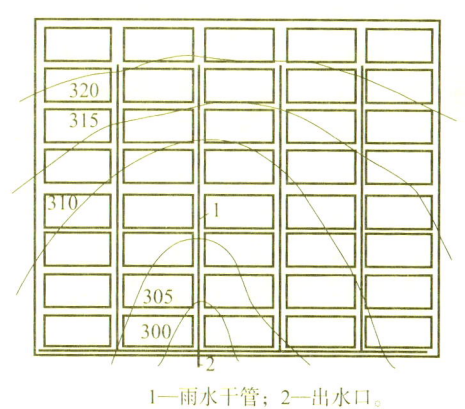

1—雨水干管；2—出水口。

图 3.6 集中出水口式雨水管道布置
（单位：m）

(2) 根据城市规划布置雨水管道

通常应根据建筑物的分布、道路的布置以及街区内部的地形等布置雨水管道，使街区内绝大部分雨水以最短距离排入街道低侧的雨水管道。雨水管道宜平行于道路敷设，且应尽量布置在人行道或草地带下，而不宜布置在快车道下，以免影响交通或维修管道时破坏路面。当道路宽度大于 40m 时，可考虑在道路两侧分别设置雨水管道。

雨水管道的平面布置与竖向布置应考虑与其他地下构筑物的协调配合。在池塘等地势较低的地方，可考虑雨水的调蓄。在有连接条件的地方，应考虑两个管道系统之间的连接。

（3）合理设置雨水口，保证路面雨水排出畅通

雨水口应根据地形以及汇水面积确定，一般在道路交叉口的汇水点、低洼地段、道路直线段（25～50m）均应设置雨水口，如图3.7所示。

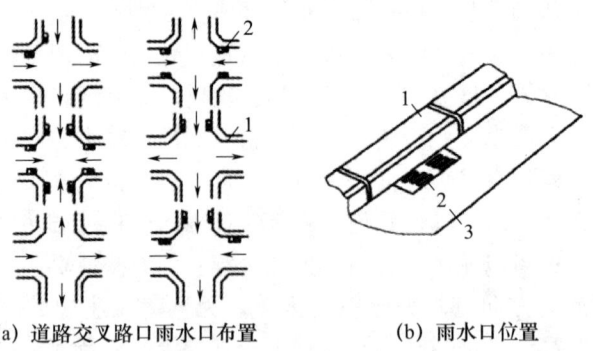

(a) 道路交叉路口雨水口布置　　　(b) 雨水口位置

1—路缘石；2—雨水口；3—道路路面。

图3.7　雨水口布置

（4）雨水管渠采用明渠或暗管，应结合具体条件确定

在城市市区或工厂内，由于建筑密度、交通流量较大，雨水管道一般采用暗管。在地形平坦地区，埋设深度或出水口深度受限制地区，可考虑采用盖板渠排除雨水。在城郊、建筑密度较低、交通量较小的地方，可考虑采用明渠，以降低造价，但需注意明渠容易淤积，滋生蚊蝇，影响环境卫生。

在每条雨水干管的起端，应尽可能采用道路边沟排除路面雨水，这样通常可以减少暗管长度100～150m，有利于降低工程造价。雨水暗管和明渠衔接处需采取一定的工程措施，以保证连接处良好的水力条件。通常做法是：当管道接入明渠时，管道应设置挡土的端墙，连接处的明渠应加铺砌；铺砌高度不低于设计超高，铺砌长度自管道末端算起3～10m，且宜适当跌水，当跌差为0.3～2m时，需做45°斜坡，斜坡应加铺砌，其构造尺寸如图3.8所示。当跌差大于2m时，应按水工构筑物设计。

明渠接入暗管时，除应采取上述措施外，还应设置格栅，栅条间距采用100～150mm，也宜适当跌水，在跌水前3～5m处需进行铺砌，其构造尺寸如图3.9所示。

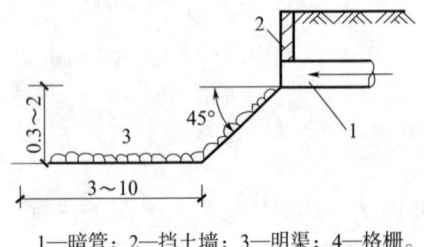　　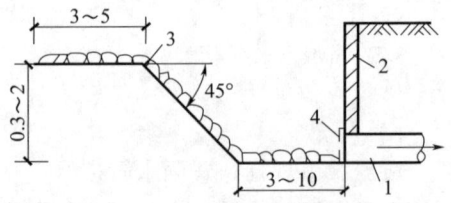

1—暗管；2—挡土墙；3—明渠；4—格栅。　　1—暗管；2—挡土墙；3—明渠。

图3.8　暗管接入明渠图（单位：m）　　图3.9　明渠接入暗管（单位：m）

3.2.2 区域排水系统

城市污水和工业企业废水是造成水体污染的重要污染源。实践证明，对废水进行综合治理并纳入水污染防治体系是解决水污染的主要途径。发展区域性废水及水污染综合整治系统，可以在一个更大的范围内统筹安排经济、社会和环境的协调发展。区域是按照地理位置、自然资源和社会经济发展情况划定的。区域规划有利于对废水的所有污染源进行全面规划和综合整治，有利于建立区域性（或流域性）排水系统。

区域性排水系统是指将两个以上城镇、地区的污水统一排出和处理的系统。这一系统是以一个大型区域污水处理厂代替许多分散的小型污水处理厂，这样可以降低污水处理厂的基建和运行管理费用，而且能有效防止工业区和人口稠密地区的地面水污染，改善和保护环境。实践证明，生活污水和工业废水的混合处理效果及控制的可靠性较好，大型区域污水处理厂比分散的小型污水处理厂效果好。在工厂和人口稠密的地区，将全部对象的排水问题同本地区的社会经济发展、城市建设和工业生产规模扩大、水资源综合利用以及控制水体污染的卫生技术措施等各种因素综合考虑，获得科学、合理、可持续的解决方案。所以，区域排水系统是局部单项治理发展至区域综合治理，也是控制水污染、改善和保护环境的新进展。要解决好区域综合治理应运用系统工程学的理论和方法以及现代计算技术，对复杂的多种因素进行系统分析，建立模拟合理的试验和数学模式，寻找污染控制设计和管理的最优化方案。

如图3.10所示为某地区的区域排水系统平面示意图。区域内有六座建成和新建的城镇，在已建城镇中均分别建有污水处理厂。按区域排水系统的规划，废除了各城镇污水处理厂，用一个区域污水处理厂处理全区域排除的污水，并根据需要设置了泵站。区域排水系统的干管、主干管、泵站、污水处理厂等，分别成为区域干管、主干管、泵站、污水处理厂等。

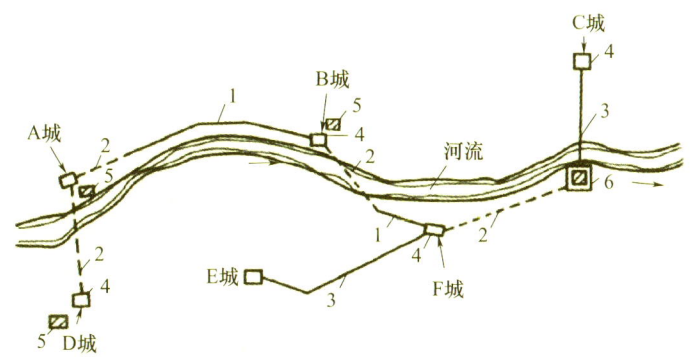

1—区域主干管；2—压力管道；3—新建城市污水干管；4—泵站；
5—废除的城镇污水处理厂；6—区域污水处理厂。

图3.10 区域排水系统平面示意图

区域排水系统具有以下优点。
（1）污水处理厂数量少，处理设施大型化、集中化，规模效应明显。
（2）污水处理厂占地面积小，节省土地。

(3) 水质水量变化小，有利于运行管理。

(4) 河流等水资源利用与污水排放的体系更加合理，且可能形成统一的水资源管理体系。

区域排水系统还具有以下缺点。

(1) 当排入大量工业废水时，有可能使污水处理难度增大。

(2) 工程设施规模大，造成运行管理难度大，且一旦污水处理厂运行管理不当，对整个河流影响较大。

在规划排水系统时，是否选择区域排水系统，应根据环境保护的要求，经过多方面比较来确定，需考虑的主要问题有以下几方面。

(1) 近期和远期相结合。

(2) 尽量采取改革生产工艺、厂内和厂际废水循环利用与重复利用等措施，减少工业废水排放量。

(3) 应考虑工业废水与生活污水混合处理，以及雨水和生产废水混合排出和利用的可能性。

(4) 应预计到当位于取水点上游的污水事故排出时对取水点的影响。

3.3 雨水管道与排水泵站布置

3.3.1 雨水管道系统

1. 雨水管道系统的组成

雨水排水系统的任务是收集并输送地面径流的雨水并将其排至水体，主要由以下几个主要部分组成。

(1) 建筑物的雨水管道系统和设备

建筑物的雨水管道系统和设备主要是收集工业、公共或大型建筑的屋面雨水，将其排入室外的雨水管渠系统中。雨水的收集是通过设在屋面的雨水由雨水口和天沟，并经雨落管排至地面；收集地面的雨水经雨水口流入雨水排支管中，然后进入雨水排水管网系统。

(2) 小区或厂区雨水管渠系统

小区或厂区雨水管渠系统主要包括敷设在小区或厂区道路下的雨水管渠及其附属构筑物。

(3) 街道雨水管渠系统

街道雨水管渠系统主要包括敷设在街道下的雨水管渠及其附属构筑物。

(4) 附属构筑物

附属构筑物主要包括雨水口、检查井、跌水井、倒虹管等。

(5) 出水口

出水口是设在雨水排水系统终端的构筑物。合流制排水系统的组成与分流制相似，同样有室内排水设备、室外居住小区以及街道管道系统。雨水经雨水口进入合流管道，在合流管道系统的截流干管处设有溢流井。上述各排水系统的组成应结合当地条件来确定排水系统内所需要的组成部分。

2. 雨水管道布置

1) 布置原则

（1）按照城市总体规划和排水工程专业规划为主要依据，结合当地实际情况布置排水管网，要进行多方案技术经济比较。

（2）先确定排水区域和排水体制，然后布置排水管网，应按从干管到支管的顺序进行布置。

（3）充分利用地形，采用重力流排除污水和雨水，并使管线最短、埋深最小。

（4）协调好与其他管道、电缆和道路等工程的关系，充分考虑与企业内部管网的衔接。

（5）规划时要考虑到使管渠的施工、运行和维护方便。

（6）远近期规划相结合，考虑发展，尽可能安排分期实施。

2) 影响因素

（1）城市规划。一般城市的规划范围就是排水管网系统的服务范围；规划人口数影响污水管网的设计标准；城市的铺砌程度影响雨水径流量的大小；规划的道路是管网定线的可能路径。因此，城市规划是城市排水管网系统平面布置最重要的依据，排水管网规划必须与城市总体规划一致，并作为城市总体规划的一个重要组成部分。

（2）城市地形。在一定条件下，地形是影响管道定线的主要因素。定线时应充分利用地形，使管道的走向符合地形趋势，一般宜顺坡排水。在整个排水区域较低的地方，如积水线或河岸低处敷设主管及干管，便于支管接入，而横支管的坡度尽可能与地面坡度一致。在地势平坦的地区，应避免小流量的横支管长距离平行于等高线敷设，注意让其尽早接入干管。要注意干管与等高线垂直，主干管与等高线平行。由于主干管管径较大，保持最小流速所需坡度小，因此与等高线平行较合理。当地形向河道的坡度很大时，主干管与等高线垂直，干管与等高线平行。

（3）污水处理厂及出水口位置。污水处理厂及出水口的位置决定了排水管网总的走向，所有管线都应朝出水口方向铺设并组成枝状管网。有一个出水口或一个污水处理厂就有一个独立的排水管网系统。

（4）水文地质条件。排水管网应尽量敷设在水文地质条件好的街道下面，且应敷设在地下水位以上。如果不能保证在地下水位以上铺管，施工时应注意地下水的影响和向管内渗水的问题。

（5）道路宽度。管道定线时还需要考虑街道宽度及交通情况。排水干管一般不宜敷设在交通繁忙而狭窄的街道下。若街道宽度超过40m时，为了减少连接支管的数目和减少与其他地下管线的交叉，可考虑设置两条平行的排水管道。

（6）地下管线及构筑物的位置。在现代化的城市和工厂的街道下，有各种地下设施：各种管道给水管、污水管、雨水管、煤气管、供热管等；各种电缆电线（电话电缆、动力电缆、民用电缆、有线电视电缆、电车电缆等）；各种隧道（人行横道、地下铁道、防空隧道、工业隧道等）。设计排水管道在街道横断面上的位置（平面位置和垂直位置）时，应与各种地下设施的位置联系起来综合考虑，并应符合室外排水设计规范的有关规定要求。

由于排水管道采用重力流，管道（尤其是干管）的埋设深度较其他种类的管道大，并且有很多连接支管。如果位置安排不当造成和其他管道交叉，就会增加排管上的困难，所以在管道综合时，通常是首先考虑排水管道在平面和垂直方向上的位置。

3.3.2 排水泵站布置

1. 概述

1) 排水泵站组成与分类

排水泵站的工作特点是抽升的水一般含有大量的杂质，且来水的流量逐日逐时都在变化。排水泵站的基本组成包括机器间、集水池、格栅、辅助间，有时还附设有变电所。机器间内设置水泵机组和有关的附属设备。格栅和吸水管安装在集水池内，集水池还可以在一定程度上调节来水的不均匀性，以使泵能较均匀工作。格栅的作用是阻拦水中粗大的固体杂质，以防止杂物阻塞和损坏泵。辅助间一般包括储藏室、修理间、休息室和厕所等。

排水泵站可以按以下方式分类。

（1）按排水的性质，一般可分为污水泵站、雨水泵站、合流泵站和污泥泵站。

（2）按其在排水系统中的作用，可分为中途泵站（或称区域泵站）和终点泵站（又称总泵站）。中途泵站通常是为了避免排水干管埋设太深而设置的。终点泵站是将整个城镇的污水或工业企业的污水抽送到污水处理厂或将处理后的污水提升排放。

（3）按泵启动前能否自流充水，可分为自灌式泵站和非自灌式泵站。

（4）按泵站的平面形状，可以分为圆形泵站和矩形泵站。

（5）按集水池与机器间的组合情况，可分为合建式泵站和分建式泵站。

（6）按照控制的方式，可分为人工控制、自动控制和遥控三类。

排水泵站占地面积与泵站性质、规模大小以及泵站所处的位置有关，见表 3.1。

表 3.1 不同规模各种泵站的占地面积

设计规模/（m³/s）	泵站性质	占地面积/m²	
		城、近郊区	远郊区
<1	雨水	400~600	500~700
	污水	900~1200	1000~1500
	合流	700~1000	800~1200
	立交	500~700	600~800
	中途加压	300~600	400~600
1~3	雨水	600~1000	700~1200
	污水	1200~1800	1500~2000
	合流	1000~1300	1200~1500
	中途加压	500~700	600~800
3~5	雨水	1000~1500	1200~1800
	污水	1800~2500	2000~2700
	合流	1300~2000	1500~2000

续表

设计规模/(m³/s)	泵站性质	占地面积/m²	
		城、近郊区	远郊区
5～30	雨水	1500～8000	1800～10000
	合流	2000～8000	2200～10000

注：1. 表中占地面积主要指泵站围墙以内的面积，从进水井到出水，包括整个流程中的构筑物和附属构筑物以及生活用地、内部道路及庭院绿化等面积。
2. 表内占地面积系指有集水池的情况，对于中途加压泵站，若吸水管直接与上游出水管连接，则占地面积可相应减少。
3. 污水处理厂内的泵站占地面积，由污水处理厂平面布置决定。

2）排水泵站的形式

排水泵站的形式主要取决于水力条件、工程造价，以及泵站的规模、泵站的性质、水文地质条件、地形地物、挖深及施工方法、管理水平、环境要求、选用泵的形式等因素。下面就简要介绍几种典型的排水泵站的优缺点及适用条件。

（1）干式泵站和湿式泵站

雨水泵站的特点是流量大、扬程小，因此大都采用轴流泵；有时也用混流泵。其基本形式有干式泵站与湿式泵站。

① 干式泵站。集水池和机器间由隔墙分开，只有吸水管和叶轮淹没在水中；机器间可经常保持干燥，有利于对泵的检修和维护。泵站共分三层：上层是电动机间，安装立式电动机和其他电气设备；中层为机器间，安装泵的轴和压水管；下层是集水池。机器间与集水池用不透水的隔墙分开；集水池的雨水，除了进入水泵间以外，不允许进入机器间，因而电动机运行条件好，检修方便，卫生条件也好。其缺点是结构复杂、造价较高。

② 湿式泵站。电动机层下面是集水池，泵浸于集水池内。其结构虽比干式泵站简单，造价较少，但泵的检修困难。泵站内比较潮湿，且易产生异味，不利于电气设备的维护和管理工人的健康。

（2）圆形泵站和矩形泵站

合建式圆形排水泵站，装设卧式泵，自灌式工作。它适合于中、小型排水量，水泵不超过四台。圆形结构受力条件好，便于采用沉井法施工，可降低工程造价，泵启动方便，易于根据吸水井中水位实现自动操作。其缺点是：机器间内机组与附属设备布置较困难，当泵站很深时，工人上下不便，且电动机容易受潮。由于电动机深入地下，需考虑通风设施，以降低机器间的温度。

合建式矩形排水泵站是将合建式圆形排水泵站中的卧式泵改为立式离心泵（也可用轴流泵），以避免合建式圆形排水泵站的上述缺点。但是，立式离心泵安装技术要求较高，特别是泵站较深、传动轴较长时，须设中间轴承及固定支架，以免泵运行时传动轴产生振荡。这类泵站能减少占地面积，降低工程造价，并使电气设备运行条件和工人操作条件得到改善。合建式矩形排水泵站装设立式泵，自灌式工作。大型泵站用此种类型较合适。泵台数为四台或更多时，采用矩形机器间，机组、管道和附属设备的布置较方便，启动操作简单，易于实现自动化。电气设备置于上层，不易受潮，工人操作条件良好。缺点是建造费用高。当土质差、地下水位高时，因施工困难，不宜采用。

(3) 自灌式泵站和非自灌式泵站

水泵及吸水管的充水有自灌式（包括半自灌式）和非自灌式两种方式，故泵站也可分为自灌式泵站和非自灌式泵站。

① 自灌式泵站。水泵叶轮或泵轴低于集水池的最低水位，在最高、中间和最低水位三种情况下都能直接启动。半自灌式泵站是指泵轴仅低于集水池的最高水位，当集水池达到最高水位时方可启动。自灌式泵站的优点是：启动及时可靠，不需要引水辅助设备，操作简单。其缺点是：泵站较深，地下工程造价较高，有些管理单位反映吊装维修不便，噪声较大，甚至会妨碍管理人员利用听觉判断水泵是否正常运转。采用卧式泵时电动机容易受潮。在自动化程度较高的泵站，较重要的雨水泵站、立交排水泵站，开启频繁的污水泵站中，宜尽量采用自灌式泵站。

② 非自灌式泵站。泵轴高于集水池的最高水位，不能直接启动。由于污水泵吸水管必须设底阀，故须采用引水设备。这种泵站深度较浅，室内干燥，卫生条件较好，利于采光和自然通风，值班人员管理维修方便。在来水量较稳定，水泵开启并不频繁，或在场地狭窄，或水文地质条件不好，施工有一定困难的条件下，宜采用非自灌式泵站。常用的引水设备及方式有真空泵引水、真空罐引水、密闭水箱引水和鸭管式无底阀引水。

(4) 分建式泵站和合建式泵站

① 分建式排水泵站。当土质差、地下水位高时，为了减少施工困难和降低工程造价，将集水池与机器间分开修建是合理的。将一定深度的集水池单独修建，施工较容易。为了减小机器间的地下部分深度，应尽量利用泵的吸水能力，以提高机器间标高。但是，应注意不要将泵的允许吸上真空高度利用到极限，以免泵站投入运行后吸水发生困难。因为在设计时对施工可能发生的各种与设计不符的情况和运行后管道积垢、泵磨损、电源频率降低等情况都无法事先准确估计，所以适当留有余地是必要的。分建式泵站的主要优点是：结构简单，施工较方便，机器间没有污水渗透和被污水淹没的危险。它的缺点是：泵的启动较频繁，给运行操作带来困难。

② 合建式排水泵站。当机器间泵中轴线标高高于水池中水位时（即机器间与集水池的底板不在同一标高时），泵也要采用抽真空启动。这种类型适应于土质坚硬、施工困难的条件，为了减少挖方量而不得不将机器间抬高。在运行方面，它的缺点同分建式排水泵站。实际工程中采用较少。

(5) 半地下式泵站和全地下式泵站

① 半地下式泵站有两种情况。一种是自灌式，即机器间位于地面以下以满足自灌式水泵启动的要求，将卧式水泵底座与集水池底设在一个水平面上。另一种是非自灌式，即机器间高程取决于吸水管的最大吸程，或吸水管上的最小覆土。半地下式泵站地面以上建筑物的空间应满足吊装、运输、采光、通风等机器间的操作要求，并应设置管理人员的值班室和配电室。一般排水泵站应采用半地下式泵站。

② 全地下式泵站。在某些特定条件下，泵站的全部构筑物都设在地面以下，地面以上没有任何建筑物，只留有供人出入的门（或人孔）和通气孔、吊装孔。全地下式泵站的缺点是：通风条件差，有发生中毒事故的风险，在污水泵站中还可能有沼气积累甚至会发生爆炸；潮湿现象严重，会因电机受潮而影响正常运转；管理人员出入不方便，

携带物件上下更加困难；为满足防渗防潮要求，需要全部采用钢筋混凝土结构，工程造价较高。因此，应尽量避免采用全地下式泵站。当受周围建筑物局限，或该地区有特殊要求不允许有地面建筑，不得不设置全地下式泵站时，应采取以下措施：必须有良好的机械通风设备，保证室内空气流通；电机间、水泵间、集水池都应设直接通向室外的吊装孔；门或人孔的尺寸应能满足两人同时进出的要求。人孔最好用矩形，宽度不小于1.2m；上下楼梯踏步应采用钢筋混凝土结构，不允许采用钢筋或角钢焊接；尽可能采用自动化遥控。

（6）其他泵站形式

① 螺旋泵站

污水由来水管进入螺旋泵的水槽内，螺旋泵的电动机及有关的电气设备设于机器间内，污水经螺旋泵提升进入出水渠，出水渠起端设置格栅。采用螺旋泵抽水可以不设集水池，不建地下式或半地下式泵站，节约土建投资。螺旋泵抽水不需要封闭的管道，因此水头损失较小，电耗较小。由于螺旋泵螺旋部分是敞开的，维护与检修方便，运行时不需看管，便于实行遥控和在无人看管的泵站中使用，还可以直接安装在下水道内提升污水。

螺旋泵可以提升破布、石头、杂草、罐头盒、塑料袋以及废瓶子等任何能进入泵叶片之间的固体。因此，泵前可不必设置格栅。格栅设于泵后，在地面以上，便于安装、检修与清除。使用螺旋泵时，可完全取消通常其他类型污水泵配用的吸水喇叭管、底阀、进水和出水闸阀等配件和设备。

螺旋泵还有一些其他泵所没有的特殊功能。例如，用在提升活性污泥和含油污水时，由于其转速慢，不会打碎污泥颗粒和矾花。用于沉淀池排泥，能对沉淀污泥起一定的浓缩作用。

螺旋泵也有缺点：受机械加工条件的限制，泵轴不能太粗太长，所以扬程较低，一般为3～6m，不适用于高扬程、出水水位变化大或出水为压力管的场合。在需要较大扬程的地方，往往采用二级或多级抽升的方式布置。由于螺旋泵是斜装的，体积大，占地较大，耗钢材较多。此外，螺旋泵是开敞式布置，运行时会产生异味。

② 潜水泵站

随着各种国产潜水泵质量的不断提高，越来越多的新建或改建的排水泵站都采用了各种形式的潜水泵，包括排水用潜水轴流泵、潜水混流泵、潜水离心泵等。其最大的优点是：不需要专门的机器间，将潜水泵直接置于集水井中。但对潜水泵尤其是潜水电机的质量要求较高。

在工程实践中，排水泵站的类型是多种多样的。究竟采取何种类型，应根据具体情况，经多方案技术经济比较后决定。根据我国设计和运行经验，凡泵不超过四台的污水泵站和泵数不超过三台的雨水泵站，其地下部分结构采用圆形最为经济，其地面以上构筑物的形式必须与周围建筑物相适应。当泵台数超过上述数量时，地下及地上部分都可采用矩形或由矩形组合成的多边形或椭圆形；地下部分有时为了发挥圆形结构比较经济和便于沉井施工的优点，可以将集水池和机器间分开为两个构筑物，或者将泵分设在两个地下的圆形构筑物内。这种布置适用于流量较大的雨水泵站或合流泵站。对于抽送会产生易燃易爆和有毒气体的污水泵站，必须设计为单独的建筑物，并应采用相应的防护措施。

2. 排水泵站工艺设计要求

1) 设计流量和扬程

(1) 设计流量

排水泵站设计流量宜按远期规模设计，水泵机组可按近期配置。

① 污水泵站的设计流量应按泵站进水总管的最高日最高时流量计算。

② 雨水泵站的设计流量应按泵站进水总管的设计流量计算，按式（3.1）计算。但当立交道路设有盲沟时，其渗流水量应单独计算。

③ 合流污水泵站的设计流量按下列公式确定：泵站后设污水截流装置时，按式（3.2）计算；泵站前设污水截流装置时，按式（3.1）、式（3.2）分别计算

雨水部分： $$Q_p = Q_s - n_0 Q_{dr} \tag{3.1}$$

污水部分： $$Q_p = (n_0 + 1) Q_{dr} \tag{3.2}$$

式中 Q_p——泵站设计流量，m^3/s；

Q_s——雨水设计流量，m^3/s；

Q_{dr}——旱流污水设计流量，m^3/s；

n_0——截流倍数。

雨污分流不彻底、短时间难以改建的地区，雨水泵站可设置混接污水截流设施，并应采取措施排入污水处理系统。

目前，我国许多地区都采用合流制和分流制并存的排水制度；还有一些地区雨污分流不彻底，短期内又难以完成改建。市政排水管网雨污水管道混接，一方面降低了现有污水系统设施的收集处理率，另一方面又造成了对周围水体环境的污染。雨污混接方式主要有建筑物内部洗涤水接入雨水管、建筑物污废水出户管接入雨水管、化粪池出水管接入雨水管、市政污水管接入雨水管等。

(2) 设计扬程

① 污水泵和合流污水泵的设计扬程。出水管渠水位以及集水池水位的不同组合，可组成不同的扬程。在设计流量时，出水管渠水位与集水池设计水位之差加上管路系统水头损失和安全水头为设计扬程；在设计最小流量时，出水管渠水位与集水池设计最高水位之差加上管路系统水头损失和安全水头为最低工作扬程；在设计最大流量时，出水管渠水位与集水池设计最低水位之差加上管路系统水头损失和安全水头为最高工作扬程。安全水头一般为0.3~0.5m。

② 雨水泵站的设计扬程。受纳水体水位以及集水池水位的不同组合，可组成不同的扬程。受纳水体水位的常水位或平均潮位与设计流量下集水池设计最高水位之差加上管路系统水头损失为设计扬程；受纳水体平均水位与集水池设计最高水位之差加上管路系统水头损失为最高工作扬程；受纳水体水位的高水位或防汛潮位与集水池设计最低水位之差加上管路系统水头损失为最低工作扬程。

2) 泵站设计

(1) 水泵配置

水泵选择应根据设计流量和所需的扬程等因素确定，且应符合以下要求。

① 水泵宜选同一型号，台数不应少于两台，不宜大于八台。当流量变化很大时，

可配置不同规格的水泵，但不宜超过两种，或采用变频调速装置，或采用叶片可调试水泵。

② 污水泵站和合流泵站应设备用泵。当工作泵台数少于四台时，备用泵宜为一台。当工作泵台数超过五台时，备用泵宜为两台；当潜水泵站备用泵为两台时，可现场备用一台，库存备用一台；雨水泵站可不设备用泵；立交道路的雨水泵站可视泵站重要性设置备用泵。

③ 选用的水泵宜在满足设计扬程时在高效区运行；在最高工作扬程与最低工作扬程的整个工作，当两台以上水泵并联运行合用一根出水管时，应根据水泵特性曲线和管路工作特性曲线验算单台泵的工况，使之符合设计要求。

④ 多级串联的污水泵站和合流污水泵站，应考虑级间调整的影响。

⑤ 水泵吸水管设计流速宜为 0.7~1.5m/s，出水管流速宜为 0.8~2.5m/s。

⑥ 非自灌式水泵应设引水设备，小型水泵可设底阀或真空引水设备。

⑦ 雨水泵站应采用自灌式泵站，污水泵站和合流污水泵站宜采用自灌式泵站。

(2) 水泵站布置

水泵站布置宜符合以下要求。

① 水泵站的平面布置。水泵布置宜采用单行布置，主要机组的布置和通道宽度应满足机电设备安装、运行和操作的要求；即水泵机组基础间的净距不宜小于 1.0m，机组突出部分与墙壁的净距不宜小于 1.2m，主要通道宽度不宜小于 1.5m；配电箱前面的通道宽度在低压配电时不宜小于 1.5m，高压配电时不宜小于 2.0m；当采用在配电箱后检修时，配电箱后距墙的净距不宜小于 1.0m；有电动起重机的泵站内，应有吊装设备的通道。

② 水泵站的高程布置。泵站各层层高应根据水泵机组、电气设备、起吊装置、安装、运行和检修等因素确定。水泵机组基座应按水泵的要求设置，并应高出地坪 0.1m 以上；泵站内地面敷设管道时，应根据需要设置跨越设施，若架空敷设时，不得跨越电气设备和阻碍通道，通行处的管底距地面不宜小于 2.0m；当泵站为多层时，楼板应设置吊物孔，其位置应在起吊设备的工作范围内，吊物孔尺寸应按所需吊装的最大部件外形尺寸每边放大 0.2m 以上。泵站室外地坪标高应按城镇防洪标准确定，并符合规划部门要求。泵站室内地坪应比室外地坪高 0.2~0.3m。易受洪水淹没地区的泵站，其入口处设计地面标高应比设计洪水位高 0.5m 以上。当不能满足上述要求时，可采取在入口处设置闸槽墩的临时性防洪措施。

(3) 集水池

① 集水池容积

为了泵站正常运行，集水池的储水部分必须有适当的有效容积。集水池的设计最高水位与设计最低水位之间的容积为有效容积。集水池有效容积应根据设计流量、水泵能力和水泵工作情况等因素确定；除集水池本身外，计算范围可以向上游推算到格栅部位。若容积过小，水泵开停频繁；若容积过大，则增加工程造价。污水泵站集水池容积应符合下列要求：污水泵站集水池的容积不应小于最大一台水泵 5min 的出水量；若水泵机组为自动控制时，每小时开动水泵不得超过六次；对于污水中途泵站，其下游泵站集水池容积应与上游泵站工作相匹配，防止集水池壅水和开空车。

雨水泵站和合流污水泵站集水池的容积，由于雨水进水管部分可作为储水容积考虑，仅规定不应小于最大一台水泵 30s 的出水量。对于间歇使用的泵站集水池，应按一次排入的水量、泥量和水泵抽送能力计算。

② 集水池设计水位

污水泵站集水池设计最高水位应按进水管充满度计算；雨水泵站和合流污水泵站集水池设计最高水位应与进水管管顶相平；当设计进水管道为压力管时，集水池设计最高水位可高于进水管管顶，但不得使管道有地面冒水。对于大型合流污水输送泵站集水池的容积，应按管网系统中调压塔原理复核。

集水池设计的最低水位应满足所选水泵吸升水头的要求，自灌式泵站尚应满足水泵叶轮浸没深度的要求。

③ 集水池的构造要求

泵站应采取正向进水，应考虑改善水泵吸水管的水力条件、减少滞流或涡流，以使水流顺畅、流速均匀。侧向进水易形成集水池下游端的水泵吸水管处于水流不稳、流量不均的状态，对水泵运行不利。由于进水条件对泵站运行极为重要，必要时，流量在 $15m^3/s$ 以上的泵站宜通过水力模型试验确定进水布置方式，$5\sim15m^3/s$ 的泵站宜通过数学模型计算确定进水布置方式。

在集水池前应设置闸门或闸槽。泵站应设置事故排出口，污水泵站和合流污水泵站设置事故排出口应报有关部门批准。集水池的布置会直接影响水泵吸水的水流条件。水流条件差，会出现滞留或涡流，不利于水泵运行，会引起气蚀，造成效率下降，出水量减少，电动机超载，水泵运行不稳定、产生噪声和振动、增加能耗。集水池底部应设集水坑，倾向坑的坡度不宜小于 10％；集水坑应设冲洗装置，宜设清泥设施。

对于雨水进水管沉砂量较多的地区，宜在雨水泵站前设置沉砂设施和清砂设备。

（4）出水设施

① 当两台或两台以上水泵合用一根出水管时，每台水泵的出水管均应设置闸阀，并在闸阀和水泵之间设置止回阀。当污水泵出水管与压力管或压力井相连时，出水管上必须安装止回阀和闸阀的防倒流装置，雨水泵的出水管末端宜设置防倒流装置，其上方宜考虑设置起吊设施。

② 合流污水泵站宜设试车水回流管。出水井通向河道一侧应安装出水闸门或采取临时性的防堵措施；雨水泵站出水口位置选择应避免桥梁等水中构筑物；出水口和护坡结构不得影响航道；水流不得冲刷河道或影响航运安全；出口流速宜小于 0.5m/s，并取得航运、水利部门的同意。泵站出水口处应设置警示标志。

4 市政给水管道系统设计

4.1 用水量设计

设计用水量是设计给水系统的依据。取水、净水、泵站和输配水管网等设施的规模大小,均由设计用水量决定。城镇设计用水量应根据下列各种用水确定。

(1) 综合生活用水(包括居民生活用水和公共建筑及设施用水)。
(2) 工业企业用水。
(3) 浇洒道路和绿地用水。
(4) 管网漏损水量。
(5) 未预见用水。
(6) 消防用水。

水厂设计规模,按上述(1)至(5)项的最高日用水量之和确定,并应按远期规划、近远期结合、以近期为主的原则进行设计。近期和远期设计年限宜分别采用5～10年和10～20年。

4.1.1 用水定额

用水定额是指设计年限内达到的用水水平,是计算设计用水量的主要依据之一。综合生活用水、工业企业用水、浇洒道路和绿地用水、管网漏损水量、未预见用水、消防用水都有其各自的用水定额。

1. 综合生活用水定额

(1) 居民生活用水定额

居民生活用水是指城市中居民的饮用、烹调、洗涤、冲厕和洗澡等日常生活用水。居民生活用水定额应根据各地国民经济和社会发展规划、城市总体规划和水资源充沛程度及给水工程发展的条件等因素,在现有用水定额的基础上,经综合分析后确定;在缺乏实际用水资料的情况下,根据《室外给水设计标准》(GB 50013—2018)的要求,也可采用表4.1至表4.4中的数据。

表4.1 最高日居民生活用水定额　　　　　　　　单位:L/(人·d)

城市类型	超大城市	特大城市	Ⅰ型大城市	Ⅱ型大城市	中等城市	Ⅰ型小城市	Ⅱ型小城市
一区	180～320	160～300	140～280	130～260	120～240	110～220	100～200
二区	110～190	100～180	90～170	80～160	70～150	60～140	50～130
三区	—	—	—	80～150	70～140	60～130	50～120

表 4.2　平均日居民生活用水定额　　　　　　　单位：L/（人·d）

城市类型	超大城市	特大城市	Ⅰ型大城市	Ⅱ型大城市	中等城市	Ⅰ型小城市	Ⅱ型小城市
一区	140～280	130～250	120～220	110～200	100～180	90～170	80～160
二区	100～150	90～140	80～130	70～120	60～110	50～100	40～90
三区	—	—	—	70～110	60～100	50～90	40～80

表 4.3　最高日综合生活用水定额　　　　　　　单位：L/（人·d）

城市类型	超大城市	特大城市	Ⅰ型大城市	Ⅱ型大城市	中等城市	Ⅰ型小城市	Ⅱ型小城市
一区	250～480	240～450	230～420	220～400	200～380	190～350	180～320
二区	200～300	170～280	160～270	150～260	130～240	120～230	110～220
三区	—	—	—	150～250	130～230	120～220	110～210

表 4.4　平均日综合生活用水定额　　　　　　　单位：L/（人·d）

城市类型	超大城市	特大城市	Ⅰ型大城市	Ⅱ型大城市	中等城市	Ⅰ型小城市	Ⅱ型小城市
一区	210～400	180～360	150～330	140～300	130～280	120～260	110～240
二区	150～230	130～210	110～190	90～170	80～160	70～150	60～140
三区	—	—	—	90～160	80～150	70～140	60～130

注：1. 超大城市指城区常住人口 1000 万及以上的城市；特大城市指城区常住人口 500 万～1000 万的城市；Ⅰ型大城市指城区常住人口 300 万～500 万的城市；Ⅱ型大城市指城区常住人口 100 万～300 万的城市；中等城市指城区常住人口 50 万～100 万的城市；Ⅰ型小城市指城区常住人口 20 万～50 万的城市；Ⅱ型小城市指城区常住人口 20 万以下的城市。以上包括本数，以下不包括本数。
2. 一区包括湖北、湖南、江西、浙江、福建、广东、广西、海南、上海、江苏、安徽；二区包括重庆、四川、贵州、云南、黑龙江、吉林、辽宁、北京、天津、河北、山西、河南、山东、宁夏、陕西、内蒙古河套以东和甘肃黄河以东的地区；三区包括新疆、青海、西藏、内蒙古河套以西和甘肃黄河以西的地区。分区未考虑港、澳、台地区。
3. 经济开发区和特区城市，根据用水实际情况，用水定额可酌情增加。
4. 当采用海水或污水再生水等作为冲厕用水时，用水定额相应减少。

由于我国淡水资源缺乏，为增强城市居民的节水意识，促进节约用水和水资源持续利用，推进水价改革，我国于 2002 年 11 月 1 日开始实施《城市居民生活用水量标准》（GB/T 50331—2002），并于 2023 年进行了修订，见表 4.5。这一标准的指标值低于《室外给水设计标准》（GB 50013—2018）中的居民用水定额，其原因是两者的用途不同，前者为城市居民定量用水的考核依据，也是缺水城市制定超量用水加价收费的依据；而后者是城市室外给水管网的设计依据。

表 4.5　城市居民生活用水量标准

地域分区	日用水量/[L/（人·d）]	适用范围
一	80～135	黑龙江、吉林、辽宁、内蒙古
二	85～140	北京、天津、河北、山东、河南、山西、陕西、宁夏、甘肃
三	120～180	上海、江苏、浙江、福建、江西、湖北、湖南、安徽

续表

地域分区	日用水量/[L/(人·d)]	适用范围
四	150~220	广西、广东、海南
五	100~140	重庆、四川、贵州、云南
六	75~125	新疆、西藏、青海

注：1. 表中所列日用水量是满足人们日常生活基本需要的标准值。在核定城市居民用水量时，各地应在标准值区间内直接选定。
   2. 城市居民生活用水考核不应以日作为考核周期，日用水量指标应作为月度考核周期计算水量指标的基础值。
   3. 指标值中的上限值是根据气温变化和用水高峰月变化参数确定的，一个年度当中对居民用水可分段考核，利用区间值进行调整使用。上限值可作为一个年度当中最高月的指标值。
   4. 家庭用水人口的计算，由各地根据当地的实际情况自行制定管理规则或办法。
   5. 以此用水量标准为指导，各地视本地情况可制定地方标准或管理办法组织实施。
   6. 未统计港、澳、台地区。

(2) 公共建筑及设施用水定额

公共建筑及设施用水是指城市中娱乐场所、宾馆、浴室、商业、学校和机关办公楼等的用水，但不包括城市浇洒道路和绿地等的用水。在计算居住小区给水干管的设计流量时，要用到公共建筑及设施的生活用水定额，该定额应按现行的《建筑给水排水设计标准》(GB 50015—2019)执行。

2. 工业企业用水定额

工业企业用水包括工业企业的生产用水和工作人员生活用水。

生产用水是指工业企业在生产过程中使用的水，如冷却用水、原料用水、制造和加工用水、洗涤用水及空调用水等。由于工业企业的种类很多，生产用水量各不相同，即使生产同一类产品，如果生产工艺不同，其生产用水量也有可能不同。因此，各个行业一般有各自的行业用水定额。

生产用水定额一般以万元产值用水量表示；也可以按单位产品用水量表示，例如每生产一吨钢、一辆汽车需要多少水；或按每台设备每天用水量表示。

工作人员生活用水包括工业企业的管理人员生活用水、车间工人生活用水和淋浴用水。管理人员生活用水定额可取30~50L/(人·班)；车间工人生活用水定额应根据车间性质确定，一般宜采用30~50L/(人·班)，用水时间为8h，小时变化系数为1.5~2.5。工业企业建筑的淋浴用水定额应根据《工业企业设计卫生标准》(GBZ 1—2010)中车间的卫生特征分级确定，一般可采用40~60L/(人·次)，延续供水时间为1h。

3. 浇洒道路和绿地用水定额

浇洒道路和绿地用水量应根据路面、绿化、气候和土壤等条件确定。浇洒道路用水可按浇洒面积以2.0~3.0L/(m^3·d)计算；浇洒绿地用水可按浇洒面积以1.0~3.0L/(m^3·d)计算。

4. 管网漏损水量定额

管网漏损水量宜按综合生活用水、工业企业用水、浇洒道路和绿地用水三项用水量之和的10%~12%计算，当单位管长供水量小或供水压力高时可适当增加。

5. 未预见用水定额

未预用水应根据用水量预测时难以预见因素的程度确定，一般可按综合生活用水、工业企业用水、浇洒道路和绿地用水及管网漏损水量四项用水量之和的 8%～12% 计算。

6. 消防用水定额

消防用水只在发生火灾时使用，但它在城镇用水量中所占的比例较大，尤其是在中小城镇。消防用水量、水压及火灾延续时间等，应按国家现行标准《建筑设计防火规范》（GB 50016—2014）（2018 年版）等设计防火规范执行。

城镇或居住区的消防用水量，应按同一时间内的火灾次数和一次灭火用水量确定，并不应小于表 4.6 的规定。

表 4.6 城镇、居住区室外消防用水量

人数/万人	同一时间内的火灾次数/次	一次灭火用水量/(L/s)
≤1.0	1	10
≤2.5	1	15
≤5.0	2	25
≤10.0	2	35
≤20.0	2	45
≤30.0	2	55
≤40.0	2	65
≤50.0	3	75
≤60.0	3	85
≤70.0	3	90
≤80.0	3	95
≤100	3	100

随着我国经济的不断发展和人民生活水平的不断提高，城市的用水量逐年增加，但可利用水资源的情况却不容乐观，许多城市处于缺水或严重缺水的状态。因此，综合生活用水、工业企业用水及浇洒道路和绿地用水定额应根据各地区的具体情况确定，提倡采用耗水量少的先进生产工艺及提高废水重复利用率的节约用水措施等，降低用水量，以保证生活、生产的正常运行。

4.1.2 用水量计算

1. 用水量变化

无论是生活用水量还是生产用水量，一般都是逐日逐时变化的。在同一地区，生活用水量随人们的生活习惯和季节不同而变化。例如节假日比平日高，夏季比冬季高，一日之内一般早晚用水量大。生产用水量的变化情况与生产用水的性质有关，例如冷却用水、空调用水及某些产量随季节而变化的工业用水，其用水量一年之中变化较大。工业用水量一年之中比较均匀。

用水定额只是一个平均值,在计算用水量时,还需考虑用水量的变化情况。在设计规定的年限内,用水量最大一天的用水量,称为最高日用水量,它一般用于确定给水系统中各类给水设施(如取水构筑物、一级泵站、净水构筑物等)的规模。在最高日内,用水量最大一小时的用水量称为最高时用水量,它是确定城镇给水管网管径的基础。最高日用水量与平均日用水量的比值,称为日变化系数;在最高日内,最高时用水量与平均时用水量的比值,称为时变化系数。在确定新建城市用水日变化系数和时变化系数时,应根据城市性质、规模、国民经济与社会发展和城市供水系统的情况,结合类似城市的现状用水曲线,经分析后确定;对于扩建的给水工程,应进行深入的实地调查,根据用水量变化情况,确定变化系数;在缺乏实际用水资料时,城市综合用水(包括综合生活用水、工业企业用水、浇洒道路和绿地用水、管网漏损水量和未预见用水等)的日变化系数宜采用1.1~1.5,时变化系数宜采用1.2~1.6,超大城市、特大城市和大城市宜取下限,中小城市宜取上限,个别小城镇还可适当加大。

除最高日用水量和最高时用水量外,用水量变化曲线也是设计给水系统的重要依据。各城市的用水量变化曲线一般均不相同,且大城市与小城市存在较大差异。一般来说,用水人数较少、卫生设备不够完善、集体生活者较多时,用水比较集中,时变化系数较大;用水人数较多、卫生设备较完善、多目标供水时,各用水高峰可以错开,因此用水较均匀,时变化系数较小。

2. 设计用水量计算

城市用水量包括设计年限内给水系统应供应的全部用水量。设计年限应以近期为主,但应兼顾城市远期规划。

(1) 城市最高日用水量

城市最高日用水量 Q_d (m^3/d) 包括城市最高日综合生活用水量、工业企业生产用水和工作人员生活用水量、浇洒道路和绿地用水量、管网漏损水量和未预见用水量。

① 城市最高日综合生活用水量

城市最高日综合生活用水量 Q_1 (m^3/d) 可按式 (4.1) 计算。

$$Q_1 = qNf \tag{4.1}$$

式中 q——最高日综合生活用水定额,$m^3/(d·人)$;

N——设计年限内计划人数,人;

f——自来水普及率,%。

整个城市的综合生活用水定额应按一般居民生活水平确定;若城市各区采用不同的生活用水定额,城市最高日生活用水量 Q_1 应等于各区用水量之和,即式 (4.2)。

$$Q_1 = \sum q_i N_i f_i \tag{4.2}$$

式中 q_i——某区最高日综合生活用水定额,$m^3/(d·人)$;

N_i——某区设计年限内计划人数,人;

f_i——某区自来水普及率,%。

在计算城市或某一居住区最高日综合生活用水量 Q_1 时,也可根据居民生活用水定额和公共建筑及设施生活用水定额计算,即式 (4.3)。

$$Q_1 = q'N' + \sum q_j N_j \tag{4.3}$$

式中 q'——最高日居民生活用水定额,$m^3/(d·人)$;

N'——设计年限内计划用水人数,人;

q_j——各公共建筑及设施最高日生活用水定额,m³/(d·人);

N_j——各公共建筑及设施的用水单位数(人、床等)。

② 工业企业生产用水和工作人员生活用水量

工业企业生产用水和工作人员生活用水量 Q_2(m³/d)可按式(4.4)计算。

$$Q_2 = \sum Q_{\mathrm{I}} + Q_{\mathrm{II}} + Q_{\mathrm{III}} \tag{4.4}$$

式中 Q_{I}——各工业企业的生产用水量,m³/d,由生产工艺要求确定;

Q_{II}——各工业企业的工作人员生活用水量,m³/d;

Q_{III}——各工业企业的工人淋浴用水量,m³/d。

当工业企业生产用水量不能由工艺确定时,也可用以下方法估算,见式(4.5)。

$$Q = qB(1-m) \tag{4.5}$$

式中 Q——城市工业企业万元产值用水量,m³/万元;

B——城市工业企业总产值,万元/d;

m——工业用水重复利用率;

q——最高日综合生活用水定额。

③ 浇洒道路和绿地用水量

浇洒道路和绿地用水量 Q_3(m³/d)应根据路面、绿化、气候和土壤等情况,参照相应的用水定额确定,即式(4.6)。

$$Q_3 = \sum q_L N_L \tag{4.6}$$

式中 q_L——浇洒道路和绿地用水定额,m³/(m²·d);

N_L——每日浇洒道路和绿地的面积,m²。

④ 管网漏损水量

管网漏损水量 Q_4(m³/d)可按式(4.7)计算。

$$Q_4 = (0.10 \sim 0.12)(Q_1 + Q_2 + Q_3) \tag{4.7}$$

⑤ 未预见用水量

未预见用水量 Q_5(m³/d)可按式(4.8)计算。

$$Q_5 = (0.08 \sim 0.12)(Q_1 + Q_2 + Q_3 + Q_4) \tag{4.8}$$

因此,城市最高日用水量 Q_d(m³/d)可按式(4.9)计算。

$$Q_d = Q_1 + Q_2 + Q_3 + Q_4 + Q_5 \tag{4.9}$$

(2) 城市最高时用水量

根据城市最高日用水量 Q_d 和城市综合用水时变化系数 K_h 可按式(4.10)计算城市最高时设计用水量 Q_h(m³/h)。

$$Q_h = K_h Q_d / 24 \tag{4.10}$$

(3) 消防用水量

消防用水量应根据同一时间内火灾次数和一次灭火用水量确定,不计入城市最高日用水量和最高时用水量。

4.1.3 工程案例——以霸州市给水系统设计为例

规划将河北省霸州市域分为益津供水分区和胜芳供水分区,其中益津供水分区包括益津城区、经济开发区（高新技术产业园）及南孟镇、煎茶铺镇、岔河集乡、康仙庄镇、老堤、辛店；胜芳供水分区包括胜芳城区、金属玻璃家具产业园、津霸现代制造业产业园及信安镇、堂二里镇、东杨庄乡、东段乡、扬芬港镇、王庄子镇。

服务分区内工业园区生产用水采用南水北调原水直供，其他生活用水由服务分区内净水厂提供。

城区用水量包括综合生活用水量、工业用水量、道路及绿地浇洒用水量、漏损水量及其他未预见水量。但是根据《霸州市地表水配置利用规划》用水结构布局，工业用水采用南水北调原水直供的方式，道路及绿地浇洒用水水源采用再生水。

1. 综合生活用水量 Q_1

城镇综合生活需水量包括居民生活和城市公共需水量。根据《城市给水工程规划规范》（GB 50282—2016），霸州市人口为 50 万～100 万，属于二类地区中等城市，综合生活最高日用水量指标为 130～240L/（人·d）。根据《霸州市地表水配置利用规划》成果，同时考虑规划远期节水器具进一步普及、居民节水意识进一步提高，确定 2025 年综合生活用水定额为 200L/（人·d），2035 年节水水平进一步提高，综合生活用水定额降至 180L/（人·d）。

经计算，2025 年益津片区城镇综合生活用水量为 5.1 万 m^3/d，胜芳片区城镇综合生活用水量为 5.3 万 m^3/d；2035 年益津片区城镇综合生活用水量为 8.3 万 m^3/d，胜芳片区城镇综合生活用水量为 6.3 万 m^3/d。

根据《河北省用水定额标准》（DB13/T 1161—2016），农村居民生活用水定额标准为 60L/（人·d）。本次规划确定农村居民生活用水净定额为 60L/（人·d）。

经计算，2025 年益津片区农村生活用水量为 0.89 万 m^3/d，胜芳片区农村生活用水量为 0.87 万 m^3/d；2035 年益津片区农村生活用水量为 0.59 万 m^3/d，胜芳片区农村生活用水量为 0.58 万 m^3/d。

综上，2025 年益津片区城市和农村综合生活用水量为 6 万 m^3/d，胜芳片区城市和农村综合生活用水量为 6.2 万 m^3/d；2035 年益津片区城市和农村综合生活用水量为 8.9 万 m^3/d，胜芳片区城市和农村综合生活用水量为 6.9 万 m^3/d。

2. 工业用水量 Q_2

霸州市现有三个工业园区，其中经济开发区（高新技术产业园）位于益津城区，金属玻璃家具产业园和津霸现代制造业产业园位于胜芳城区。

霸州高新技术产业园，紧邻西市区，规划面积 48.9km^2，省批准面积 13.43km^2，建成面积 8.6km^2，园区规划建设智能制造装备产业园、休闲食品产业园和电子信息产业园，全力打造电子信息、休闲食品、高端装备制造、健康医疗器械四大先进制造业和温泉颐养、商业服务两大现代服务业的"4+2"产业体系。霸州胜芳金属玻璃家具产业园，紧邻东市区，规划面积 90km^2，省批准面积 18.17km^2，建成面积 15.2km^2，为国家级出口家具质量安全示范区和全省唯一的国家级品牌创建示范区。霸州津霸现代制造业产业园，位于霸州最东部，三面与天津接壤，嵌入天津市域，规划面积 34.2km^2，省批准面积 10.7km^2，建成面积 4.1km^2，作为河北承接天津产业的桥头堡，形成了以胜威包装、福兴彩印为代表的软硬包装产业集群，以台湾顶新国际集团为代表的食品加工产业集群。

工业需水预测方法主要有面积法和万元工业增加值法，考虑到面积法预测工业需水量的不准确性（产业结构的不同对需水预测结果影响较大），本次采用万元工业增加值用水量法进行预测。

(1) 工业增加值预测

2018年，霸州市工业增加值为235.73亿元，其中三个工业园区工业增加值为212.16亿元。经计算近五年工业增加值年均增长率为6.25%。本次规划以现状工业增长情况为基础，工业增加值年均增长率取为3.8%。经计算，三个工业园区2025年工业增加值为252.19亿元，2035年工业增加值为385.74亿元。

(2) 工业用水定额预测

根据霸州市国民经济统计资料和廊坊市水资源公报数据，计算得出霸州市2018年万元工业增加值毛用水量为14m³/万元，净用水量为12m³/万元，近五年万元工业增加值年均毛用水量为14m³/万元，净用水量为12m³/万元。廊坊市下达的最严格水资源管理制度中要求至2020年万元工业增加值用水量降至10.8m³/万元。结合以上分析内容，本次规划确定2025年、2035年万元工业增加值用水量为10.8m³/万元。

(3) 工业需水量预测

根据以上预测的工业增加值和工业用水定额，计算得出3园区2025年净需水量共2724万立方米，2035年共4166万立方米。

3. 绿地和浇洒道路用水量 Q_3

(1) 道路和绿化用地面积预测

2018年，霸州市绿地面积为50.6hm²，人均绿地面积为2m²；道路广场面积为177hm²，人均道路面积为7m²。本次规划人均绿地面积和人均道路面积以现状为基础，综合参考《霸州市国土空间规划》（2013—2030）中发展思路，预测2025年、2035年霸州市人均绿地面积为8m²，人均道路面积为10m²。经计算，益津片区2025年绿地和道路面积总和为459.2万m²，胜芳片区2025年绿地和道路面积总和为476.9万m²；益津片区2035年绿地和道路面积总和为827.47万m²，胜芳片区2035年绿地和道路面积总和为624.18万m²。

(2) 用水定额确定

依据规定：浇洒道路和绿化用水量应根据路面种类、绿化面积、气候和土壤等条件确定。

浇洒道路用水量可按浇洒面积以2.0~3.0L/（d·m²）计算，浇洒绿地用水可按浇洒面积以1.0~3.0L/（d·m²）计算。道路面积及绿化面积可依据总体规划中的相关数据结合实际运行而定。浇洒道路用水量标准取2.0L/（d·m²），浇洒绿地用水量按浇洒面积以2.0L/（d·m²）计算。

(3) 需水量预测

根据绿地和道路面积预测、用水定额分析成果以及地下水回补需水量成果，经计算，2025年益津片区需水量为9184m³/d，胜芳片区需水量为9538m³/d；2035年总需水量为29033m³/d。采用再生水水源供水。

4. 漏损水量 Q_4

市政配水管网的漏损水量按第1项水量的10%计算，则规划近期2025年益津片区和胜芳片区管网漏损水量分别为0.6万 m^3/d、0.62万 m^3/d；远期2035年益津片区和胜芳片区管网漏损水量分别为0.89万 m^3/d、0.69万 m^3/d。

5. 未预见水量 Q_5

依据《室外给水设计标准》(GB 50013—2018) 4.0.8条，未预见水量按上述第1、第4项之和的8%~12%计算，本规划取10%。规划近期2025年益津片区和胜芳片区未预见水量分别为0.66万 m^3/d、0.68万 m^3/d；远期2035年益津片区和胜芳片区未预见水量分别为0.98万 m^3/d、0.76万 m^3/d。

4.2 水源及取水构筑物

4.2.1 水源保护

城市的供水水源一旦遭到破坏，很难在短期内恢复。所以在开发利用水源时，应做到利用与保护结合，城市规划中必须明确保护措施。

为了更好地保护水环境，应根据不同水质的使用功能，划分水体功能区，从而实施不同的水污染控制标准和保护指标。城市规划必须结合水体功能分区进行城市布局。

《地表水环境质量标准》(GB 3838—2002) 将水体分为五类，见表4.7。每类水体均必须符合相应的排放标准和水污染控制区。

表4.7 地表水域功能分类与水污染防治控制区及污水综合排放标准

地表水环境质量标准中水域功能分类		水污染防治控制区	污水综合排放标准的分级
Ⅰ类	源头水、国家自然保护区	特殊控制区	禁止排放污水区
Ⅱ类	集中式生活饮用水水源地一级保护区、珍贵水生生物栖息地、鱼虾产卵场、仔稚幼鱼的饵料场等	特殊控制区	禁止排放污水区
Ⅲ类	集中式生活饮用水水源地二级保护区、鱼虾类越冬场、洄游通道、水产养殖区等渔业水域及游泳区	重点控制区	执行一级标准
Ⅳ类	工业用水区、人体非直接接触的娱乐用水区	一般控制区	执行二级标准或三级标准（排入城镇生物处理污水处理厂的污水）
Ⅴ类	农业用水区、一般景观要求水域	一般控制区	

根据《地下水质量标准》(GB/T 14848—2017)，地下水体分为五类。

Ⅰ类：地下水化学组分含量低，适用于各种用途。

Ⅱ类：地下水化学组分含量较低，适用于各种用途。

Ⅲ类：地下水化学组分含量中等，以《生活饮用水卫生标准》(GB 5749—2022) 为依据，主要适用于集中式生活饮用水水源及工农业用水。

Ⅳ类：地下水化学组分含量较高，以农业和工业用水质量要求以及一定水平的人体健康风险为依据,适用于农业和部分工业用水,适当处理后可作生活饮用水。

Ⅴ类:地下水化学组分含量高,不宜作为生活饮用水水源,其他用水可根据使用目的选用。我国有关法规对给水水源的卫生防护提出了具体要求,给水工程规划应予以执行。

1. 地表水源卫生防护

在饮用水地表水源取水口附近,划定一定水域或陆域作为饮用水地表水源一级保护区。水质标准不低于《地表水环境质量标准》(GB 3838—2002)的Ⅱ类标准。在一级保护区外划定一定的水域或陆域为二级保护区,其水质不低于Ⅲ类标准。根据需要,可在二级保护区外划定一定的水域或陆域为准保护区。依照《饮用水水源保护区污染防治管理规定》,各级保护区的卫生防护规定如下。

(1) 一级保护区内禁止新建、扩建与供水设施和保护水源无关的建设项目;禁止向水域排放污水,已设置的排污口必须拆除;不得设置与供水需要无关的码头,禁止停靠船舶;禁止堆置和存放工业废渣、城市垃圾、粪便和其他废弃物;禁止设置油库;禁止从事种植、放养禽畜和网箱养殖活动;禁止可能污染水源的旅游活动和其他活动。

(2) 二级保护区内禁止新建、改建、扩建排放污染物的建设项目;原有排污口依法拆除或者关闭;禁止设立装卸垃圾、粪便、油类和有毒物品的码头。

(3) 准保护区内禁止新建、扩建对水体污染严重的建设项目;改建建设项目,不得增加排污量。

(4) 排放污水时应符合《污水综合排放标准》(GB 8978—1996)、《地表水环境质量标准》(GB 3838—2002)的有关要求,以保证取水点的水质符合饮用水水源水质要求。

(5) 水厂生产区的范围应明确划定,并设立明显标志,在生产区外围不小于10m范围内不得设立生活居住区和修建禽畜饲养场、渗水厕所、渗水坑;不得堆放垃圾、粪便、废渣或铺设污水渠道;应保持良好的卫生状况,并充分绿化。

单独设立的泵站、沉淀池和清水池外围不小于10m范围内,其卫生要求与水厂生产区相同。

2. 地下水源的卫生防护

地下水源的卫生防护范围与取水构筑物的形式及其影响半径或影响区域有密切关系。

根据《饮用水水源保护区污染防治管理规定》,饮水地下水源保护区分为三级。一级保护区位于开采井的周围,其作用是保证集水有一定滞后时间,以防止一般病原菌的污染。直接影响开采井水质的补给区地段,必要时也可划为一级保护区。二级保护区位于一级保护区外,以保证集水有足够的滞后时间,以防止病原菌以外的其他污染。准保护区位于二级保护区外的主要补给区,以保护水源地的补给水量和水质。各级保护区的卫生防护规定如下。

(1) 水源保护区统一规定饮用水地下水源各级保护区及准保护区内均禁止利用渗坑、渗井、裂隙、溶洞等排放污水和其他有害废弃物;禁止利用透水层孔隙、裂隙、溶洞及废弃矿坑储存石油、天然气、放射性物质、有毒有害化工原料、农药等。实行人工回灌地下水时不得污染当地地下水源。

(2) 一级保护区内禁止建设与取水设施无关的建筑物；禁止从事农牧业活动；禁止倾倒、堆放工业废渣及城市垃圾、粪便和其他有害废弃物；禁止输送污水的渠道、管道及输油管道通过本区；禁止建设油库；禁止建立墓地。

(3) 二级保护区内

① 对于潜水含水层地下水水源地，禁止建设化工、电镀、皮革、造纸、制浆、冶炼、放射性、印染、染料、炼焦、炼油及其他有严重污染的企业，已建成的要限期治理、转产或搬迁；禁止设置城市垃圾、粪便和易溶、有毒有害废弃物堆放场和转运站，已有的上述场站要限期搬迁；禁止利用未经净化的污水灌溉农田，已有的污灌农田要限期改用清水灌溉；化工原料、矿物油类及有毒有害矿产品的堆放场所必须有防雨、防渗措施。

② 对于承压含水层地下水水源地，禁止承压水和潜水的混合开采，做好潜水的止水措施。

(4) 准保护区内禁止建设城市垃圾、粪便和易溶、有毒有害废弃物的堆放场站，因特殊需要设立转运站的，必须经有关部门批准，并采取防渗漏措施；当补给源为地表水体时，该地表水体水质不应低于《地表水环境质量标准》(GB 3838—2002) Ⅲ类标准；不得使用不符合《农田灌溉水质标准》(GB 5084—2021) 的污水进行灌溉，合理使用化肥；保护水源林，禁止毁林开荒，禁止非更新砍伐水源林。

(5) 水厂生产区在水厂生产区的范围内，应按地下水厂生产区的要求执行。

分布式给水水源的卫生防护带，以地下水为水源时参照地下水各级保护区卫生防护规定的第 (1) 和第 (2) 项。

4.2.2 取水构筑物

取水工程是给水工程系统的重要组成部分。取水构筑物的作用是从水源获取、收集所需要的水量。在城市规划中，要根据水源条件确定取水构筑物的位置、取水量，并考虑取水构筑物可能采用的形式等。

1. 地下水取水构筑物

地下水取水构筑物的位置选择与水文地质条件、用水需求、规划期限、城市布局等都有关系。在选择时应考虑以下因素。

取水点要求水量充沛、水质良好，应设于补给条件好、渗透性强、卫生环境良好的地段；取水点的布置与给水系统的总体布局相统一，力求降低取、输水电耗和取水井及输水管的造价；取水点有良好的水文、工程地质、卫生防护条件，以便于开发、施工和管理；取水点应设在城镇和工矿企业的地下径流上游，取水井尽可能垂直于地下水流向布置；尽可能靠近主要的用水地区；尽量避开地震区、地质灾害区和矿产采空区。

由于地下水的埋藏深度、含水层性质不同，开采和取集地下水的方法和取水构筑物形式也不相同。主要有管井、大口井、辐射井、渗渠及复合井、引泉构筑物等，其中管井和大口井最为常见。地下水取水构筑物的形式及适用范围见表 4.8。

表4.8 地下水取水构筑物形式及适用范围

形式	尺寸	深度	水文地质条件			出水量
			地下水埋深	含水层厚度	水文地质特征	
管井	井径为50~1000mm，常用为150~600mm	井深为8~1000m，常用为300m以内	在抽水设备能解决情况下不受限制	厚度一般为4m以上或有几层含水层	适于任何砂卵石地层	单井出水量一般为500~6000m³/d，最大为2000~30000m³/d
大口井	井径为2~12m，常用为12m，4~8m	井深为15m以内，常用为6~15m	埋藏较浅，一般在12m以内	厚度一般在5m左右	补给条件良好，渗透性较好，渗透系数最好在20m/d以上，适于任何砂砾地区	单井出水量一般500~10000m³/d，最大为20000~30000m³/d
辐射井	井径为2~12m，常用为12m，4~8m	井深为15m以内，常用为6~15m	埋藏较浅，一般在12m以内	厚度一般在5m左右。能有效地开采水量丰富、含水层较薄的地下水和河床下渗透水	补给条件良好，含水层最好为中粗砂或砾石层并不含漂石	单井出水量一般为5000~50000m³/d
渗渠	管径为0.45~1.5m，常用为0.6~1.0m	埋深为6m以内，常用为4~6m	埋藏较浅，一般在2m以内	厚度较薄，一般约为小于5m	补给条件良好，渗透性较好，适用于中砂、粗砂、砾石及卵石层	一般为15~30m³/(d·m)，最大为50~100m³/(d·m)

地下水取水构筑物的形式应根据含水层的埋藏深度、含水层厚度、水文地质特征和施工条件通过技术经济比较后确定。

2. 地表水取水构筑物

地表水取水构筑物位置的选择对取水的水质、水量、取水的安全可靠性、投资、施工、运行管理及河流的综合利用都有影响。所以，选择地表水取水构筑物位置时，应根据地表水源的水文、地质、地形、卫生、水力等条件综合考虑，并符合以下基本要求。

（1）选择在水量充沛、水质较好的地点，宜位于城市和工业的上游清洁河段，避开河流中回流区和死水区。潮汐河道取水口应避免海水倒灌的影响；水库的取水口应在水库淤积范围以外，靠近大坝；湖泊取水口应选在近湖泊出口处，离开支流汇入口，且须避开藻类集中滋生区；海水取水口应设在海湾内风浪较小的地区，注意防止风浪和泥沙淤积。

（2）具有稳定的河床和河岸，靠近主流，有足够的水源、水深一般不小于2.5~3.0m。弯曲河段上，宜设在河流的凹岸，避开凹岸主流的顶冲点；顺直的河段上，宜设在河床稳定、水深流急、主流靠岸的窄河段处。取水口不宜放在入海的河口地段和支流与主流的汇入口处。

（3）具有良好的地质、地形及施工条件。取水构筑物应建造在地质条件好、承载力大的地基上，避开断层、滑坡、冲积层、流沙、风化严重和岩溶发育地段。考虑施工时的交通运输和施工场地条件。

（4）应与城市规划和工业布局相适应，全面考虑整个给水排水系统的合理布置。应尽可能靠近主要用水地区，以减少投资。输水管的敷设应尽量减少穿过天然（河流、谷地等）或人工（铁路、公路等）障碍物。

(5) 应与河流的综合利用相适应。取水构筑物不应妨碍航运和排洪，并且符合灌溉、水力发电、航运、排洪、河湖整治等部门的要求。

(6) 取水构筑物的设计最高水位应按 100 年一遇频率确定。

地表水取水构筑物，按建筑形式可分为固定式和活动式。选择时，应在保证取水安全可靠的前提下，根据取水量和水质要求，结合河床地形、水流情况、施工条件等，进行技术经济比较确定。

江河取水构筑物的防洪标准不应低于城市防洪标准，其设计洪水重现期不得低于 100 年。水库取水构筑物的防洪标准应与水库大坝等主要建筑物的防洪标准相同，并应采用设计和校核两级标准。

3. 取水构筑物用地指标

取水构筑物用地指标应按室外给排水工程技术经济指标选取，见表 4.9。

表 4.9 取水构筑物用地指标

设计规模/ (万 m^3/d)	$1m^3$/d 水量取水构筑物用地指标/m^2			
	地表水		地下水	
	简单取水工程	复杂取水工程	深层取水工程	浅层取水工程
Ⅰ类：>10	0.02~0.04	0.03~0.05	0.10~0.12	0.35~0.40
Ⅱ类：>2~10	0.04~0.06	0.05~0.07	0.11~0.14	0.40~0.45
Ⅲ类：>1~2	0.06~0.09	0.06~0.10	0.13~0.15	0.42~0.55
Ⅳ类：≤1	0.09~0.12	0.10~0.14	0.14~0.17	0.71~1.95

4.3 给水管道设计

给水管网设计主要为给水管网水力计算：在最高时用水情况下，计算各管段的流量；确定各管段的管径；进行整个管网的水力计算；确定水泵扬程和水塔高度；并在特殊用水情况下，对管网管径和水泵扬程进行校核。

输配水管网在整个给水工程投资中所占比例很大，一般为 60%~80%，因此必须重视管网的布置、定线和管网的水力计算，以使管网更加经济合理，降低工程造价。

城镇给水管网的水力计算一般仅限于干管和连接管。对于改建和扩建管网，为简化计算，往往需要将实际管网进行适当简化，保留主要干管，略去一些次要的、管径较小的管段。但简化后的管网应基本能反映实际用水情况。

4.3.1 沿线流量和节点流量

1. 沿线流量

城市给水管网的干管和分配管上连接着许多用户。这些用户既有工厂、机关、学校和宾馆等大量用水的单位，又有数量很多但用水量较小的居民，干管配水情况如图 4.1 所示。

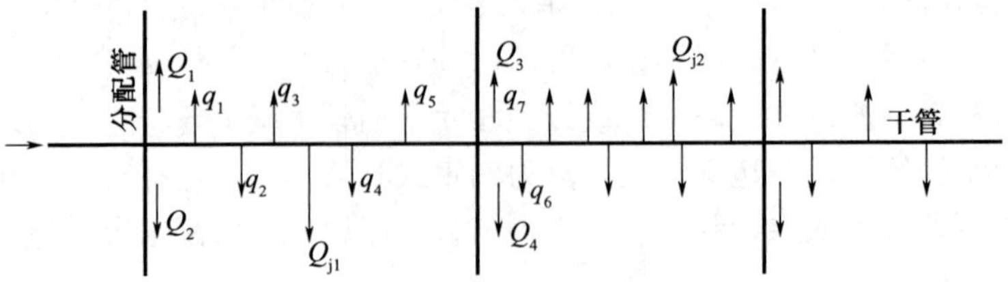

图 4.1 干管配水情况

图 4.1 中，干管除供沿线两旁为数较多的居民生活用水 q_1、q_2、q_3 等外，还要供给分配管流量 Q_1、Q_2、Q_3 等，还有可能给大用水户供应集中流量 Q_{j1}、Q_{j2} 等。

用水点较多，用水量经常变化，按实际情况进行管网计算是非常繁杂的，而且在实际工程中也无必要。因此，在城市给水管网计算中用水情况被简化，假定居民生活用水总量均匀分布在全部干管中，由此算出单位管线长度上应流出的流量，该流量称为比流量，其计算公式见式（4.11）。

$$q_s = \frac{Q - \sum Q_j}{\sum l} \quad (4.11)$$

式中　q_s——比流量，L/（s·m）；
　　　Q——管网总用水量，L/s；
　　　$\sum Q_j$——大用户集中用水量总和，L/s；
　　　$\sum l$——配水干管的有效长度（不包括穿越广场、公园等无建筑物地区的管线；只向一侧供水的管线，长度按一半计算），m。

最高用水时和最大转输时管网的总用水量是不同的，因而比流量也不同，应分别计算。此外，若城市内各区人口密度相差较大，也应根据各区的用水量和干管长度，分别计算其比流量。

根据比流量，就可计算供给某一管段两侧用户所需的流量，该流量称为沿线流量，其计算公式见式（4.12）。

$$q_1 = q_s l \quad (4.12)$$

式中　q_1——该管段的沿线流量，L/s；
　　　q_s——比流量，L/（s·m）；
　　　l——该管段的长度，m。

上述计算比流量和沿线流量的方法比较简单，但存在着一定的缺陷，即没有考虑到沿线供水人数的多少和用水量的差别，因此，计算出来的配水量可能与实际配水量存在一定差异。为接近实际配水情况，比流量也可按单位供水面积计算，其计算公式见式（4.13）。

$$q' = \frac{Q - \sum Q_j}{\sum A} \quad (4.13)$$

式中　q'——按单位面积计算的比流量，L/（s·m²）；
　　　Q——管网总用水量，L/s；
　　　$\sum Q_j$——大用户集中用水量总和，L/s；
　　　$\sum A$——供水面积的总和，m²。

某一管段的沿线流量等于比流量与该管段供水面积的乘积。管段供水面积可按划分等分角线的方法来计算。如图 4.2 所示，管段 1—2 负担的面积为 A_1+A_2，管段 2—3 负担的面积为 A_3+A_4。一般来说，在街区长边上的管段，其两侧供水面积均为梯形；在街区短边上的管段，其两侧供水面积均为三角形。用面积比流量法计算沿线流量虽然比较准确，但计算过程较复杂。对于干管分布比较均匀、干管距离大致相等的管网，往往采用长度比流量法计算沿线流量，以简化计算。

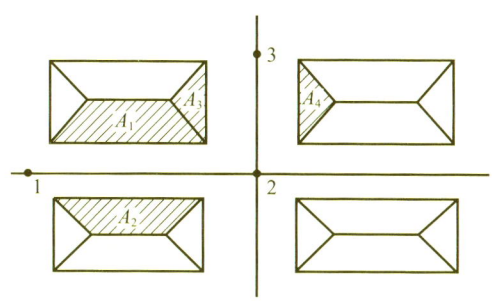

图 4.2 按等分角线划分供水面积

2. 节点流量

管网中任一管段的流量都由两部分组成：一部分是沿该管段配水的沿线流量 q_1，另一部分是通过该管段输水到下游管段的转输流量 q_t。转输流量沿整个管段不变；沿线流量由于沿线配水而沿水流方向逐渐减小，到管段末端，沿线流量为零，如图 4.3 所示。管段中的流量是变化的（如果按计算比流量的假定，沿线流量应为直线变化），故很难计算管径和水头损失。为简化计算，可将沿线流量折算成从节点流出的集中流量，即节点流量。于是，沿管段不再有流量流出，即管段中的流量不再沿线变化，就可根据这个不变的流量确定管径。

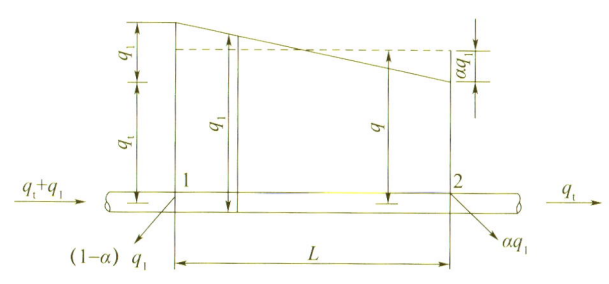

图 4.3 沿线流量折算成节点流量

将沿线流量化成节点流量的原理是找到一个假想的沿线不变的折算流量 q，使它产生的水头损失与变流量所产生的水头损失相等（图 4.3）。这个不变的折算流量 q 被称为管段的计算流量，可用式（4.14）表示。

$$q=q_t+\alpha q_1 \tag{4.14}$$

式中 α——折算系数。

管段在管网中的位置不同，α 值也不同。通过推算，$\alpha \approx 0.5$。为便于计算，工程中通常统一采用 $\alpha=0.5$，即将沿线流量折半后作为管段两端的节点流量。

管网任意节点的节点流量 q_i 按式（4.15）计算。
$$q_i = \alpha \sum q_1 = 0.5 \sum q_1 \tag{4.15}$$

即任一节点 i 的节点流量等于与该节点相连各管段的沿线流量总和的一半。其他符号含义同前。

在城市管网中，可将大用水户的接入点作为节点，将其所需的流量直接作为节点流量。这样，在管网计算图上就只有节点流量，包括由沿线流量折算的节点流量和大用水户的集中流量。

4.3.2 管段计算流量

在将沿线流量折算成节点流量后，就可根据各节点流量对各管段进行流量分配，并计算各管段通过的流量，即管段计算流量。在不同用水情况下，各节点流量是不同的，因而管段计算流量也不同。在设计中，应根据最高日最高时的管段计算流量确定管径。

在单水源的树状管网中，从水源供水到各节点只有一个流向，如果任一管段发生故障，该管段以后的地区就会断水，因此任一管段的流量等于该管段以后所有节点流量的总和。图 4.4 中，管段 2—3 和管段 4—8 的流量分别可用式（4.16）和式（4.17）计算。

$$q_{2-3} = q_3 + q_4 + q_5 + q_6 + q_7 + q_8 + q_9 + q_{10} + Q_5 + Q_9 \tag{4.16}$$
$$q_{4-8} = q_8 + q_9 + q_{10} + Q_9 \tag{4.17}$$

式中 q_i——节点 i 的节点流量（包括节点处的集中流量）；
$\quad\quad Q_i$——用户 i 用水量。

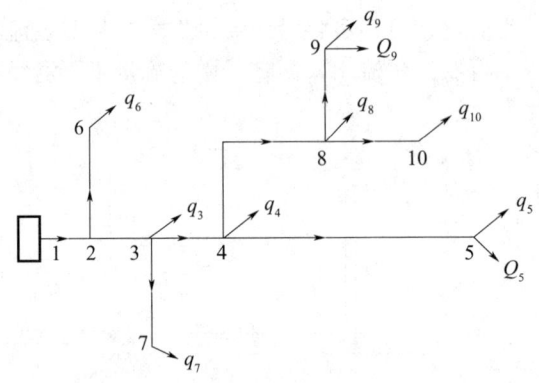

图 4.4 树状管网管段流量计算

可见，树状管网各管段的流量非常容易确定，不用人为进行分配，并且各管段只有唯一的流量值。

环状管网的情况比较复杂。各管段流量与以后各节点流量没有直接关系，因而当管网形状和各节点流量确定后，为了满足各节点的水量要求，通过各管段的流量可以有许多分配方案。分配流量时，必须满足节点流量平衡关系（实际上，树状管网也满足此平衡关系），即流入某节点的流量必须等于流出该节点的流量，公式表示为

$$q_i + \sum q_{ij} = 0 \tag{4.18}$$

式中 q_i——节点 i 的节点流量（包括节点处的集中流量），L/s；

q_{ij}——i、j 节点间的管段流量，L/s。

流入和流出流量的符号可以任意假定，本书假定流出节点的流量为正，流入节点的流量为负，以图 4.5 中的节点 1 和节点 5 为例，则有式（4.19）和式（4.20）。

$$-Q+q_1+q_{1-2}+q_{1-4}=0 \tag{4.19}$$

$$q_5+Q_5+q_{5-6}+q_{5-8}-q_{2-5}-q_{4-5}=0 \tag{4.20}$$

对于节点 1 来说，流入管网的总流量 Q 和节点流量 q_1 是已知的，但管段流量 q_{1-2} 和 q_{1-4} 可以有不同的分配方法，例如，两个流量相同，或一个很大、一个很小。其他管段流量分配也是如此。

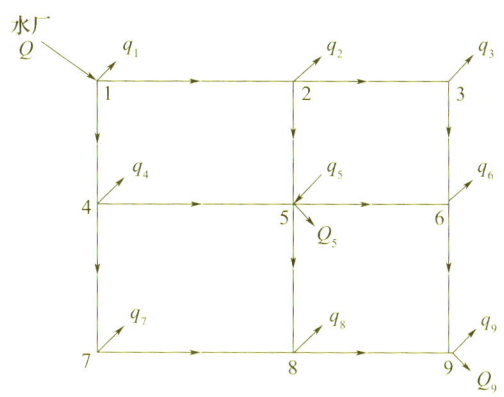

图 4.5 环状管网流量分配

管段流量分配的方案不同，所得各管段的管径就有可能不同，整个管网的工程总造价也会有所差异。研究表明，在流量分配时，为使环状管网中某些管段的流量为零，将环状管网改成树状管网，才能得到最经济的流量分配，即管网工程造价最低，但树状管网供水的安全可靠性差。因此，环状管网在进行流量分配时，应同时考虑经济性和可靠性。经济性是指在一定年限内，管网的工程总造价和管理费用最小。可靠性是指能够不间断地向用户供水，并保证应有的水量、水压和水质。经济性和可靠性是一对矛盾，一般只能在满足可靠性的前提下，力争得到最经济的管径。在综合考虑经济性和可靠性后，可按如下步骤进行环状管网流量分配。

（1）选定整个管网的控制点，按照管网的主要供水方向，初步拟定各管段的水流方向。

（2）在二级泵站到控制点之间选定几条主要的平行干管，在它们中尽量均匀地分配流量，并满足节点流量平衡关系。这样，当其中一条干管损坏时，其他干管中的流量不会增加过多，可以保证安全供水。

（3）连接管的主要作用是将各干管连通，有的就近供水且平时流量不大，因而可分配较少的流量。但在干管损坏时连接管要传输较大的流量，因此管径不可过小。

对于多水源管网，应根据管网中各节点流量和每一水源的供水量，初步确定各水源的供水范围和供水分界线。然后从各水源开始，沿供水主流方向进行流量分配。供水分界线上各节点的流量，往往由几个水源同时提供。流量分配仍应满足节点流量平衡关系，并综合考虑可靠性和经济性。

管网进行流量分配后即可得出各管段的计算流量。

4.3.3 管径计算

给水管网计算的主要任务之一是确定管网中各管段的管径。管网中各管段的管径应根据各管段的最高日最高时的计算流量来确定，见式（4.21）和式（4.22）。

$$q_{ij}=Av=\frac{\pi}{4}D^2v \tag{4.21}$$

$$D=\sqrt{\frac{4q_{ij}}{\pi v}} \tag{4.22}$$

式中　q_{ij}——最高日最高时的计算流量，m^3/s；
　　　A——管段断面面积，m^2；
　　　v——流速，m/s；
　　　D——管段直径，m。

从式（4.22）可知，管径的大小不仅与管段的计算流量有关，而且还与流速有关，只知道流量是无法确定管径的，因此必须首先选定流速。

为防止管网因水锤现象而损坏，一般最大设计流速不超过 3.0m/s；为避免在管内沉积杂质，最小流速不小于 0.6m/s。由此可知，在技术上允许的流速范围是较大的，但还应从经济的角度，在上述范围内选择合适的流速。

4.3.4 树状管网的水力计算

城镇配水管网宜设计成环状，当允许间断供水时，可设计为树状。多数小城镇和工业企业在建设初期往往采用树状给水管网，随着城市及企业的发展和用水量的提高，根据需要再逐步连接成环状管网。

由单一水源供水的树状管网，流向任一节点的水流方向只有一个，任何管段的流量也只有一个，因此其水力计算比较简单。树状管网水力计算的主要步骤如下。

（1）计算比流量和各节点流量。

（2）从距二级泵站最远的管网末梢的节点开始，利用节点流量平衡关系，逐个向二级泵站推算每个管段的流量。

（3）确定管网的最不利点，从最不利点到二级泵站的管路为主干线（或称为计算管路）。有时最不利点不明显，可初选几个点作为管网的最不利点。

（4）根据管段流量和经济流速，选出主干线上各管段的管径，并计算各管段的水头损失。

（5）计算整个主干线的总水头损失，并计算二级泵站所需扬程或水塔所需高度（若初选了几个点作为最不利点，则使二级泵站所需扬程最大的管路为主干线，相应的点为最不利点）。

（6）主干线计算完成后，进行各支线管路水力计算。主干线上各节点（包括接出支线处节点）的水压标高（等于节点处地面标高加服务水头，可由最不利点起逐点推算出）已知，因此，支线计算属于起点水压和终点水压（等于终点地面标高加最小服务水头）均已知的类型。计算时将支线起点和终点的水压标高差除以支线长度，即可得支线的水力坡降，再根据支线每一管段的流量并参照该水力坡降选定相近的标准管径。

以上为整个管网的终点水压已知而起点水压未知的树状管网的计算步骤。若起点水压也已知，则计算方法与上述支线计算方法相同。

4.3.5 环状管网的水力计算

1. 环状管网的计算原理

（1）环状管网计算的基础方程

① 管段数、节点数和基环数之间的关系。对于任何环状管网，管段数 P、节点数 J（包括泵站、水塔、高地水池等水源节点）和基环数 L 之间存在下列关系，见式（4.23）。

$$P = J + L - 1 \tag{4.23}$$

如图 4.6（a）所示的环状管网，$P=13$，$J=10$，$L=4$，符合式（4.23）的关系。在图 4.6（b）中，高峰供水时，由泵站和水塔同时向管网供水，计算时可增加虚节点 0 和虚管段 0—1、0—10，并构成虚环 V，此时 $P=15$，$J=11$，$L=5$，仍符合式（4.23）的关系。

对于树状管网，因环数 $L=0$，故 $P=J-1$。

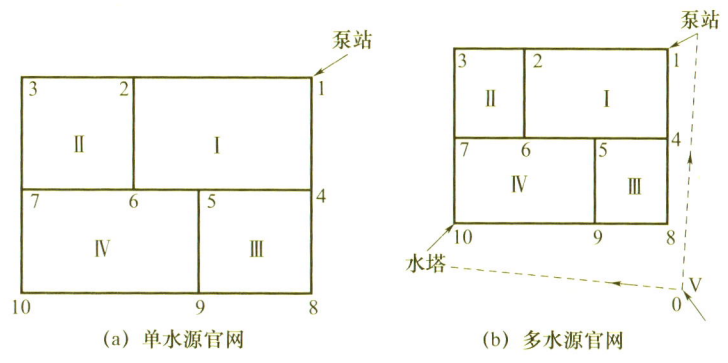

(a) 单水源官网　　(b) 多水源官网

Ⅰ、Ⅱ、Ⅲ、Ⅳ—供水区域；1、2、3、…、10—水源节点。

图 4.6　环状官网

② 环状管网计算的基础方程。环状管网计算时必须满足质量守恒定律和能量守恒定律。由这两个定律得出的连续性方程和能量方程是环状管网计算的基础方程。

连续性方程是指对任一节点来说，流向该节点的流量必须等于流出该节点的流量，即应满足式（4.18）表达的节点流量平衡关系。若某个管网有 J 个节点，因其中任一节点的连续性方程可由其他方程导出，故可写出 $J-1$ 个独立的连续性方程，即有式（4.24）。

$$\left. \begin{array}{l} (q_i + \sum q_{ij})_1 = 0 \\ (q_i + \sum q_{ij})_2 = 0 \\ (q_i + \sum q_{ij})_{J-1} = 0 \end{array} \right\} \tag{4.24}$$

式中　ij——从节点 i 到节点 j 的管段；
1、2、…、J——各节点编号。

（2）环状管网计算的基本方法和原理

环状管网计算时，节点流量、管段长度、管径和阻力系数等均已知，需要求解的是管网各管段的流量和水头损失（或节点水压）。求解时可采用解环方程组、解节点方程组和解管段方程组三种方法。

2. 环状管网的水力计算方法

下面主要介绍解环方程组法。

(1) 环状管网的计算步骤

① 环状管网定线后，确定管网节点和节点间各管段的计算长度。按照最高日最高时流量计算管网的集中流量、比流量、沿线流量和节点流量。

② 初步拟定环状管网各管段的水流方向，应使传输流量沿最短路线供至最远地区。根据输入管网的总流量，并考虑供水可靠性要求，对整个管网进行流量分配，此时各节点应满足节点流量平衡关系。

③ 根据初步分配的流量，按平均经济流速，也可按界限流量或经济管径与流量的关系式，选择市售标准规格的管径。此外，确定管径时还应满足消防、事故和传输时的水量、水压，因此某些管段的管径要适当放大。

④ 进行管网水力计算，即解环方程组，也就是在按初步分配流量确定管径的基础上，计算各管段的水头损失，若各环不能同时满足能量方程，则应重新分配各管段的流量，反复计算，直到同时满足连续性方程和能量方程时为止。该计算过程称为环状管网平差。环状管网平差是环状管网计算的中心工作，通过平差可以求得各管段的真实流量。环状管网平差的具体步骤如下。

a. 根据每一管段的管径、流量和管长，计算每一管段的水头损失 h_{ij}。

b. 按照水头损失正负号的规定（水流顺时针时为正，逆时针时为负），计算各环水头损失闭合差 $\sum h_{ij}$。

c. 当某个环的 $\sum h_{ij} \neq 0$ 时，说明原来假定的管段流量有误差，必须进行修正。根据 $\sum h_{ij}$ 的大小和正负号，计算每一环流量的修正值 Δq。

d. 重新计算每个管段修正后的流量。

e. 在管径不变的基础上（若管径选得不合理时可以改变），重复上述步骤，直到每个环的闭合差达到要求。一般手工计算时，小环的闭合差小于 0.5m，大环的闭合差小于 1.0m。计算机计算时，闭合差可以达到任何要求的精度，但通常采用 0.01~0.05m。

⑤ 根据平差的最后结果，计算各管段的水头损失，并计算水泵扬程、水塔高度，画出管网等水压线图。

(2) 解环方程组的常用方法

① 哈代-克罗斯法。哈代-克罗斯法又称为洛巴切夫法，是渐进法的应用。下面以图 4.7 为例，说明哈代-克罗斯法的计算方法。

设管网中各节点流量已确定，各管段初步分配的流量 q_{ij} 已拟定，并根据 q_{ij} 求得了所有管段的管径和管段摩阻 S_{ij}；取水头损失公式 $h=sq^n$ 中的 $n=2$，计算各环中水头损失的闭合差 Δh，见式 (4.25)。

$$\left. \begin{aligned} \Delta h_{\text{I}} &= s_{1-2}q_{1-2}^2 + s_{2-5}q_{2-5}^2 - s_{1-4}q_{1-4}^2 - s_{4-5}q_{4-5}^2 \\ \Delta h_{\text{II}} &= s_{2-3}q_{2-3}^2 + s_{3-6}q_{3-6}^2 - s_{2-5}q_{2-5}^2 - s_{5-6}q_{5-6}^2 \\ \Delta h_{\text{III}} &= s_{4-5}q_{4-5}^2 + s_{5-8}q_{5-8}^2 - s_{4-7}q_{4-7}^2 - s_{7-8}q_{7-8}^2 \\ \Delta h_{\text{IV}} &= s_{5-6}q_{5-6}^2 + s_{6-9}q_{6-9}^2 - s_{5-8}q_{5-8}^2 - s_{8-9}q_{8-9}^2 \end{aligned} \right\} \quad (4.25)$$

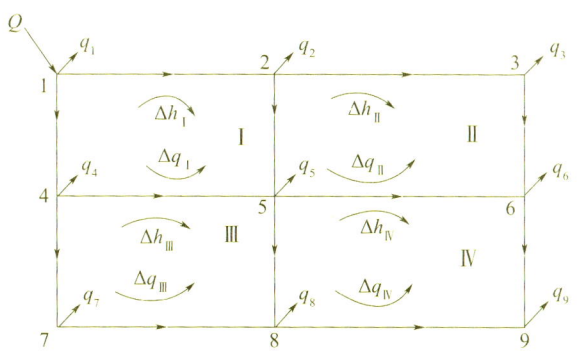

图 4.7 环状管网的校正流量计算

若各环的 $\Delta h \neq 0$，表明分配的流量不能满足能量方程；若 $\Delta h > 0$，表明顺时针方向的流量分配过多；若 $\Delta h < 0$，表明逆时针方向的流量分配过多。这样在 $\Delta h \neq 0$ 的环内就必须引入校正流量 Δq 来校正环内各管段的流量。校正流量 Δq 的方向应与水头损失闭合差 Δh 的方向相反，校正后应使 $\Delta h = 0$。

现假设四个环的校正流量分别为 Δq_{I}、Δq_{II}、Δq_{III} 和 Δq_{IV}，方向均与各环的 Δh 相反。对各管段的流量进行修正：在流量过大的管段上减去校正流量，在流量过小的管段上加上校正流量。两环相邻的共有管段应同时考虑两环的校正流量。流量校正后，列出四个环的能量方程，即式（4.26）。

$$\left.\begin{array}{l} s_{1-2}(q_{1-2}-\Delta q_{\mathrm{I}})^2 + s_{2-5}(q_{2-5}-\Delta q_{\mathrm{I}}+\Delta q_{\mathrm{II}})^2 - \\ s_{1-4}(q_{1-4}+\Delta q_{\mathrm{I}})^2 - s_{4-5}(q_{4-5}+\Delta q_{\mathrm{I}}-\Delta q_{\mathrm{III}})^2 = 0 \\ s_{2-3}(q_{2-3}-\Delta q_{\mathrm{II}})^2 + s_{3-6}(q_{3-6}-\Delta q_{\mathrm{II}})^2 - \\ s_{2-5}(q_{2-5}+\Delta q_{\mathrm{II}}-\Delta q_{\mathrm{I}})^2 - s_{5-6}(q_{5-6}+\Delta q_{\mathrm{II}}-\Delta q_{\mathrm{IV}})^2 = 0 \\ s_{4-5}(q_{4-5}-\Delta q_{\mathrm{III}}+\Delta q_{\mathrm{I}})^2 + s_{5-8}(q_{5-8}-\Delta q_{\mathrm{III}}+\Delta q_{\mathrm{IV}})^2 - \\ s_{4-7}(q_{4-7}+\Delta q_{\mathrm{III}})^2 - s_{7-8}(q_{7-8}+\Delta q_{\mathrm{III}})^2 = 0 \\ s_{5-6}(q_{5-6}-\Delta q_{\mathrm{IV}}+\Delta q_{\mathrm{II}})^2 + s_{6-9}(q_{6-9}-\Delta q_{\mathrm{IV}})^2 - \\ s_{5-8}(q_{5-8}+\Delta q_{\mathrm{IV}}-\Delta q_{\mathrm{III}})^2 - s_{8-9}(q_{8-9}+\Delta q_{\mathrm{IV}})^2 = 0 \end{array}\right\} \quad (4.26)$$

将式（4.26）按二项式定理展开，并略去 $\Delta q_i \Delta q_j$ 项和 Δq_i^2 项，整理后的环 I 的能量方程如式（4.27）所示。

$$(s_{1-2}q_{1-2}^2 + s_{2-5}q_{2-5}^2 - s_{1-4}q_{1-4}^2 - s_{4-5}q_{4-5}^2) + 2\sum(sq_{\mathrm{I}})\Delta q_{\mathrm{I}} - \\ 2s_{2-5}q_{2-5}\Delta q_{\mathrm{II}} - 2s_{4-5}q_{4-5}\Delta q_{\mathrm{III}} = 0 \quad (4.27)$$

式（4.28）括号内为在初步分配流量时，在环 I 中产生的水头损失闭合差 Δh。因此，各环的能量方程整理如式（4.28）所示。

$$\left.\begin{array}{l} \Delta h_{\mathrm{I}} + 2\sum(sq_{\mathrm{I}})\Delta q_{\mathrm{I}} - 2s_{2-5}q_{2-5}\Delta q_{\mathrm{II}} - 2s_{4-5}q_{4-5}\Delta q_{\mathrm{III}} = 0 \\ \Delta h_{\mathrm{II}} + 2\sum(sq_{\mathrm{II}})\Delta q_{\mathrm{II}} - 2s_{2-5}q_{2-5}\Delta q_{\mathrm{I}} - 2s_{5-6}q_{5-6}\Delta q_{\mathrm{IV}} = 0 \\ \Delta h_{\mathrm{III}} + 2\sum(sq_{\mathrm{III}})\Delta q_{\mathrm{III}} - 2s_{4-5}q_{4-5}\Delta q_{\mathrm{I}} - 2s_{5-8}q_{5-8}\Delta q_{\mathrm{IV}} = 0 \\ \Delta h_{\mathrm{IV}} + 2\sum(sq_{\mathrm{IV}})\Delta q_{\mathrm{IV}} - 2s_{5-6}q_{5-6}\Delta q_{\mathrm{II}} - 2s_{5-8}q_{5-8}\Delta q_{\mathrm{III}} = 0 \end{array}\right\} \quad (4.28)$$

式中 $\sum(sq)_i$——该环内各管段 $|sq|$ 值总和。

解上述方程组，就可求出待求的校正流量 Δq_i，但当环数目较多时，计算是很烦琐的。哈代-克罗斯法采用以下逐次渐进法，求得 Δq_i 值。

环状管网平差完成后，根据控制点的地形标高和要求的最小服务水头，可计算出控制点的水压标高，再根据各管段的水头损失，可逐一推出各节点的水压标高。根据各节点的水压标高，可在管网平面图上用插值法按比例绘出等水压线。由各节点的水压标高减去地面标高得到各节点的自由水压标高，在管网平面图上也可绘出等自由水压线。

② 最大闭合差的环校正法。最大闭合差的环校正法与哈代-克罗斯法的不同之处在于，不必逐环平差，而选闭合差大的环或构成大环进行平差。应用该法可以减少平差工作量。

该法首先按初步分配的流量求出各环闭合差的大小和方向，然后选择闭合差大的一个环或将闭合差较大且方向相同的相邻基环连成大环进行平差。对于环数较多的管网，有时可以连成几个大环进行平差。平差后，与大环闭合差异号的各邻环闭合差会同时减小，这样可以加快平差速度。但要注意的是，不能将闭合差方向不同的几个基环连成一个大环，否则将出现与大环闭合差方向相反的基环的闭合差反而增大的情况，致使计算不能收敛。

以图 4.8 为例，各基环闭合差方向如图所示。假设环Ⅰ、Ⅱ、Ⅳ的闭合差较大，由于它们的方向相同，可连成一个大环进行平差。大环闭合差的方向与这几个小环相同，为顺时针方向，闭合差值等于这几个小环闭合差值之和，即式（4.29）。

$$\Delta h_{大}=h_{1-2}+h_{2-3}+h_{3-7}+h_{6-10}-h_{6-7}-h_{9-10}-h_{1-5}$$
$$=\Delta h_{Ⅰ}=\Delta h_{Ⅱ}=\Delta h_{Ⅲ} \tag{4.29}$$

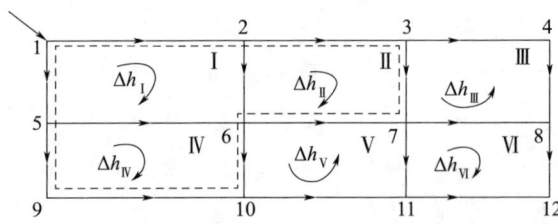

图 4.8 最大闭合差的环校正法

校正流量值 $\Delta q_{大}$ 有经验者可凭经验拟定。$\Delta q_{大}$ 与 $\Delta h_{大}$ 方向相反，所以为逆时针方向。应在大环的顺时针方向管段减去校正流量，逆时针方向管段加上校正流量。流量调整后，大环闭合差将减小，相应地环Ⅰ、Ⅱ、Ⅳ的闭合差随之减小。同时，与大环相邻的、闭合差与大环相反的环Ⅲ、Ⅴ，因受到大环流量校正的影响，流量也将发生变化。例如，环Ⅲ中的管段 3—7 减小了校正流量，环Ⅴ中的管段 6—7 增加了校正流量，管段 6—10 减小了校正流量，其结果是环Ⅲ、Ⅴ的闭合差都减小，因而环状管网平差工作量减小。如果第一次校正后各环的闭合差仍未达到要求，则按校正后的闭合差大小和方向重新选择大环继续计算，直到各环闭合差达到要求为止。

4.3.6 管道材料及附件

给水管网是给水工程的重要组成部分，它由众多水管和管网附件等连接而成，其投资占给水工程总投资的 60%～80%。因此，合理选用给水管道材料和管网附件是降低工程造价、保证安全供水的重要措施。

给水管道材料（简称给水管材）可分为金属和非金属两大类。管道材料的选择，取决于水管承受的内外荷载、埋管的地质条件、管材的供应情况及价格等因素。

1. 金属管道

给水工程中使用的金属管道主要为铸铁管和钢管。其他如铜管、合金管等多用于建筑给水的小口径管道。

（1）铸铁管

铸铁管按材质可分为灰铸铁管和球墨铸铁管。

① 灰铸铁管有较强的耐腐蚀性，价格低廉，过去在我国被广泛应用于埋地管道。灰铸铁管的缺点是质地较脆，抗冲击和抗震能力较差，因而事故发生率较高，主要事故有接口漏水，管道断裂及爆管事故也占有一定比例。管道损坏不但造成了水的大量浪费，也造成了相当大的经济损失，例如某大城市的一次爆管事故就造成了约 700 万元的损失。灰铸铁管的另一个缺点是质量大，其质量约为同规格钢管的 2 倍。为防止管道损坏带来的经济损失，今后以球墨铸铁管代替灰铸铁管已成必然趋势，但从价格因素考虑，小口径管道还可采用柔性接口的灰铸铁管，或选用较大一级壁厚的管道。

② 球墨铸铁管的机械性能较灰铸铁管有很大提高，其强度是灰铸铁管的数 76 倍，抗腐蚀性能远高于钢管，且质量较小，价格低于钢管。据国内调查统计，球墨铸铁管的事故发生率远小于灰铸铁管和钢管。在日本、德国等国家，球墨铸铁管已被广泛应用，是主要给水管材。近些年，我国球墨铸铁管的使用率也有很大提高，尤其是用在中等口径的给水管道上。大口径和小口径的球墨铸铁管价格相对较高，特别是大口径的管道，它的生产工艺较复杂，国内的生产厂家不多，应用尚不普遍。目前，在实际工程中，应用的球墨铸铁管的较大口径是 1600mm 左右。例如，呼和浩特市"引黄供水工程"中的一段原水输水管采用了口径 1600mm 的球墨铸铁管。

球墨铸铁管有承插式和法兰式两种接口形式。

承插式接口适用于埋地管线。安装时将插口插入承口内，两口间的空隙用接口材料填充。接口材料可采用石棉水泥、膨胀水泥或橡胶圈，在有特殊要求或在紧急维修工程中也可采用青铅接口。橡胶圈接口不但安装省时省力，水密性好，而且因每根管子都是柔口连接，可挠性强，抗震性能好。橡胶圈接口可采用推入式梯唇形胶圈接口，即在承口内嵌入橡胶圈，插口管端部切削出坡口，安装时用力把插口推入承口即可。球墨铸铁管采用推入式楔形橡胶圈接口。此外，还有 T 形推入式橡胶圈接口和机械式接口。

法兰式接口在管口间垫上橡胶垫片，然后用螺栓上紧，这种接口接头严密、便于拆装。法兰式接口一般用于泵站或水处理车间等明装管线的连接。

为了适应管线转弯、变管径、分出支管以及与其他附属设备的连接及管线维修等，球墨铸铁管线上须采用各种标准铸铁管配件。例如，管线转弯处须根据情况采用各种角度的弯管，变管径处采用渐缩管，接出分支管处采用"丁"字管或"十"字管，改变接口形式处采用承盘短管或插盘短管，连接消火栓和管道维修也有专门的配件。

（2）钢管

钢管可分为焊接钢管和无缝钢管两种。无缝钢管一般用于高压管道。钢管强度高，承受水压大，抗震性能好，质量较铸铁管轻，单管长度大、接头少，易于加工安装；但其抗腐蚀性差，内外壁均须做防腐处理，造价较高。由于钢管抗腐蚀性差，水质容易受到污染，一些发达国家已明确规定普通镀锌钢管不再用于生活给水管网；我国相关部门要求在全国城镇新建住宅给水管道中禁止使用冷镀锌钢管，逐步限时禁止使用热镀锌钢管。因此，钢管在给水管道中的使用将受到一定程度的限制，小口径管道尽量不使用钢管，只在大口径、水压高处或穿越铁路、河谷及地震区时采用钢管，而且必须做好防腐处理。

钢管接口一般采用焊接或法兰式接口。管线上的各种配件一般由钢板卷焊而成，也可选用标准铸铁配件。

2. 非金属管道

为节省工程造价，在给水管网中，条件允许时应以非金属管道代替金属管道。常用的非金属管道有以下几种。

（1）预应力钢筋混凝土管和预应力钢筒钢筋混凝土管

预应力钢筋混凝土管的特点是耐腐蚀、不结垢，管壁光滑、水力条件好，采用柔性接口、抗震性能强，爆管率低，价格较低；但其质量大，运输不方便。目前，这种非金属管材在我国应用较广泛，主要用于大口径的输水管线，口径可达2000mm。

预应力钢筒钢筋混凝土管是在预应力钢筋混凝土管内放入钢筒，这种管材集中了钢管和预应力钢筋混凝土管的优点，但钢含量只有钢管的1/3，价格与灰铸铁管相近。在美国、法国等国家，这种管材被广泛应用于大口径管道上，目前世界上已有长1900km、管径4000mm的大型长距离输水管线采用这类管道。在我国的实际工程中，预应力钢筒钢筋混凝土管的口径已达2000mm。

预应力钢筋混凝土管采用承插式接口，接口材料采用特制的橡胶圈。预应力钢筒钢筋混凝土管的接口形式也为承插式，只是承口环和插口环均用扁钢压制，与钢筒焊成一体。这两种管道在阀门、转弯、排气和放水等处，须采用钢制配件。

除上述两种钢筋混凝土管外，还有自应力钢筋混凝土管，最大管径为600mm，因管壁材质较脆，重要管线已不再采用。若管道质量可靠，这种管材可用在农村地区水压不高的次要管线上。

（2）玻璃钢管

玻璃钢管全称为玻璃纤维增强热固性塑料管，玻璃钢管耐腐蚀、不结垢，管内非常光滑、水头损失小，质量轻，只有同规格钢管的1/4、钢筋混凝土管的1/10～1/5，因此便于运输和安装；但其价格高，几乎与钢管相同，可在强腐蚀性土壤中采用。目前，我国实际工程中应用的玻璃钢管口径已达1600mm。

（3）塑料管

塑料管耐腐蚀、不易结垢，管壁光滑、水头损失小，质量轻，加工和接口方便，价格较便宜；但其强度较低，且膨胀系数较大，易受温度影响。在我国，随着镀锌钢管的逐步淘汰，推广新型塑料给水管道已提上日程。目前，在小区给水中，塑料管的应用已越来越多，且较大口径的塑料给水管也在不断推出。

塑料管的种类很多，例如硬聚氯乙烯塑料管、聚乙烯管、聚丙烯管、共聚丙烯管以及铝塑复合管、钢塑复合管和铜塑复合管等。作为城市给水管道材料，硬聚氯乙烯塑料管的应用历史长，且由于其强度高、刚性大、价格低，目前仍被广泛使用。其他管道材料的发展速度也很快，例如，聚乙烯管由于其优异的环保性能，近年来在欧洲的应用得到快速发展，有些地区应用聚乙烯管的数量已超过硬聚氯乙烯塑料管。此外，为加强塑料管的耐压和抗冲击能力，各种金属、塑料复合管的开发和应用也越来越多，例如不锈钢内衬增强共聚丙烯管等。

塑料管可采用胶黏剂黏结、热熔连接，以及接口材料为橡胶圈的承插式连接、法兰式连接等，各种连接配件均为塑料制品。

3. 给水管道附件

为保证管网的正常运行、消防和维修管理，管网上必须设置各种管网附件，例如阀门、止回阀、排气阀和泄水阀、消火栓等。

1) 阀门

阀门是用来调节和控制管网水流及水压的重要设备。阀门的布置应使水流调度灵活、管网维修方便。一般地，应在主要管线和次要管线交界处的次要管线上设置阀门；承接消火栓的水管上设置阀门；输水管道和配水管网应根据具体情况设置分段和分区检修阀门，配水管网上的阀门间距应不超过五个消火栓的布置长度。

阀门的口径一般与管道直径相同，因阀门价格较高，当管径较大时，为降低造价，可安装口径为80%水管直径的阀门，但这将使水头损失增大，因而应从管网造价和运转费用综合考虑，以确定阀门口径。

阀门的种类很多，选用时，应从安装目的、使用要求、水管直径、水温水质情况、工作压力、阀门造价及维修保养等方面认真考虑。

（1）闸阀

闸阀是给水管网中常用的阀门。闸阀由闸壳内的闸板上下移动来控制或截断水流，传统的闸阀为楔式或平行双闸板式闸阀。这两种闸阀存在着阀体内可能积存渣物、闸门关闭不严导致漏水的问题。近年来，国内不少厂家开始生产软密封闸阀。这种闸阀采用衬胶阀板，闸阀底部无凹坑，不积存杂物，关闭严密；软密封衬胶阀板尺寸统一，互换性强。若能够保证生产质量，这种闸阀将是给水管网中常用的一种阀门。

按照闸阀使用时阀杆是否上下移动，闸阀可分为明杆式和暗杆式两种。明杆式闸阀的阀杆随闸板的启闭而升降，便于观察闸门的启闭程度，适于安装在泵站等明装管道上。暗杆式闸阀的阀杆当闸阀开启时并不随之上移，因而适于安装在地方狭小之处。

大型闸阀的过水断面积很大，承受很大的水压，手工开启或关闭很困难。因此，大型闸阀在主闸侧部附设一个小闸阀，连通主闸两侧管线，称为跨闸（或旁通闸）。开启主闸前，先开启跨闸，以减小单面水压力，使开闸省力；关闭闸门时，则后关闭跨闸。经常启闭的大型阀门也可采用电动阀门，但应限定开启和关闭的时间长度，以免启闭过快造成水锤现象，导致水管损坏。

闸阀还有立式和卧式之分。大口径立式闸阀的高度较大，影响管道覆土深度；卧式闸阀占据的水平面积较大，影响其他管线的布置，因此选择阀门时应考虑这两个因素。

（2）蝶阀

蝶阀是一种旋转启闭式的闸阀，具有结构简单、阻力小、开启方便、旋转90°即可全开或全关的优点。蝶阀的宽度和高度较闸阀小，因此，在给水管网中，为了降低管道覆土深度，一般口径较大的管道可以选用蝶阀。蝶阀的主要缺点是蝶板占据管道一定的过水断面，增大了管道的水头损失。此外，蝶阀全开时，闸板占据管道的位置，因此蝶阀不能紧贴闸阀安装。近年来，国内阀门的使用情况表明，蝶阀出现故障的概率大于闸阀，所以蝶阀最好用在中、低压管线上。

（3）球阀

球阀常称为截止阀，靠一个类似塞子作用的部件来控制水的流动。球阀具有结构简单、密封可靠、维修及操作方便等优点，但其价格较高，一般用于中、小口径管道上。随着制造成本的降低，可以考虑制造较大口径的球阀。

2）止回阀

止回阀又称为单向阀或逆止阀，用来限制给水管道中水流的流动方向，水只能通过它向一个方向流动。止回阀一般安装在水泵的出水管线上，以防止因断电或其他事故造成突然停泵而使产生的水流倒流和水锤冲击力传到水泵内部，导致水泵损坏。

止回阀的种类较多，比如有旋启式单瓣止回阀。这种阀门的闸板可绕轴旋转，当水流方向相反时，闸板因自重和水压作用而自动关闭。这种阀关闭迅速，容易产生水锤。为降低水锤危害，可采用旋启式多瓣止回阀，该阀由多个小阀瓣组成，关闭时各阀瓣并不同时闭合，因而可以延缓关闭时间，减轻水锤的冲击力。

除旋启式止回阀外，还有微阻缓闭式止回阀和液压式缓冲止回阀，它们都可减弱水锤造成的危害。

3）排气阀和泄水阀

在输水管道和配水管网隆起点和平直管段的适当位置，应装设排气阀，以便在管线投产和检修后通水时，放出管内空气。平时管道隆起处也会积存水中释放的气体，这些气体减小了管道的过水断面，增大了管道的阻力，应通过排气阀排出，以使管网能够正常运行。排气阀阀体应垂直安装在管线上。

排气阀阀口有单口及双口之分。单口排气阀一般安装在管径不大于350mm的给水管上；双口排气阀一般安装在管径不小于400mm的给水管上。排气阀口径与管道直径之比一般采用1∶12～1∶8。

为满足管道检修时放空管道内的存水、排泥以及管道冲洗的需要，在管线的低处应设置泄水阀。如果地形高程允许，排水可直接排至河道、沟谷；如果地形高程不能满足直接排放的要求，可建湿井或集水井，再用水泵将水抽出。若排出的水水质较好，可以用来进行绿化等。

排气阀和泄水阀的数量及直径应在设计中通过计算确定，计算方法可参考其他资料。

4）消火栓

消火栓有地上式和地下式两种。地上式消火栓目标明显，易于寻找，但有时妨碍交通，一般用于气温较高的地区。地下式消火栓装设于消火栓井内，使用不如地面式方便，一般用于气温较低的地区及不适宜安装地面式消火栓的地方。

消火栓一般布置在交通路口、绿地、人行道旁等消防车可以靠近、易于发现的地方，距建筑物5m以上。两个消火栓的间距一般应不超过120m。

除上述各种常用附件外，还有可降低压力的减压阀、保证管道压力不超过某一限定压力的安全阀、控制水池和水塔水位的浮球阀等附件，详见有关书籍和设计手册。

5 市政排水管道系统设计

5.1 污水量设计

污水管道及其附属构筑物能保证通过的污水最大流量称为污水设计流量。污水管道系统设计常采用最大日最大时流量为设计流量，其单位为 L/s。合理确定设计流量是污水管道系统设计的主要内容之一，也是做好设计的关键。污水设计流量包括生活污水和工业废水两大类，现分述如下。

1. 生活污水设计流量

（1）居住区生活污水设计流量

居住区生活污水设计流量按式（5.1）计算。

$$Q_1 = \frac{nNK_z}{86400} \tag{5.1}$$

式中 Q_1——居住区生活污水设计流量，L/s；

n——居住区生活污水定额，L/（人·d）；

N——设计人口数，人；

K_z——生活污水量总变化系数。

① 居住区生活污水定额。居住区生活污水定额可参考居民生活污水定额或综合生活污水定额。

a. 居民生活污水定额：居民每人每天日常生活中洗涤、冲厕、洗澡等产生的污水量 [L/（人·d）]。

b. 综合生活污水定额：居民生活污水和公共设施（包括娱乐场所、宾馆、浴室、商业网点、学校和机关办公室等地方）排出污水两部分的总和 [L/（人·d）]。

居民生活污水定额和综合生活污水定额应根据当地采用的用水定额，结合建筑内部给水排水设施水平和排水系统普及程度等因素确定。在按用水定额确定污水定额时，对给水排水系统完善的地区可按用水定额的 90% 计，一般地区可按用水定额的 80% 计。设计中可根据当地用水定额确定污水定额。若缺少实际用水资料，可根据《室外给水设计标准》（GB 50013—2018）规定的居民生活用水定额和综合生活用水定额，结合当地的实际情况选用。然后根据当地建筑内部给水排水设施水平和给水排水系统完善程度确定居民生活污水定额和综合生活污水定额。

有些城镇的设计部门，为便于计算，除将排水量特别大的工业企业单独计算外，对市区内居住区（包括公共建筑、小型工厂等在内）的污水量按比流量计算。比流量是指从单位面积上排出的日平均污水流量，以 L/（s·hm²）表示。该值是根据人口密度、卫生设备等情况定的一个综合性的污水量标准，可根据式（5.2）计算。

$$q = \frac{np}{86400} \tag{5.2}$$

式中 q——比流量，L/（s·hm²）；

n——居住区生活污水定额，L/（人·d）；

p——人口密度，人/hm²。

因此，生活污水设计流量也可根据式（5.3）计算。

$$Q_1 = qFK_z \tag{5.3}$$

式中 Q_1——居住区生活污水流量，L/s；

F——污水管道服务面积，hm²；

q——比流量，L/（s·hm²）；

K_z——生活污水量系数。

② 设计人口。设计人口指污水排水系统设计期限终期的规划人口数，是计算污水设计流量的基本数据。该值是由城镇和工业企业的总体规划确定的。在计算污水管道服务的设计人口时，常用式（5.4）计算。

$$N = pF \tag{5.4}$$

式中 N——设计人口，人；

p——人口密度，人/hm²；

F——污水管道服务面积，hm²。

人口密度表示人口分布的情况，是指居住在单位面积上的人口数。若人口密度所用的地区面积包括街道、公园、运动场、水体，该人口密度称为总人口密度。若所用的面积只是街区内的建筑面积，该人口密度称为街区人口密度。在规划或初步设计时，计算污水量是根据总人口密度计算；而在技术设计或施工图设计时，一般采取街区人口密度计算。

③ 生活污水量总变化系数。居住区生活污水量标准是平均值，因此，根据设计人口和生活污水量标准计算所得的是污水平均流量。实际上，流入污水管道的污水量时刻都在变化。夏季与冬季污水量不同；一天中，日间与晚间污水量不同，而且各个小时的污水量也有很大的差异。

污水量的变化程度一般用变化系数表示。变化系数分为日、时、总变化系数。一年中最大日污水量与平均日污水量的比值称为日变化系数（K_d）。最大日最大时污水量与该日平均时污水量的比值称为时变化系数（K_h）。最大日最大时污水量与平均日平均时污水量的比值称为总变化系数（K_z），并有式（5.5）。

$$K_z = K_d K_h \tag{5.5}$$

通常，污水管道的设计断面根据最大日最大时污水流量确定，因此需要求出总变化系数。综合生活污水量总变化系数根据《室外排水设计标准》（GB 50014—2021）可按表5.1采用。

表5.1 综合生活污水量总变化系数

平均日流量/（L/s）	总变化系数
≤5	2.3
15	2.0

续表

平均日流量/（L/s）	总变化系数
40	1.8
70	1.7
100	1.6
200	1.5
500	1.4
≥1000	1.3

当平均日流量（$\overline{Q}$）≤5L/s 时，K_z=2.3；当 $\overline{Q}$≥1000L/s 时，K_z=1.3。当污水平均日流量为表 5.1 中所列数值的中间值时，总变化系数可用内插法求得。

生活污水量总变化系数值也可按综合分析得出的总变化系数与平均流量间的关系式求得，即式（5.6）。

$$K_z = \frac{2.7}{Q^{0.11}} \tag{5.6}$$

在污水管道中，污水流量的变化情况随着人口数和污水量标准的变化而定。若污水量标准一定，流量变化幅度随人口增加而减小；若人口数一定，流量变化幅度随污水量标准增加而减小。因此，在采用同一污水量标准的地区，上游管道由于服务人口少，管道中出现的最大流量与平均流量的比值较大。而在下游管道中，服务人口多，来自各排水地区的污水由于流行时间不同，高峰流量得到削减，最大流量与平均流量的比值较小，流量变化幅度小于上游。这表明总变化系数与平均流量之间有一定的关系，平均流量越大，总变化系数越小。

（2）公共建筑生活污水设计流量

在居住区生活污水量计算时，如果基于综合生活用水定额，那么所计算的污水量中已包括公共建筑的生活污水量，无须单独计算；如果基于居民生活用水定额，则某些公共建筑的污水量在设计时应作为集中污水量单独计算。根据不同公共设施的性质，按《建筑给水排水设计标准》（GB 50015—2019）的相关规定进行计算。

（3）工业企业生活污水及淋浴污水设计流量

工业企业生活污水及淋浴污水设计流量（其中淋浴时间以 1h 计）可按式（5.7）计算。

$$Q_3 = \frac{A_1 B_1 K_1 + A_2 B_2 K_2}{3600 T} + \frac{C_1 D_1 + C_2 D_2}{3600} \tag{5.7}$$

式中　Q_3——工业企业生活污水及淋浴污水的设计流量，L/s；
　　　A_1——一般车间最大班职工人数，人；
　　　A_2——热车间最大班职工人数，人；
　　　B_1——一般车间职工生活污水量标准，以 25L/（人·班）计；
　　　B_2——热车间职工生活污水量标准，以 35L/（人·班）计；
　　　K_1——一般车间生活污水量时变化系数，以 3.0 计；
　　　K_2——热车间生活污水量时变化系数，以 2.5 计；
　　　T——每班工作时数，h；

C_1——一般车间最大班使用淋浴的职工人数，人；
C_2——热车间最大班使用淋浴的职工人数，人；
D_1——一般车间的淋浴污水量标准，以40L/（人·班）计；
D_2——热车间的淋浴污水量标准，以60L/（人·班）计。

2. 工业废水设计流量

工业废水设计流量按式（5.8）计算。

$$Q_4=\frac{mMK_z}{3600T} \tag{5.8}$$

式中 Q_4——工业废水设计流量，L/s；
m——生产过程中每单位产品的废水量标准，L/单位产品；
M——产品的平均日产量；
K_z——总变化系数；
T——每日生产时数，h。

工业废水量标准是指生产单位产品或加工单位数量原料所排出的平均废水量，又称为生产过程中单位产品的废水量定额。该定额可根据各行业用水量标准来确定。各个工厂的工业废水量标准有很大差别，主要与生产的产品及所采用的工艺过程有关。近年来，随着国家对水资源开发利用和保护的日益重视，有关部门制定了各工业的用水量规定。排水流量计算应与之协调。此外，《污水综合排放标准》（GB 8978—1996）对部分行业最高允许排水定额作了明确规定。

在不同的工业企业中，工业废水的排除情况差别较大。工业废水量的变化取决于工业企业的性质和生产工艺过程。一般工业废水量的日变化不大，其日变化系数可取为1。时变化系数可通过实测确定，某些工业废水量的时变化系数大致如下：化工工业为1.3~1.5，纺织工业为1.5~2.0，造纸工业为1.3~1.8，冶金工业为1.0~1.1，食品工业为1.5~2.0。

3. 城镇污水设计总流量

城镇污水设计总流量是居住区生活污水、公共建筑生活污水、工业企业生活污水及淋浴污水以及工业废水的设计流量四部分之和，即式（5.9）。

$$Q=Q_1+Q_2+Q_3+Q_4 \tag{5.9}$$

污水管道设计流量计算是采用这种简单累加法来计算的，即假定各种污水在同一时间发生最大流量。但在设计污水泵站和污水处理厂时，如果也采用各项最大流量之和作为设计依据，将很不经济。因为各种污水最大流量同时发生的可能性很小，而且各种污水流量汇合时互相调节，会使流量高峰降低。因此，在确定污水泵站和污水处理厂各处理构筑物的最大污水设计流量时，应按全部污水汇合后的最大时流量作为总设计流量。

5.2 排水管材和附属构筑物

5.2.1 排水管道材料、接口、基础

排水管渠的材料、接口和基础的选择应根据排水水质、水温、冰冻情况、断面尺

寸、管内外所受压力、土质、地下水位、地下水侵蚀性、施工条件及对养护工具的适应性等因素进行选择与设计。特别是水质情况，输送腐蚀性污水的管渠、检查井和接口必须采取相应的防腐蚀措施。

1. 常用管材和管件

（1）管材要求

合理地选择管渠材料，对降低排水系统的造价影响很大。选择排水管渠材料时，应综合考虑技术、经济及其他方面的因素。排水管材主要有以下几点要求。

① 排水管渠必须具有足够的强度，以承受外部荷载和内部水压，外部荷载包括土壤的质量——静荷载，以及由于车辆运行造成的动荷载。压力管及倒虹管一般要考虑内部水压。自流管道发生淤塞或雨水管渠系统的检查井内充水时，也可能引起内部水压。此外，为了保证排水管道在运输和施工中不致破裂，也必须使管道具有足够的强度。

② 排水管渠应能抵抗污水中杂质的冲刷和磨损，也应该具有抗腐蚀的性能，以免被污水或地下水中酸、碱或其他物质腐蚀。

③ 排水管渠必须不透水，以防止污水渗出或地下水渗入。因为污水从管渠渗出至土壤，将污染地下水或邻近水体，或者破坏管道及附近房屋的基础。地下水通过管道、接口和附属构筑物渗入管渠，不但将降低管渠的排水能力，而且将增大污水泵站及处理构筑物的负荷。

④ 排水管渠的内壁应整齐光滑，使水流阻力尽量减小。同时，应尽量就地取材，并考虑到预制管件及快速施工的可能，以便尽量降低管渠的造价及运输和施工的费用。

排水管渠材料一般有混凝土、钢筋混凝土、陶土、塑料、球墨铸铁以及钢等。

（2）排水管材

① 混凝土管和钢筋混凝土管。混凝土管和钢筋混凝土管适用于排除雨水、污水，是常用的排水管道，可在专门的工厂预制，也可在现场浇筑。管口通常有承插式、企口式、平口式。

混凝土管的管径一般小于400mm，长度多为1m，适用于管径较小的无压管。如果管道埋深较大或敷设在土质条件不良地段，为抗外压，当直径大于400mm时通常都采用钢筋混凝土管。混凝土和钢筋混凝土管的技术条件及标准规格详见《混凝土和钢筋混凝土排水管》（GB/T 11836—2023）。

混凝土管和钢筋混凝土管便于就地取材，制造方便，而且可根据抗压的不同要求，制成无压管、低压管、预应力管等。混凝土管和钢筋混凝土管除用作一般自流排水管道，钢筋混凝土管及预应力钢筋混凝土管亦可用作泵站的压力管及倒虹管。它们的主要缺点是抵抗酸、碱腐蚀及抗渗性能较差、管节短、接头多、施工复杂，在地震烈度大于8度的地区及饱和松砂、淤泥及淤泥土质、充填土、杂填土的地区不宜敷设。此外，大管径管因自重大而搬运不便。

② 陶土管。陶土管是由塑性黏土制成的，根据需要可制成无釉、单面釉、双面釉等。若采用耐酸黏土和耐酸填充物，还可以制成特种耐酸陶土管。管口有承插式和平口式两种形式。

普通陶土排水管最大直径可达300mm，长度可达800mm，适用于居民区室外排水管。耐酸陶土管最大直径可达800mm，一般在400mm以内，适用于排除酸性废水。

带釉的陶土管内外壁光滑，水流阻力小，不透水性好，耐磨损，抗腐蚀。但陶土管质脆易碎，抗弯、抗拉强度低，不宜敷设在松土中或埋深较大的地方。此外，因其管节短，需要较多的接口，增加了施工难度和费用。

③ 金属管。常用的金属管有铸铁管和钢管。室外重力流排水管道一般很少采用金属管，只有在排水管道承受高压或对渗漏要求特别高的地方，例如，排水泵站的进出水管和倒虹管，或地震烈度大于8度、地下水位高或流砂严重的地区才采用金属管。

金属管质地坚固、抗压、抗震、抗渗性能好，且内壁光滑，水流阻力较小，管道每节长度大，接头少，但价格昂贵。此外，钢管抵抗酸、碱腐蚀及地下水侵蚀的能力差，因此在采用时必须涂刷耐腐蚀的涂料并注意绝缘。

④ 排水渠道。当排水管直径大于1.5m时，排水管制作费用和制作难度大幅度增加且运输困难，因此通常在现场建造大型排水渠道。常用的建筑材料有砖、石、混凝土块、钢筋混凝土块等。

⑤ 其他管材。迄今为止，排水管材大多数采用（钢筋）混凝土管。如上所述，（钢筋）混凝土管作为排水管在使用中存在着许多弊端，如防腐抗渗性能差、管节短、施工复杂等。因此，近年来随着新型建筑材料的不断研制，用于制作排水管道的材料也日益增多。例如，玻璃纤维筋混凝土管、硬聚氯乙烯管、聚乙烯管、聚氯乙烯双壁波纹管、塑料螺旋缠绕管、聚氯乙烯径向加筋管等，这些新型管材近年来在日本、美国等大量使用。其中硬聚氯乙烯管和聚乙烯管由于具有质量小、耐腐蚀、抗渗性能好，管壁光滑，不易堵塞，工期短且施工费用低等优点，在国内排水管道的应用也在增加。

2. 管道接口形式

排水管道的接口形式应根据管道材料、连接形式、排水性质、地下水位和地质条件等确定。排水管道的不透水性和耐久性，在很大程度上取决于敷设管道时接口的质量。管道接口应具有足够的强度，不透水，能抵抗污水或地下水的侵蚀，并具有一定的弹性。

（1）接口形式及适用条件

室外排水管道常用混凝土管或钢筋混凝土管。管口的形状有企口、平口、承插口，企口和平口又可直接连接和加套管连接。接口根据弹性一般分为柔性、刚性和半柔性三种。

① 柔性接口。柔性接口允许管道纵向轴线交错3~5mm或交错一个较小的角度，而不致引起渗漏。常用的柔性接口有橡胶圈接口、石棉沥青卷材接口、沥青麻布接口、沥青砂浆灌口接口、沥青油膏接口。柔性接口施工复杂，造价较高。在地震区采用柔性接口有其独特的优越性。

② 刚性接口。刚性接口不允许管道有轴向的交错，但比柔性接口施工简单、造价低，因此采用较广泛。常用的刚性接口有水泥砂浆抹带接口、钢丝网水泥砂浆抹带接口、膨胀水泥砂浆接口等。刚性接口抗震性能差，多用在地基比较良好、有带形基础的无压管道上。

③ 半柔性接口。半柔性接口介于上述两种接口形式之间。使用条件与柔性接口类似。常用的是预制套管石棉水泥接口。

污水管道及合流管道宜选用柔性接口。当管道穿过粉砂、细砂层并在最高地下水位以下，或在地震设防烈度为 8 度地区时，应采用柔性接口。

（2）几种常用的接口方法

① 水泥砂浆抹带接口。在管子接口处用 1：2.5（质量比）或 1：3 水泥砂浆配比抹成半椭圆形或其他形状的砂浆带，带宽 120～150mm，带厚 30mm。抹带前保持管口洁净。一般适用于地基土质较好的雨水管道，或用于地下水位以上管径较小的污水管上。企口管、平口管、承插口管均可采用这种接口。

② 钢丝网水泥砂浆抹带接口。将抹带范围的管外壁凿毛，抹 1：2.5（质量比）或 1：3 水泥砂浆一层，厚 15mm；中间铺 20 号 10mm×10mm 钢丝网一层，两端插入基础混凝土中固定，上面再抹砂浆一层，厚 10mm，带宽 200mm。这种接口适用于地基土质较好的一般污水管道和水头低于 5m 的低压管道接口。

③ 石棉沥青卷材接口。石棉沥青卷材接口的构造是先将沥青、石棉、细砂按配合比为 7.5：1.0：1.5 制成卷材，并将接口处管壁刷净烤干，涂上冷底子油一层，再刷沥青玛琋脂（厚 3～5mm），包上石棉沥青卷材，外面再涂 3mm 厚的沥青玛琋脂。石棉沥青卷材带宽为 150～200mm，一般适用于沿管道纵向沉陷不均匀地区，平口管和企口管均可使用。

④ 橡胶圈接口。橡胶圈接口属柔性接口。接口结构简单，施工方便，适用于施工地段土质较差、地基硬度不均匀或地震地区。

⑤ 沥青麻布接口。管口外壁光涂冷底子油一遍，再在接口处涂四道沥青裹三层麻布（或玻璃布），再用 8 号铅丝绑牢。麻布宽度依次为 150mm、200mm、250mm，用于管径小于或等于 900mm 的管道；宽为 200mm、250mm、300mm 的，用于管径大于 100mm 的管道。搭接长均为 150mm。这种接口适用于无地下水、地基良好的无压管道。

⑥ 沥青砂浆灌口接口。先将管口刷净，刷冷底子油一遍，然后用预制模具定型，再在模具上部开口浇灌沥青砂浆（一般沥青、石棉、砂的比例为 3：2：5）。该接口带宽 150～200mm、厚 20～25mm。这种接口适用于无地下水、地基不均匀沉陷不严重的无压管道。

⑦ 石棉水泥接口。先将管口及套环刷净，接口用质量比为 1：3 或 1：2 的水泥砂浆捻缝，套环接缝处嵌入油麻（宽 20mm），再在两边填实石棉水泥。这种接口适用于因地基较弱而可能产生不均匀沉陷且位于地下水位以下的排水管道。

⑧ 沥青砂浆接口。先洗净管口和套环，接口用质量比为 1：3 或 1：2 的水泥砂浆捻缝，灌沥青砂浆，两端用绑扎绳填实。这种接口适用于地基不均匀地段，或地基经过处理后管道可能产生不均匀沉陷且位于地下水位以下的排水管道。

⑨ 沥青油膏接口。先洗净管口和套环，接口用质量比为 1：3 或 1：2 的水泥砂浆捻缝，套环接缝处嵌入油麻两道，两边填沥青油膏。石油沥青、重松节油、废机油、石灰棉、滑石粉的比例为 100：11.1：44.5：77.5：1190。该接口的适用条件同沥青砂浆灌口接口。

⑩ 预制套管接口。预制套管与管道间的缝隙用石棉水泥（水、石棉、水泥的比例为 1：3：7）封堵严密，也可用自应力水泥砂浆填充。这种接口适用于地基较弱地段，一般常用于污水管。

3. 排水管道基础

(1) 常用的管道基础

小区排水管道基础形式常有砂土基础（土弧基础）、混凝土枕基和混凝土带形基础等。

① 砂土基础。砂土基础包括弧形素土基础和砂垫层基础。

弧形素土基础是在原土基础上挖一弧形管槽（通常采用90°弧形），管子落在弧形管槽里。

砂垫层基础是在挖好的弧形管槽上，用带棱角的粗砂填10~15cm厚的砂垫层。

② 混凝土枕基。混凝土枕基又称为混凝土垫块，是管道接口处设置的局部基础。

③ 混凝土带形基础。混凝土带形基础是沿管道全长铺设的基础。按管座的形式不同分为90°、135°、180°三种管座基础。无地下水时，这种基础直接在槽底老土上浇混凝土基础；有地下水时，常在槽底铺10~15cm厚的卵石或碎石垫层，然后在上面浇混凝土基础。

此外，管道基础、接口的选择与管径大小、不同的施工方法等有关，例如，国标图集《混凝土排水管道基础及接口》(23S516) 规定如下。

a. 对开槽法施工的钢筋混凝土排水管道，采用砂土基础的室外埋地雨、污水及合流排水管道，必须采用橡胶密封圈柔性接口的钢筋混凝土承插口管或企口管。其中，钢筋混凝土承插口管柔性接口砂土基础，适用于管径200~1800mm的排水管道；钢筋混凝土企口管、承插口柔性接口砂土基础，适用于管径1000~3000mm的排水管道；预应力混凝土地面插口管橡胶密封圈柔性接口砂土基础，适用于管径400~2000mm的排水管道。

b. 对顶进法施工的钢筋混凝土排水管道，适用于管径1000~3000mm的钢筋混凝土企口管或承插口管的橡胶密封圈柔性接口土弧基础。

c. 对开槽法施工的混凝土排水管道，其刚性接口形式应用在带有混凝土管基的排水管道上。其中钢筋混凝土平口及企口管混凝土基础钢丝网水泥砂浆抹带接口，适用于管径600~3000mm的室外排水管道；钢筋混凝土平口及企口管混凝土基础现浇混凝土套环刚性接口，适用于对管道纵向刚度要求较高或抗渗要求较高的管径600~3000mm的排水管道；钢筋混凝土企口管混凝土基础1:1膨胀水泥砂浆接口，适用于管径1000~3000mm的雨水管道；混凝土承插口管混凝土基础1:2水泥砂浆接口，适用于管径150~600mm的雨水管道。上述刚性接口的混凝土管基，应在每20~25m管段长度处设置一个柔性接口。

(2) 基础选择

排水管道的基础选择应根据地质条件、接口形式、管道位置、施工条件、地下水位等因素确定。

① 根据接口形式。

a. 若管道接口形式是刚性接口，则应采用混凝土带形基础或混凝土枕基。

b. 若接口形式为柔性接口，工程地质条件好时用砂土基础；若地质条件不好、沉降不均或土质为湿陷性黄土等，则也应采用混凝土基础。

② 根据地质条件、管道位置等。

a. 干燥密实的土层、管道不在车行道下、地下水位低于管底标高，若埋深为 0.8～3.0m，且几根管道合槽施工，可用素土和灰土基础，但接口处必须做混凝土枕基。

b. 岩土和多石地层可采用砂垫层基础，砂垫层厚度宜不小于 200mm，接口处应做混凝土枕基。

c. 一般土层或各种潮湿土层以及车行道下敷设的管道应根据具体情况采用 90°～180°混凝土带形基础。

d. 地基松软或不均匀沉降地段，烈度为 8 度以上的地震区，管道基础应采取相应的加固措施，管道接口应采用柔性接口。

5.2.2 附属构筑物

为了排除雨、污水，除管渠本身外，管渠系统上还需设置某些附属构筑物。管渠系统上的附属构筑物，有些数量很多，它们在管渠系统的总造价中占相当的比例。因此，如何使这些构筑物建造得合理，并能充分发挥其最大作用，是排水管渠系统设计和施工中的重要问题之一。下面讲解相关附属构筑物。

1. 检查井、跌水井、水封井、换气井

设置检查井的目的是便于对管渠系统进行定期检查和清通，同时便于排水管渠的连接。当检查井内衔接的上下游管渠的管底标高跌落差大于 1m 时，为降低水流速度、防止冲刷，在检查井内应有消能措施，这种检查井称为跌水井。当检查井内具有水封设施，以便隔绝易爆、易燃气体进入排水管渠，使排水管渠在进入可能遇火的场地时不致引起爆炸或火灾，这样的检查井称为水封井。后两种检查井属于特殊形式的检查井，或称为特种检查井。

（1）检查井

检查井通常设在管渠交会、转弯、管渠尺寸或坡度改变处、跌水处以及相隔一定距离的直线管段上。检查井在直线管段上的最大间距见表 5.2。若实际设计中个别管段检查井的最大间距大于该表中数值，应设置冲洗设施。除考虑以上因素进行检查井设置外，还应结合规划，在规划建筑物，尤其是排水量较大的公共建筑附近，宜预留检查井。

表 5.2 检查井的最大间距

管径或暗渠净高/mm	最大间距/m		管径或暗渠净高/mm	最大间距/m	
	污水管道	雨水（合流）管道		污水管道	雨水（合流）管道
200～400	40	50	1100～1500	100	120
500～700	60	70	1600～2000	120	120
800～1000	80	90	—	—	—

检查井通常由井底（包括基础）、井身和井盖（包括盖底）三部分组成。

检查井井底材料一般采用低标号混凝土，基础采用碎石、卵石、碎砖夯实或低标号混凝土。为使水流流过检查井时阻力较小，井底宜设半圆形或弧形流槽。

污水管道的检查井流槽顶与上、下游管道的管顶相平，或与 85% 的大管管径处相平，雨水（合流）管渠的检查井流槽顶可与50％的大管管径处相平。流槽两侧至检查井壁间的底板（称为沟肩）应留有一定宽度，一般应不小于20cm，以满足检修要求，并应有2％～5％的坡度坡向流槽，以防检查井积水时淤泥沉积。在管渠转弯或几条管渠交会处，为使水流通顺，流槽中心线的弯曲半径应按转角大小和管径大小确定，但宜不小于大管管径。检查井井身的材料可采用砖、石、混凝土或钢筋混凝土。国外多采用钢筋混凝土预制；我国目前则多采用砖砌，以水泥砂浆抹面。井身的平面形状一般为圆形或正方形。目前塑料检查井也得到了推广使用，不仅配套开发了井盖、井筒和相关配件，还具有施工方便快捷、密封性能好、防渗漏等特点。塑料检查井适用于建筑小区（居住区、公共建筑区、厂区等）、城乡市政、工业园区、旧城改造等范围内塑料排水管道外径不大于1200mm，埋设深度不大于8m的塑料排水检查井工程的设计、施工和维护保养。

井身的构造与是否需要工人下井有密切关系。不需要下人的浅井，构造很简单，一般为直壁圆筒形；需要下人的井在构造上可分为工作室、渐缩部和井筒三部分。工作室是养护人员养护时下井进行临时操作的地方，其直径不能小于1m，其高度在埋深许可时一般采用1.8m，污水检查井由流槽顶算起，雨水（合流）检查井由管底算起。为降低检查井造价、缩小井盖尺寸，井筒直径一般比工作室小，但为了工作检修出入安全与方便，其直径应不小于0.7m。井筒与工作室之间可采用锥形渐缩部连接，渐缩部高度一般为0.6～0.8m，也可以在工作室顶偏向出水管一边加钢筋混凝土盖板梁，井筒则砌筑在盖板梁上。为便于上下，井顶略高出地面。井盖和井座采用铸铁、钢筋混凝土或混凝土材料制作。若检查井位于车行道，应采用具有足够承载力和稳定性良好的井盖和井座。位于路面上的井盖，宜与路面持平；位于绿化带内的井盖，不应低于地面。在接入检查井的支管（接户管或连接管）管径大于300mm时，支管数不宜超过三条。

（2）跌水井

跌水井是设有消能设施的检查井。目前，常用的跌水井有两种形式，即竖管式（或矩形竖槽式）和溢流堰式。

当上、下游管底高差小于1m时，可在检查井底部做成斜坡，而不做专门的跌水设施；如果跌水水头为1～2m，宜设跌水井跌水；如果跌水水头大于2m，必须设跌水井跌水。在管道的转弯处，一般不宜设跌水井。若跌水水头过大，可设置多个跌水井，分散跌落。跌水水头与进水管管径有关，当跌水井的进水管管径不大于200mm时，一次跌水水头宜不大于6m；管径为300～600mm时，一次跌水水头宜不大于4m；管径大于600mm时，其一次跌水水头及跌水方式应按水力计算确定。

（3）水封井

水封井是设有水封的检查井。当工业废水能产生引起爆炸或火灾的气体时，在排水管道上必须设置水封井。水封井的位置应设置在产生易燃易爆气体的废水生产装置、储罐区、原料储运场地、成品仓库、容器洗涤车间等废水排出口和适当距离的干管上。水封井不宜设在车行道和行人众多的地段，并应适当远离明火。水封井的水封深度一般采用0.25m。井上宜设通风管，井底宜设沉泥槽。

（4）换气井

污水中的有机物常在管渠中沉积而厌气发酵，发酵分解产生的甲烷、硫化氢、二氧化碳等气体，如果与一定体积的空气混合，在点火条件下将引起火灾，甚至爆炸。为防止此类事故的发生，同时也为保证工作人员在检修排水管渠时能较安全地进行操作，应在污水管道和合流管道上根据需要设置通风设施，使有害气体在通风设施的作用下排入大气中。这种设有通风管的检查井称为换气井。

通风设施一般设置在充满度较高的管段内、设有沉泥槽处、倒虹管进出水处或管道高程有突变处等。

2. 雨水口、连接暗井和溢流井

（1）雨水口、连接暗井

雨水口是在雨水管渠或合流管渠上收集雨水的构筑物。道路上的雨水首先经雨水口通过连接管流入排水管渠。

雨水口的位置应能保证迅速、有效地收集地面雨水。雨水口一般应在汇水点上方和截水点上方，例如交叉路口、路侧边沟的一定距离处以及没有道路边石的低洼地区等，以防止雨水漫过道路或造成道路及低洼地区积水而妨碍交通。雨水口的形式和数量通常应按汇水面积所产生的径流量和雨水口的泄水能力及道路形式确定。雨水口的形式主要有平箅式和立箅式两类。一般一个平箅（单箅）雨水口可排泄 15～20L/s 的地面径流量。该雨水口宜低于路面 30～40mm，在土质地面上宜低于路面 50～60mm。道路上雨水口的间距一般为 25～50m。在路侧边沟上及路边低洼地点，雨水口的设置间距还要考虑道路的纵坡，当道路纵坡大于 2% 时，雨水口间距可大于 50m，其形式、数量和布置应根据具体情况和计算确定。坡段较短时可在最低点处集中收水，其雨水口的数量或面积应适当增加。雨水口深度不宜大于 1m，并根据需要设置沉泥槽。

常用雨水口形式及泄水能力见表 5.3。

表 5.3　雨水口形式及泄水能力

形式	给水排水标准图集		泄水能力 / (L/s)	适用条件
	原名	图号		
道牙平箅式	边沟式	S2353	20	有道牙的道路
道牙立箅式	—			有道牙的道路
道牙立孔式	侧立式	S23516	约 20	有道牙的道路，箅隙容易被树叶堵塞的地方
道牙平箅立箅联合式	—			有道牙的道路，汇水量较大的地方
道牙平箅立孔联合式	联合式	S2356	30	有道牙的道路，汇水量较大且箅隙容易被树枝叶堵塞的地方
地面平箅式	平箅式	S2358	20	无道牙的道路、广场、地面
道牙小箅雨水口	小雨水口	S23510	约 10	降雨强度较小城市有道牙的道路
钢筋混凝土箅雨水口	钢筋混凝土箅雨水口	S23518	约 10	不通行重车的地方

注：大雨时易被杂物堵塞的雨水口，泄水能力应按乘以 0.5～0.7 的系数计算。

平箅雨水口的构造包括进水箅、井筒和连接管三部分。

雨水口的进水箅可用铸铁或钢筋混凝土、石料制成。进水箅条的方向与进水能力有很大关系，算条与水流方向平行比垂直的进水效果好，因此，有些地方将进水算设计成纵横交错的形式，以便排泄路面上从不同方向流来的雨水。雨水口按进水算在街道上的设置位置可分为以下三类。

① 边沟雨水口：进水算稍低于边沟底水平位置。

② 边石雨水口：进水算嵌入边石垂直放置。

③ 联合式雨水口：在边沟底和边石侧面都安放进水算。为提高雨水口的进水能力，目前我国许多城市已采用双算联合式或三算联合式雨水口，由于扩大了进水算的进水面积，进水效果良好。

雨水口的井筒可用砖砌或用钢筋混凝土预制，也可采用预制的混凝土管。雨水口的深度一般不宜大于1m，在有冻胀影响的地区，雨水口的深度可根据经验适当加大；在泥沙量大的地区可根据需要设置沉泥槽。雨水口底部可根据需要做成有沉泥井（又称为截留井）或无沉泥井的形式。有沉泥井的雨水口可截留雨水所夹带的砂砾，以免砂砾进入管道造成淤塞。但是沉泥井往往积水，滋生蚊蝇，散发臭气，影响环境卫生，需要经常清除，增加了养护工作量。通常在交通繁忙、行人稠密的地区，可考虑设置有沉泥井的雨水口。

连接管的最小管径为200mm，坡度一般不小于0.01，连接管长不宜超过25m，接在同一连接管上的雨水口一般不宜超过三个。但排水管直径大于800mm时，也可在连接管与街道排水管渠连接处不另设检查井，而设连接暗井。

(2) 溢流井

在截流式合流制管渠系统中，通常在合流管渠与截流干管的交会处设置溢流井。雨水溢流井主要有三种形式，分别是截流槽式、溢流堰式、跳跃堰式。通常溢流井用砖或钢筋混凝土制成。管渠高程允许时，应选用截流效果好的槽式溢流井；当选用堰式或槽堰结合式溢流井时，堰高和堰长应进行水力计算。溢流井溢流水位应在设计洪水位或受纳管道设计水位以上，否则溢流管道上应设闸门等防倒灌设施。

① 截流槽式。截流槽式溢流井是最简单的，在井中设置截流槽，槽顶与截流干管的管顶相平，构造如图5.1所示。

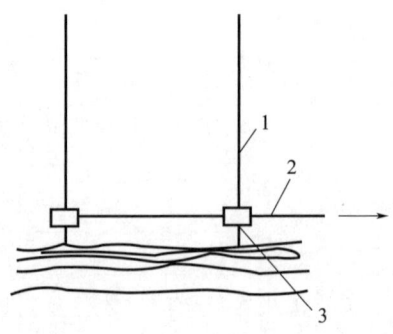

1—合流管渠；2—截流干管；3—排出管渠。

图5.1 截流槽式溢流井

② 溢流堰式。溢流堰式溢流井构造如图5.2所示，溢流堰设在截流管的侧面。

③ 跳跃堰式。跳跃堰式溢流井构造如图5.3所示。

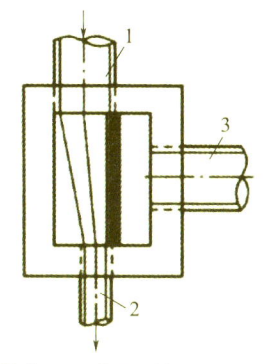 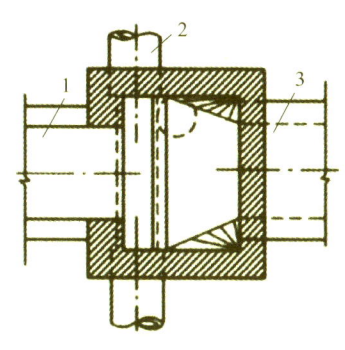

1—合流管道；2—截流干管；3—排出管道。　　1—合流管道；2—截流干管；3—排出管道。

图 5.2　溢流堰式溢流井　　　　　　图 5.3　跳跃堰式溢流井

3. 倒虹管

排水管渠遇到河流、山涧、洼地或地下构筑物等障碍物时，不能按原有的坡度埋设，而是按下凹的折线方式从障碍物下通过，这种管道称为倒虹管。倒虹管由进水井、下行管、平行管、上行管和出水井等组成。

倒虹管线应尽可能与障碍物正交通过，以缩短其长度，并应选择在河床和河岸较稳定、不易被水冲刷的地段及埋深较小的部位敷设。通常，倒虹管的工作管线不少于两条，当污水流量较小时，其中一条作为备用。当倒虹管穿过旱沟、小河和谷地时，也可单线敷设。

倒虹管的清通比一般管道困难得多，因此，必须采用各种措施防止倒虹管内污泥的淤积。具体措施如下。

(1) 倒虹管最小管径为 200mm。

(2) 管内设计流速应大于 0.9m/s，并应大于进水管内的流速，当管内设计流速不能满足要求时，应增加定期冲洗措施，冲洗时流速应不小于 1.2m/s。

(3) 倒虹管管顶距规划河底距离一般宜不小于 1.0m，通过航运河道时，其位置和管顶距规划河底的距离应与当地航运管理部门协商确定，遇冲刷河床应考虑防冲措施。

(4) 倒虹管宜设置事故排放口。

(5) 合流管道设倒虹管时，应按旱流流量校核流速。

(6) 倒虹管进出水井内应设闸槽或闸门。进水井的前一检查井，应设置沉泥槽。进出水井的检修室净高宜高于 2m。井较深时，井内应设检修台，其宽度应满足检修要求。当倒虹管为复线时，井盖的中心宜设在各条管道的中心线上。

4. 出水口

出水口是排水管道向水体排放污、雨水的构筑物。排水管道出水口的设置位置应根据受纳水体的水质要求、水体流量、水位变化幅度及水流方向、水体稀释自净能力、地形及气候特征等因素而定，并应征得有关部门的同意，以避免对航运、给水和景观等水体原有功能造成影响，并使排水迅速与水体混合。如果在河渠的桥、涵、闸附近设置出水口，应设在这些构筑物的下游，并且不能设在取水构筑物保护区内和游泳池附近，不能影响到下游居民点的卫生和饮用。

出水口应采取防冲刷、消能、加固等措施，出水口的基础必须设在冰冻线以下，有冻胀影响地区的出水口应采用耐冻胀材料砌筑。出口处岸滩应稳定且施工方便。管渠出水口的设计水位原则上应高于或等于排放水体的设计洪水位；若低于设计洪水位，应采取适当措施。

雨水排水管出水口宜采用非淹没式排放，出水口底不宜低于多年平均洪水位，一般应在常水位以上，以免水体倒灌。为使污水与水体水较好混合，污水排水管出水口宜采用淹没式排放，出水口淹没在水体水面以下。当出水口标高比水体水面高出太多时，应设置单级或多级跌水。当出水口在洪水期有倒灌可能时，应设置防洪闸门。

此外，考虑到事故、停电或检修时排水管渠也能顺利排水，应合理设置事故排放口。

出水口分为淹没式和非淹没式。淹没式出水口一般用于污水管道，也可用于雨水管道；非淹没式出水口主要用于雨水管道。出水口常用形式和适用条件如下：一字出水口适用于排出管道与河渠顺接处，岸坡较陡时；八字出水口适用于排出管道排入河渠岸坡较平缓时；门字出水口适用于排出管道排入河渠岸坡较陡时；淹没出水口适用于排出管道末端标高低于正常水位时；跌水出水口适用于排出管道末端标高高出洪水位较大时。出水口构造具体参见《给水排水标准图集》[S5（一）]。

5.3　污水管道设计

污水管道系统是收集和输送城镇或工业企业所产生污水的管道及其附属构筑物。它的设计是建立在当地城镇和工业企业总体规划以及排水工程总体规划基础上的，具体内容包括设计资料与设计方案、污水管道的设计水力计算、设计管段与衔接方式。

5.3.1　设计资料与设计方案

1. 明确设计任务的资料

了解与本工程有关的总体规划以及交通、给水、排水、电力、电信、防洪、燃气等各专项规划，以便进一步明确：工程的设计范围、设计期限、设计人口数；拟用的排水体制；污水处理厂的位置；受纳水体的功能及防治污染的要求；各类污水量定额；现有雨水、污水管道系统的走向，出水口的位置和高程，存在的问题；与给水、电力、电信、燃气等工程管线及其他市政设施可能的交叉工程投资情况等。

2. 有关自然因素方面的资料

（1）地形图

在初步设计阶段，进行大型排水工程设计时，要求有设计地区和周围 25～30km 的总地形图，可采用比例尺为 1∶10000～1∶25000，等高线间距 1～2m。进行中小型排水工程设计时，要求有设计地区总平面图，可采用比例尺为 1∶5000～1∶10000，等高线间距 1～2m。设计工厂排水工程时，要求有工厂总平面图，可采用比例尺为 1∶500～1∶2000，等高线间距为 0.5～2m。

施工图设计阶段，要求有比例尺为 1∶500～1∶2000 的街区平面图，等高线间距

0.5~1m；设置排水管道的沿线带状地形图，要求比例尺为1：200~1：1000；拟建排水泵站、污水处理厂，以及管道穿越河流、铁路等障碍物处的地形图要求更详细，比例尺通常采用1：100~1：500，等高线间距0.5~1m。另还需出水口附近河床横断面图。

（2）气象资料

需要收集的气象资料包括设计区域的气温（平均气温、极端最高气温和最低气温）；冻土层深度；风向和风速；降水量资料或当地的暴雨强度公式等。

（3）水文资料

需要收集的水文资料包括受纳水体的流量、流速，常水位及洪水位，水质资料；城市、工业取水及排污情况；河流利用情况及整治规划情况。

（4）地质资料

需要收集的地质资料主要包括设计区域的地表组成物质及其承载力；地下水分布及其水位、水质；管道沿线的地质柱状图；当地的地震烈度资料。

3. 有关工程情况的资料

需要收集的有关工程情况的资料包括道路的现状和规划，如道路等级、路面宽度及材料；地面建筑物和地铁、其他地下建筑的位置和高程；给水、排水、电力、电信电缆、燃气等各种地下管线的位置；建筑材料、管道制品、电力供应的情况和价格；建筑、安装单位的等级和装备情况等。

4. 确定设计方案

在掌握了较为完整可靠的设计基础资料后，设计人员根据工程的要求和特点，对工程中一些原则性的、涉及面较广的问题提出了不同的解决办法，从而构成了不同的设计方案。涉及问题常包括污水管道的布局、走向、长度、断面尺寸、埋设深度、管道材料，与障碍物相交时采用的工程措施，中途泵站的数目与位置等。这些方案除满足相同的工程要求外，在技术经济上是互相补充、互相对立的。因此，必须深入分析各设计方案的利弊和产生的各种影响，经过综合比较后所确定的最佳方案即为最终的设计方案。

通常，进行方案比较与评价的步骤和方法包括建立技术经济数学模型、求解技术经济数学模型、方案的技术经济比较和综合评价与决策。

（1）建立技术经济数学模型

建立主要技术经济指标与各种技术经济参数、参变数之间的函数关系，也就是通常所说的目标函数及相应的约束条件方程。建模的方法普遍采用传统的数理统计法。由于我国排水工程的建设欠账多，有关技术经济资料尚不完善，利用已建立的数学模型进行实际应用尚存在局限性。在缺少合适的数学模型的情况下，可以凭经验选择合适的参数。

（2）求解技术经济数学模型

这一过程为优化计算的过程。从技术经济角度讲，首先必须选择有代表意义的主要技术经济指标为评价目标，其次正确选择适宜的技术经济参数，以便在最好的技术经济情况下进行优选。由于实际工程的复杂性，模型的求解不一定完全依靠数学优化方法，也会用各种近似计算方法，如图解法、列表法等。

（3）方案的技术经济比较

根据技术经济评价原则和方法，在同等深度下计算出各方案的工程量、投资及其他技术经济指标，然后进行比较。

技术经济比较常用的方法有：逐项对比法、综合比较法、综合评分法、两两对比加权评分法等。

(4) 综合评价与决策

在上述分析评价的基础上，对各设计方案的技术经济、方针政策、社会效益、环境效益等作出总的评价与决策，以确定最佳方案。综合评价的项目或指标，应根据工程项目的具体情况确定。

以上所述的方法和步骤只反映了技术经济分析的一般过程，实际各步骤有时是相互联系的，受条件限制时，可适当省略或者采取其他办法。比如，可省略建立数学模型与优化计算步骤，根据经验选择适宜的参数。

5.3.2 污水管道水力计算

1. 水流特征

(1) 压力流、重力流与射流

按照限制流体运动的边界情况，可将流体运动分为压力流、重力流和射流。边界全部为固体（如为液体运动则没有自由表面）的流体运动称为压力流或有压管流。压力流中流体充满整个横断面，可以水平、向上或向下运动。重力流是指边界部分为固体、部分为大气，具有自由表面的液体运动。射流是指流体经孔口或管嘴喷射到某一空间，由于运动的流体脱离了原来限制它的固体边界，在充满流体的空间继续流动的流体运动。

排水管网系统中（污水管道、雨水管道和明渠等）流体运动主要为重力流，很少为压力流（例如，泵的出水管），几乎不涉及射流。

(2) 恒定流和非恒定流

按各点运动要素（速度、压强等）是否随时间变化，可将流体运动分为恒定流和非恒定流。各点运动要素都不随时间而变化的流体运动称为恒定流。空间各点只要有一个运动要素随时间变化，流体运动称为非恒定流。

例如，在水箱上装一渐缩管进行泄水（图5.4），观测渐缩管中的A、B两点。可以看出，同一时刻，A、B两点水流速度不同；对点A或点B，因水面下降，两点的水流速度也随时间而变化，这种运动即为非均匀流。如果水箱内的水位维持不变，这时A、B两点水流速度虽然不同，但对点A或点B而言，其水流速度却不因时间而改变，即为均匀流。

由于恒定流不包括时间的变量，其流体运动的分析较非恒定流简单。在解决实际工程问题时，满足一定要求的前提下，有时将非恒定流作为恒定流处理。

从某种意义上来说，排水管道的水流是非恒定流，污水量时刻在发生变化。然而为了简化计算，目前排水管道水力计算中其水流作为恒定流处理。

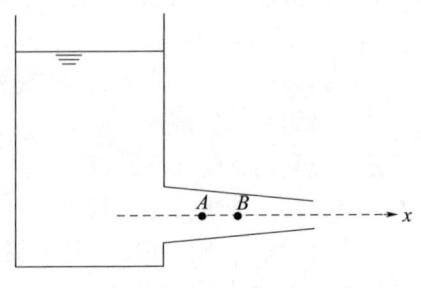

图5.4　水箱泄水

(3) 均匀流和非均匀流

按各点运动要素（主要是速度）是否随位置变化，可将流体运动分为均匀流和非均匀流。在给定的某一时刻，各点速度都不随位置变化的流体运动称为均匀流。均匀流各点都没有迁移加速度，表示为平行流动，流体做均匀直线运动。反之，则称为非均匀流。

排水管道实测流速结果表明，管内的流速是有变化的。主要因为管道中水流经过转弯、交叉、变径、跌水等地点时水流状态发生改变，并且，管道沿程的流量也在发生变化，因此，排水管道内水流并非均匀流。但在直线管段上，当流量没有很大变化且无沉积物时，管内排水的流动状态接近均匀流（图5.5）。所以，水力计算过程中，按流量变化所划分的设计管段，均按均匀流进行计算。

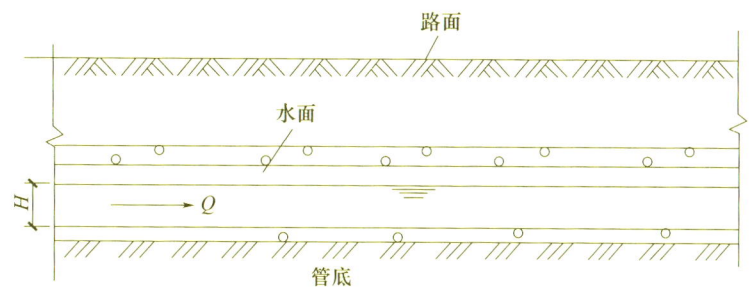

图 5.5 均匀流管段示意图

(4) 层流和紊流

流体在运动时，具有抵抗剪切变形能力的性质，称为黏性。它是由流体内部分子运动的动量输运引起的。当某流层对其相邻层发生相对位移而引起体积变形时，流体中产生的剪切力（也称内摩擦力）就是这一性质的表现。当流速较低时，流体质点做有条不紊的线状运动，彼此互补混掺的流动称为层流；当流速较高时，流体质点在流动过程中彼此互相混掺的流动称为紊流。

常采用雷诺数 Re 判别层流和紊流。一般认为，当 $Re<2000$ 时，为层流；当 $Re>4000$ 时，为紊流；当 $2000 \leqslant Re \leqslant 4000$ 时，两种流态都可能，处于不稳定状态，称为临界区。排水管道系统中，大多数水流流态为紊流。

2. 水力计算基本公式

污水管道水力计算的目的，在于合理、经济地确定管道断面尺寸、坡度和埋深，由于确定的依据是水力学规律，所以称作管道的水力计算。

1) 水头与水头损失

单位质量的流体所具有的机械能称为水头，通常用 h 表示；流体流动过程中，克服流动阻力所消耗的机械能称为水头损失。水头损失可分为沿程水头损失和局部水头损失两种。

沿程水头损失：在边壁沿程无变化的均匀流段上，产生的流动摩擦阻力，称为沿程阻力，沿程阻力做功引起的水头损失称为沿程水头损失，以 h_f 表示，单位为 m。

局部水头损失：在边壁急剧变化，使流速分布改变的局部流段上，集中产生的流动阻力称为局部阻力，局部阻力做功引起的水头损失称为局部水头损失，以 h_m 表示，单位为 m。

整个管路的水头损失可以叠加，因此，管路总损失等于各管段沿程水头损失和局部水头损失的总和，即式（5.10）。

$$\sum h = \sum h_f + \sum h_m \tag{5.10}$$

式中　h——管路总水头损失，m；

h_f——沿程水头损失，m；

h_m——局部水头损失，m。

2）水头损失的计算

（1）沿程水头损失的计算

排水管渠系统中，水流（重力流或明渠流）的流态多属于紊流，且处于阻力平方区，因此，沿程水头损失广泛采用谢才公式，即式（5.11）进行计算。

$$h_f = \frac{v^2}{C^2 R} l \tag{5.11}$$

式中　h_f——沿程水头损失，m；

v——过水断面平均流速，m/s；

C——谢才系数，$m^{1/2}/s$；

R——水力半径（过水断面面积与湿周的比值），m；

l——管道（渠）长度，m。

在此基础上，曼宁计算得到谢才系数 $C = \dfrac{\sqrt[6]{R}}{n}$ 并引入谢才公式，得到沿程水头损失常用计算公式：

$$h_f = \frac{n^2 v^2}{R^{\frac{4}{3}}} l \tag{5.12}$$

式中　h_f——沿程水头损失，m；

v——过水断面平均流速，m/s；

n——粗糙系数；

R——水力半径，m；

l——管道（渠）长度，m。

粗糙系数 n 可查阅由中国建筑工业出版社 2000 年出版的中国市政工程西南设计研究院主编的《给水排水设计手册第 01 册》（第二版），人工管渠粗糙系数见表 5.4。

表 5.4　人工管渠粗糙系数值

管渠类别	粗糙系数 n
PVC-U 管、PE（Polyethylene，聚乙烯）管、玻璃钢管	0.009～0.011
混凝土和钢筋混凝土雨水管	0.013
混凝土和钢筋混凝土污水管	0.014
石棉水泥管	0.012
铸铁管	0.013
钢管	0.012

续表

管渠类别	粗糙系数 n
水泥砂浆抹面渠道	0.013
砖砌渠道（不抹面）	0.015
砂浆块石渠道（不抹面）	0.017
干砌块石渠道	0.020～0.025
土明渠（包括带草皮的）	0.025～0.030
木槽	0.012～0.014

(2) 局部水头损失的计算

对局部水头损失的计算，在实验的基础上可采用如下公式：

$$h_m = \xi \frac{v^2}{2g} \tag{5.13}$$

式中 h_m——局部水头损失，m；

ξ——局部阻力系数。

局部阻力系数可查阅《给水排水设计手册第 01 册》（第二版）获得，部分设施局部阻力系数见表 5.5。

表 5.5 常见设施的局部阻力系数

局部阻力设施	阻力系数 ξ
DN350×300 渐缩管	0.17
50%开启闸阀	2.06
三流直流	0.1
三流混合流	3.0
标准铸铁 90°弯头（DN350）	0.59
钢制 45°焊接弯头（DN1000）	0.54
钢制 90°焊接弯头（DN1000）	0.18
全开闸阀（DN1000）	0.05

3）水力计算基本公式

在排水管道的水力计算中，对设计管段的计算按均匀流考虑，由于管道的坡度很小，故有

$$h_f = Il \tag{5.14}$$

式中 h_f——沿程水头损失，m；

I——管道水力坡度（即管底坡度，也等于水面坡度）；

l——管道（渠）长度，m。

将式（5.14）代入式（5.12），得到式（5.15）：

$$v = \frac{1}{n} R^{\frac{2}{3}} I^{\frac{1}{2}} \tag{5.15}$$

根据流量 $Q = Av$，得到式（5.16）：

$$Q=\frac{1}{n}AR^{\frac{2}{3}}I^{\frac{1}{2}} \tag{5.16}$$

式中　Q——流量，m³/s；
　　　A——过水断面面积，m²；
　　　v——流速，m/s；
　　　R——水力半径，m；
　　　I——管道水力坡度；
　　　n——管壁粗糙系数，该值根据管渠材料而定。

3. 水力参数的设计规定

由水力计算公式可知，设计流量与流速及过水断面积有关，而流速则是粗糙系数、水力半径和水力坡度的函数。为保证污水管道的正常运行，《室外排水设计标准》（GB 50014—2021）对这些因素做了规定，应予以遵守。

在设计流量下，污水在管道中的水深 h 和管道直径 D 的比值称为设计充满度（或水深比），如图 5.6 所示。当 $\frac{h}{D}=1$ 时，称为满管流；当 $\frac{h}{D}<1$ 时，称为非满管流。重力流污水管道按非满管流设计，不同管径对应的最大设计充满度应按表 5.6 采用。

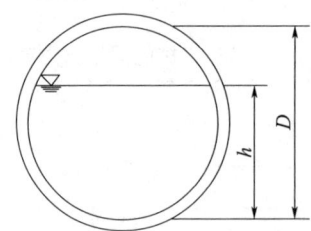

图 5.6　圆形管渠充满度示意图

表 5.6　最大设计充满度

管径或渠高/mm	最大设计充满度 h/D
200～300	0.55
350～450	0.65
500～900	0.7
≥1000	0.75

注：在计算污水管道充满度时，不包括短时突然增加的污水量，但当管径小于或等于 300mm 时，应按满管流复核。

如此规定有以下主要原因。

（1）为未预见水量留有余地，避免污水溢出。污水流量时刻发生变化，很难精确计算，而且雨水或地下水可能通过检查井或管道接口渗入，因此，需留出部分管道的断面。

（2）利于管道通风，排除有害气体。污水管道沉积的污泥会分解析出硫化氢、甲烷等有害气体，不仅产生恶臭、腐蚀管道，还存在爆炸的安全隐患。因此，需留出适当的空间以便通风排除有害气体。

(3) 便于管道的疏通和维护管理。为了避免杂物及沉积物堵塞管道，影响通水性能，需要定期进行疏通，留出适当的空间为管道的维护提供了便利。

4. 设计流速

设计流速是指与设计流量和设计充满度相对应的污水平均流速。流速较小时，污水中所含杂质会沉降产生淤积；流速较大时，可能产生冲刷现象，甚至损坏管道。为了防止淤积或冲刷，设计流速不宜过小或过大。

最小设计流速是保证管道内部不致发生淤积的流速，这一最低的限值既与污水中所含悬浮物的成分和粒度有关，又与管道的水力半径、管壁的粗糙系数有关。根据国内污水管道实际运行情况的观测数据并参考国外经验，污水管道在设计充满度下的最小设计流速为 0.6m/s，含有金属、矿物固体或重油杂质的生产污水管道，其最小设计流速宜适当增大；明渠的最小设计流速为 0.4m/s。

此外，由于倒虹管的清通比一般管道困难得多，一般要求其设计流速采用 1.2～1.5m/s，在条件困难时可适当降低，但不宜小于 0.9m/s，且不得小于上游管渠的流速。当管内流速达不到 0.9m/s 时，应增加冲洗措施，冲洗流速不得小于 1.2m/s。

最大设计流速是保证管道不被冲刷损坏的流速，与管道材料有关。通常，金属管道的最大设计流速为 10m/s，非金属管道为 5m/s，明渠最大设计流速按表 5.7 采用。

表 5.7 明渠最大设计流速

明渠类别	最大设计流速 $v/$ (m/s)
粗砂或低塑性粉质黏土	0.8
粉质黏土	1.0
黏土	1.2
石灰岩或中砂岩	4.0
草皮护面	1.6
干砌块石	2.0
浆砌块石或浆砌砖	3.0
混凝土	4.0

5. 最小管径和最小设计坡度

不同于有压管道，污水管道必须按预定坡度敷设。在污水管道的上游，污水量很小，若根据设计流量计算所得的管径会很小。根据养护经验，管径过小极易堵塞，例如，150mm 支管的堵塞次数，有时达到 200mm 支管堵塞次数的 2 倍，使养护费用增加。而两者在同样埋深下的施工费用相差不多。因此，为了养护工作的方便，并降低堵塞风险，规定一个允许的最小管径。按设计流量计算所得的管径如果小于最小管径，则直接采用规定的最小管径，这种管段称为不计算管段。在这些管段中，当有适当的冲洗水源时，可考虑设置冲洗井。

相应于最小设计流速的管道坡度称为最小设计坡度。排水管道的最小管径与相应最小设计坡度，宜按表 5.8 的规定取值。

表 5.8　最小管径与相应最小设计坡度

管道类别	最小管径 D/mm	相应最小设计坡度 I
污水管、合流管	300	0.003
雨水管	300	塑料管 0.002，其他管 0.003
雨水口连接管	200	0.01
压力输泥管	150	—
重力输泥管	200	0.01

6. 埋设深度的规定

污水管渠系统建设费用在排水工程总投资中占比较大，与管道的埋设深度和施工方式有很大关系。实际工程中，同一直径的管道因埋深不同，单位长度的工程费用也不同。因此合理确定管道埋深对于降低工程造价十分重要。

（1）污水管道埋深与覆土厚度

管道埋设深度是指管道内壁底到地面的距离，覆土厚度是指管道外壁顶部到地面的距离；具体如图 5.7 所示。在设计计算中，常忽略管壁的厚度，因此，管道埋深为覆土厚度与管道直径之和。

（2）污水管道的最小埋深

污水管道的最小埋深，应综合管材强度、外部荷载、土壤冰冻深度和土壤性质等条件进行确定。

首先，污水管道应避免因冰冻影响其安全运行。一般情况下，排水管道宜埋设在冰冻线以下。但是，污水的温度通常要高于当地的给水温度，原因在于有家庭和工业活动产生的热水进入。因此，即使在冬季，污水温度也不会低于 4℃。根据《室外排水设计标准》(GB 50014—2021)，当有可靠依据时，污水管道也可埋在冰冻线以上。

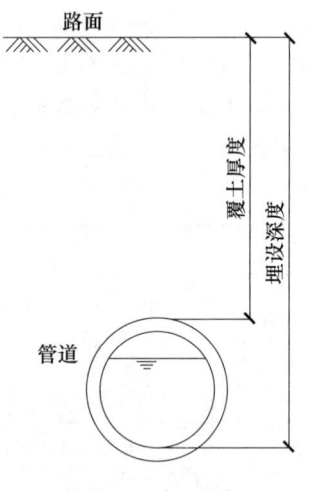

图 5.7　覆土厚度

其次，污水管道应免受地面荷载的破坏。埋设的污水管道承受着土壤静荷载和车辆运行产生动荷载的双重作用。考虑这一因素并结合各地埋管经验，最小覆土厚度宜为：人行道下 0.6m，车行道下 0.7m。

最后，污水管道还应满足管道衔接要求。城市住宅、公共建筑内产生的污水应能顺畅排入街道污水管网，就必须保证街道污水管网起点的埋深大于或等于街区污水管终点的埋深。而街区污水管起点的埋深又必须大于或等于建筑物污水出户管的埋深。从安装技术方面考虑，污水出户管的最小埋深一般采用 0.5~0.7m，所以，街坊污水管道起点最小埋深也应有 0.6~0.7m。

对于每一个具体设计管段，根据上述因素，可以得到不同的管底埋深或管顶覆土厚度值，其中的最大值即为这一管道的允许最小覆土厚度或最小埋设深度。

（3）污水管道的最大埋深

污水依靠重力流动，当管道坡度大于地面坡度时，管道的埋深就越来越大，尤其在地形平坦的地区更为突出。埋深越大，则造价越高，施工期也越长。管道允许埋设深度的最大值称为最大允许埋深。在干燥土壤中,最大埋深一般不超过7~8m;在多水、流砂、石灰岩地层中,一般不超过5m。

7. 水力计算方法

确定设计流量的基础上,进行污水管道的水力计算。为获得满意的计算结果,必须认真分析设计区域的地形等条件,所选择的管道断面尺寸,必须要在规定的设计充满度和设计流速的前提下,能够满足设计流量的通水要求。管道的敷设坡度应参照地面坡度以减小埋深,同时应满足最小坡度的规定,以免管道内流体产生淤积或冲刷的结果。

根据水力计算公式,过水断面面积 A 及水力半径 R 是管道直径和充满度的函数,即式(5.17)和式(5.18)。

$$A=A(D, h) \tag{5.17}$$

$$R=R(D, h) \tag{5.18}$$

式中 D——管道直径,m;

h——管道内水深,m。

具体计算时,已知设计流量 Q 及管道的粗糙系数 n,需要确定管径 D、充满度 h/D、管道坡度 I 和流速 v 等参数。但式(5.17)、式(5.18)中,有五个未知数,因此必须先假设三个参数求其他两个,这样的数学计算极为复杂。现分别介绍几种水力计算的方法。

(1) 水力计算图法

水力计算图法是指将流量、管径、坡度、流速、充满度、粗糙系数各水力因素之间关系绘制成水力计算图,通过水力计算图确定水力计算参数的方法。

对每一张图(例如图5.8)而言,D 和 n 是已知数,图上的曲线表示 Q、v、I、h/D 之间的关系。这四个参数中,只要知道两个就可以查图并确定其他两个。

(2) 比例换算法

管道的直径和坡度确定的前提下,满管流的水力计算参数容易通过计算获得,而且满管流和非满管流各个水力计算参数的比值仅是充满度的函数,因此,可通过该比值反算得到非满管流的水力学参数值,这种方法称为比例换算法。

如图5.9所示,圆形管道的管径为 D,管内水深为 h,充满度为 h/D,由几何学可以得出管中心到水面线两端的夹角 θ 计算公式(5.19)、式(5.20)。

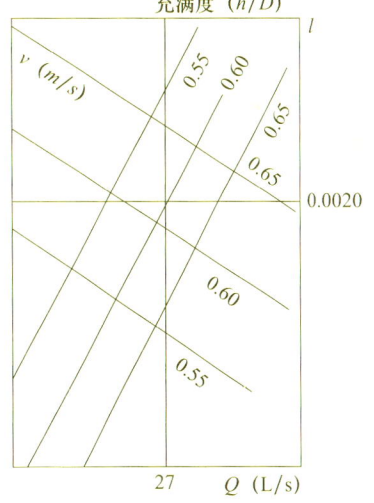

图5.8 水力计算示意图

$$\theta=2\arccos\left(1-\frac{2h}{D}\right) \tag{5.19}$$

$$h/D=\frac{1-\cos\dfrac{\theta}{2}}{2} \tag{5.20}$$

以上式中 θ 的单位为弧度。因此,非满管流条件下,充满度 h/D 仅是 θ 的函数。其

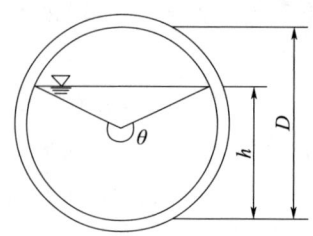

图 5.9　圆形管道充满度示意图

他参数计算见式（5.21）至式（5.23）。

过水断面面积：

$$A = \frac{D^2}{8}(\theta - \sin\theta) \tag{5.21}$$

湿周：

$$\chi = \frac{D}{2}\theta \tag{5.22}$$

水力半径：

$$R = \frac{A}{\chi} = \frac{D}{4}\left(\frac{\theta - \sin\theta}{\theta}\right) \tag{5.23}$$

假设该管道的坡度为 I，满管流的过水断面面积、水力半径、流量和流速分别用 A_0、R_0、Q_0 和 V_0 表示，则有 $V_0 = \frac{\pi D^2}{4}$ 和 $R_0 = \frac{D}{4}$，可得满管流条件下的流速和流量分别如式（5.24）、式（5.25）。

$$V_0 = \frac{1}{n} R_0^{\frac{2}{3}} I^{\frac{1}{2}} \tag{5.24}$$

$$Q_0 = \frac{A_0}{n} R_0^{\frac{2}{3}} I^{\frac{1}{2}} \tag{5.25}$$

综上，可以推导出同一污水管道在非满管流和满管流条件下，水力半径、过水断面面积、流量和流速的比值，计算式如式（5.26）至式（5.29）。

$$\frac{R}{R_0} = 1 - \frac{\sin\theta}{\theta} \tag{5.26}$$

$$\frac{A}{AR_0} = \frac{\theta - \sin\theta}{2\pi} \tag{5.27}$$

$$\frac{v}{v_0} = \left(\frac{R}{R_0}\right)^{\frac{2}{3}} = \left(1 - \frac{\sin\theta}{\theta}\right)^{\frac{2}{3}} \tag{5.28}$$

$$\frac{Q}{Q_0} = \frac{A}{A_0}\left(\frac{R}{R_0}\right)^{\frac{2}{3}} = \frac{(\theta - \sin\theta)^{\frac{5}{3}}}{2\pi\theta^{\frac{2}{3}}} \tag{5.29}$$

由式（5.26）至式（5.29）可见，非满管流与满管流的水力计算参数的比值仅与 θ 有关，即仅是充满度 h/D 的函数。将不同充满度条件下，非满管流与满管流水力计算参数的比值计算结果列于表5.9，供设计计算时查询。

表 5.9　圆形管渠非满管流与满管流水力计算参数比值表

$\dfrac{h}{D}$	$\dfrac{A}{A_0}$	$\dfrac{R}{R_0}$	$\dfrac{Q}{Q_0}$	$\dfrac{v}{v_0}$
0.05	0.019	0.130	0.005	0.257
0.10	0.052	0.254	0.021	0.401
0.15	0.094	0.372	0.049	0.517
0.20	0.142	0.482	0.088	0.615
0.25	0.196	0.587	0.137	0.701
0.30	0.252	0.684	0.196	0.776
0.35	0.312	0.774	0.263	0.843
0.40	0.374	0.857	0.337	0.902
0.45	0.436	0.932	0.417	0.954
0.50	0.500	1.000	0.500	1.000
0.55	0.564	1.060	0.586	1.039
0.60	0.626	1.111	0.672	1.072
0.65	0.688	1.153	0.756	1.099
0.70	0.748	1.185	0.837	1.120
0.75	0.804	1.207	0.912	1.133
0.80	0.858	1.217	0.977	1.140
0.85	0.906	1.213	1.030	1.137
0.90	0.948	1.192	1.066	1.124
0.95	0.981	1.146	1.075	1.095
1.00	1.000	1.000	1.000	1.000

由表 5.9 可知，非满管流条件下，过水断面积随充满度的增大呈现增大的趋势，水力半径、流速和流量三者均随充满度的增大呈现先增大后减小的趋势。当充满 $\dfrac{h}{D}=0.94$ 时，管中流量最大，为满管流流量的 1.08 倍；当充满 $\dfrac{h}{D}=0.81$ 时，管中流速最大，为满管流流速的 1.14 倍。

根据《室外排水设计标准》(GB 50014—2021)，污水管道按非满管流设计，最大设计充满度为 0.75，因此，在 0~0.75 这一区间内，所有水力计算参数均随 h/D 的增大而增大。

5.3.3　设计管段与衔接方式

1. 设计管段及其划分

设计流量是进行污水管道水力计算的重要依据，流量不变的情况下可将污水视为均匀流。因此，设计过程中，通常根据流量的不同将管道划分为多个管段进行水力计算。两个检查井之间的管段采用的设计流量不变，且采用同样的管径和坡度，称为设计管段。但在划分设计管段时，为了简化计算，不需要把每个检查井都作为设计管段的起讫点。因为在直线管段上，即使流量未发生变化，为了疏通管道，也须在一定距离处设置检查井。

如图 5.10 所示，主干管上虽然有 10 个检查井，但设计管段只划分为三个，分别为 1—2、2—3 和 3—4 管段。因此，在管道平面布置图上，有流量汇入的检查井均可作为设计管段的起讫点，并且起讫点应编上号码。

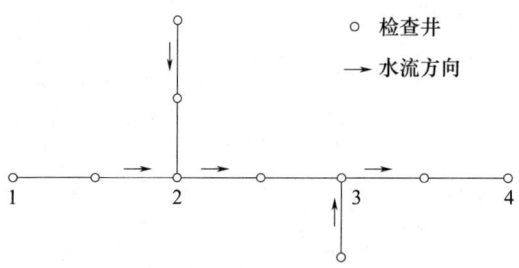

图 5.10　设计管段划分

2. 设计管段的设计流量确定

按汇入流量的方式不同，设计管段的污水流量可分为本段流量和转输流量两部分。本段流量是指直接排到该管段起讫点的流量，转输流量是指从上游管段汇入该管道起讫点的流量。

按污水的来源不同，设计管段的污水流量可分为居民生活污水流量和集中流量。其中，前者是指来自居住区的生活污水流量，后者是指来自公共建筑和工业企业的污水流量。

在确定设计管段的设计流量时，应按汇入流量的方式分别确定居民生活污水和集中流量的设计流量，在此基础上进行加和。

3. 设计管段的衔接原则和方式

1）衔接原则

不同设计管段在检查井中完成衔接时，必须考虑上下游管道的高程关系。衔接时应遵循以下两个原则。

(1) 尽可能提高下游管段的高程，以减少管道埋深，降低工程造价。

(2) 避免上游管段中形成回水造成淤积。

2）衔接方式

(1) 常见的衔接方式

管道的衔接方式通常有三种：管顶平接、水面平接和管底平接，如图 5.11 所示。

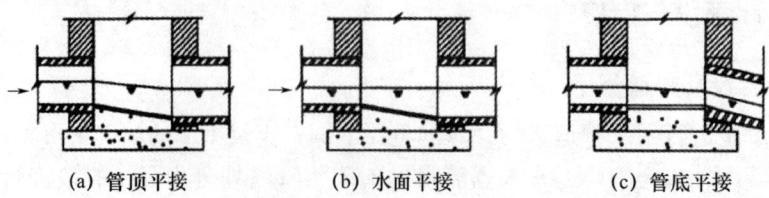

(a) 管顶平接　　　　(b) 水面平接　　　　(c) 管底平接

图 5.11　管道的衔接方式

管顶平接是指在水力计算中，使上游管段终端和下游管段起端的管顶标高相同。管顶平接便于施工，但下游管段的埋深将增加，适用于"小管接大管"时管道的衔接。

水面平接是指在水力计算中，使上游管段终端和下游管段起端在指定的设计充满度下的水面相平，即上游管段终端与下游管段起端的水面标高相同。水面平接利于减小下游管段的埋深，适用于"管径相同"或"小管接大管"时管道的衔接。

管底平接是指在水力计算中，使上游管段终端和下游管段起端的管底标高相同。当下游管段的地面坡度增大较大时，为了满足最小埋深的要求，通常下游管段的坡度也要增大，在满足通水能力的前提下，下游管段的管径可小于上游管段。因此，管底顶平接适用于"大管接小管"时管道的衔接。

总之，无论采用哪种衔接方法，为避免回水，下游管段起端的水面和管底标高都不得高于上游管段终端的水面和管底标高。

（2）特殊的衔接方式

当下游管段的地面坡度陡降时，为了保证下游管段的最小覆土厚度及管内流速的要求，可根据地面坡度采用跌水连接（图5.12）。根据《室外排水设计标准》（GB 50014—2021），管道跌水水头为1.0～2.0m时宜设跌水井；跌水水头大于2.0m时，应设跌水井；管道转弯处不宜设跌水井。

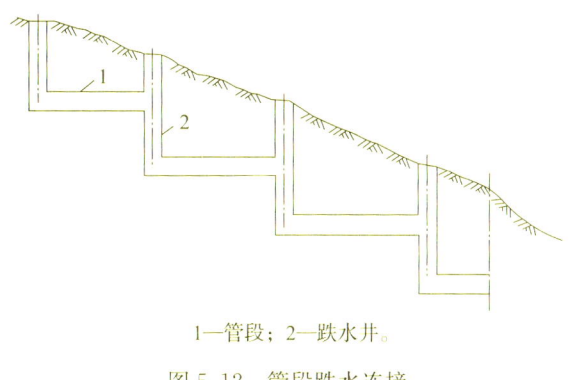

1—管段；2—跌水井。

图 5.12 管段跌水连接

5.4 雨水管道设计

5.4.1 雨水管道系统及其布置原则

1. 概述

降落在地面上的雨水，只有一部分沿地面流入雨水管道和水体，这部分雨水称为地面径流。雨水径流的总量并不大，但是，全年雨水的绝大部分常在极短的时间内降下，这种短时间内强度猛烈的暴雨，往往在瞬间形成数十倍、上百倍于生活污水流量的雨水径流量，若不及时疏导，将造成巨大的危害。

为防止暴雨径流的危害，避免城市居住区与工业企业被洪水淹没，保证生产、生活和人民生命财产安全，需要修建雨水排除系统，以便有组织地及时将暴雨径流排入水体。当然这种雨水排出的指导思想是降低雨洪可能造成的危害，保障城市居民生活、生产的安全。但随着城市化进程加快，水体污染日益严重，这种雨水直接排除的体制带来了新的问题，例如水体污染加剧、洪峰流量对下游水体的威胁、土壤涵养水量的减少以及水资源的日益紧张等，如果将雨水作为水资源加以合理利用，可能是更好的办法。可以利用城市建筑的屋顶、道路、庭院等收集雨水，用于冲厕、洗车、浇绿地或回补地下水。

在降水量充沛地区，新建管网要采取雨污分流。对已建的合流制排水系统，要结合当地条件，加快实施雨污分流改造。难以实施分流制改造的，要采取截流、调蓄和处理措施。在有条件的地区，逐步推进初期雨水的收集与处理。分流制雨水管道泵站或出口附近可设置初期雨水贮存池，合流制管网系统应合理确定截流倍数，将截流的初期雨水送入污水处理厂处理，或在污水处理厂内及附近设置储存池。

2. 雨水管渠系统布置原则

雨水管渠系统是由雨水口、雨水管渠、检查井、出水口等构筑物所组成的一整套工程设施。按我国目前的雨水排除方式，雨水管渠系统布置的主要任务是使雨水顺利地从建筑物、车间、工厂区或居住区内排泄出去，既不影响生产，又不影响人民生活，达到既合理又经济的要求。雨水管渠系统布置应遵循下列原则。

（1）充分利用地形，就近排入水体

为尽可能地收集雨水，在规划雨水管线时，首先按地形划分排水区域，再进行管线布置。为减小雨水干管的管径和长度、降低造价，雨水管应本着分散和就近排放的原则布置。雨水管渠布置一般都采用正交式布置，保证雨水管渠以最短路线、较小的管径把雨水就近排入水体。当然根据地形和河水水位的情况，有时也需适当集中排放。例如，当河流的水位变化很大、管道出口离常水位较远时，出水口的构造比较复杂，造价较高，就不宜采用较多的出水口，这时宜采用集中出水口式的管道布置形式；当地形平坦，且地面平均标高低于河流常年的洪水位标高时，需将管道出口适当集中，在出水口前设雨水泵站，暴雨期间雨水经抽升后排入水体。

（2）尽量避免设置雨水泵站

暴雨形成的径流量大，雨水泵站的投资也很大，而且雨水泵站一年中运转时间短，利用率很低，因此，应尽可能利用地形，使雨水靠重力流排入水体，而不设置泵站。但在某些地势平坦、区域较大或受潮汐影响的城市，不得不设置雨水泵站，且要把经过泵站排泄的雨水径流量减少到最小限度。

（3）结合街区及道路规划布置雨水管渠

街区内部的地形、道路布置和建筑物的布置是确定街区内部雨水地面径流分配的主要因素。街区内的地面径流可沿街两侧的边沟、绿地或渗水设施等排除。雨水管渠常常沿街道敷设，但是干管（渠）不宜设在交通量大的干道下，以免积水时影响交通。雨水干管（渠）应设在排水区的低处道路下。干管（渠）在道路横断面上的位置最好位于人行道下或慢车道下，以便检修。就排除地面径流的要求而言，道路纵坡最好为0.3%～6%。

（4）结合城镇总体规划

根据城镇总体规划，合理地利用自然地形，使整个流域内的地面径流能在最短时间内沿最短距离流到街道，并沿街道边沟排入最近的雨水管渠或天然水体。

(5) 利用水体调蓄雨水

充分利用城镇中的水体调蓄雨水，或有计划地修建人工调蓄设施，以削减洪峰流量，减轻或消除内涝影响。必要时，可建初期雨水处理设施，对雨水径流造成的面源污染进行有效的控制，减轻水体环境的污染负荷。

(6) 雨水口的设置

在街道两侧设置雨水口，是为了使街道边沟的雨水通畅地排入雨水管渠，而不致漫过路面。雨水口的形式、数量和位置，应按汇水面积所产生的流量、雨水口的泄水能力和道路形式确定。街道两旁雨水口的间距，主要取决于街道纵坡、路面积水情况以及雨水口的进水量，一般为25～50m。雨水口要考虑污物截流设施，以保障其有效的泄水能力。

街道交会处雨水口设置的位置与路面的倾斜方向有关。

位于山坡下或山脚下的城镇，应在城郊设置截洪沟，以拦集坡上径流，保护市区。

5.4.2 雨水管道系统设计

雨水设计流量是确定雨水管渠断面尺寸的重要依据。城镇和工厂中排除雨水的管道，由于汇集雨水径流的面积较小，可采用小汇水面积上的推理公式计算雨水管道的设计流量。雨水设计流量按式（5.30）计算。

$$Q = \psi q F \tag{5.30}$$

式中　Q——雨水设计流量，L/s；

　　　ψ——径流系数；

　　　q——设计暴雨强度，L/(s·hm^2)；

　　　F——汇水面积，hm^2。

这一公式是根据一定的假设条件，由雨水径流成因加以推导得出的半经验半理论公式，通常称为推理公式。该公式用于小流域面积的暴雨设计流量计算，当应用于较大规模排水系统时，误差较大。目前我国《室外排水设计标准》（GB 50014—2021）明确指出：当汇水面积超过2km^{2}时，宜考虑降雨在时空分布的不均匀性和管网汇流过程，采用数学模型法计算雨水设计流量。

1. 径流系数 ψ 的确定

降落在地面上的雨水，一部分被植物和地面的洼地截留，一部分渗入土壤，余下的一部分沿地面流入雨水管渠，这部分进入雨水管渠的雨水量称为径流量。径流量与降水量的比值称为径流系数 ψ，其值常小于1。径流系数的值因汇水面积的地面覆盖情况、地面坡度、地貌、建筑密度的分布、路面铺砌等情况的不同而异。例如，屋面为不透水材料，ψ 值大，屋面为非铺砌的土路面，值较小；地形坡度大，雨水流动较快，其 ψ 值也大。但影响 ψ 值的主要因素则为地面覆盖种类的透水性；此外，ψ 值还与降雨历时、暴雨强度及暴雨雨型有关。例如，降雨历时较长，地面已经湿透，地面进一步渗透减少，ψ 值就大；暴雨强度大，其 ψ 值也大。

目前，在雨水管渠设计中，径流系数通常采用按地面覆盖种类确定的经验数值。ψ 值如表5.10所示。

表5.10 径流系数 ψ 值

地面种类	ψ 值	地面种类	ψ 值
各种屋面、混凝土和沥青路面	0.85～0.95	干砌砖石和碎石路面	0.35～0.40
大块石铺砌路面和沥青表面处理的碎石路面	0.55～0.65	非铺砌土路面	0.25～0.35
级配碎石路面	0.40～0.50	公园和绿地	0.10～0.20

通常汇水面积由各种性质的地面覆盖组成，随着它们占有的面积比例变化，ψ 值也各异，所以整个汇水面积上的平均径流系数 ψ_{av} 值是按各类地面面积用加权平均法计算得到的，即式（5.31）。

$$\psi_{av} = \frac{\sum F_i \psi_i}{F} \tag{5.31}$$

式中 F_i——汇水面积上各类地面的面积，hm^2；

ψ_i——各类地面相应的径流系数；

F——全部汇水面积，hm^2。

设计时也可采用综合径流系数，城镇建筑密集区的综合径流系数 $\psi=0.60\sim0.85$，城镇建筑较密集区 $\psi=0.45\sim0.60$，城镇建筑稀疏区 $\psi=0.20\sim0.45$。随着城镇化进程的加快，不透水面积相应增加，为适应这种变化对径流系数产生的影响，设计时径流系数 ψ 值适当增大。当然，一些新建城区由于绿化面积增加，或者综合考虑雨水收集利用，综合径流系数有所降低，应根据具体情况作相应调整。

2. 设计暴雨强度的确定

1）雨量分析要素与暴雨强度公式

（1）雨量分析要素

对某场降雨而言，用于描述降雨特征的主要指标如下。

① 降水量。降水量是指降雨的绝对量，即降雨深度，用 H 表示，单位为 mm；也可用单位面积上的降雨体积表示，单位为 L/hm^2。

② 降雨历时。降雨历时是指连续降雨的时段，可以指一场雨全部降雨的时间，也可以指其中任一连续降雨时段，用 t 表示，单位为 min 或 h。

③ 暴雨强度。暴雨强度是指某一连续降雨时段内的平均降水量，即单位时间的平均降雨深度，用 i 表示，单位为 mm/min。暴雨强度可按式（5.32）确定。

$$i = \frac{H}{t} \tag{5.32}$$

在工程上，暴雨强度常用单位时间内单位面积上的降雨体积 q 表示，单位为 $L/(s \cdot hm^2)$。两种表示形式的换算关系为式（5.33）。

$$q = 167i \tag{5.33}$$

暴雨强度是描述暴雨特征的重要指标，也是决定雨水设计流量的主要因素。

④ 重现期。对每场降雨而言，暴雨强度随降雨历时变化。但对某一地区的多年降雨规律而言，其暴雨强度也随该强度的雨重复出现一次平均间隔时间发生变化，这一平均间隔时间称为该暴雨强度的重现期，用 P 表示，单位为年。

⑤ 降雨频率。降雨频率是指大于或等于某一特定值的暴雨强度出现的次数与多年观测资料总项数之比。它与重现期互为倒数。

⑥ 汇水面积。汇水面积是指雨水管渠汇集和排除雨水的地面面积，用 F 表示，单位常用 km^2 或 hm^2。一场暴雨在其整个降雨所笼罩的面积上雨量分布并不均匀。但是，对于城市雨水排水系统，汇水面积一般较小，通常小于 $100km^2$，其最远点的集水时间往往不超过 3h，多数情况下集水时间不超过 120min。因此，可假定降水量在小汇水面积上是均匀的。

(2) 暴雨强度公式

描述某一地区降雨规律必须根据该地多年降雨观测资料，用统计方法归纳出分析曲线或数学公式，推求出反映暴雨强度 i (q)、降雨历时 t、重现期 P 三者间关系的暴雨强度曲线和数学表达式。

暴雨强度曲线如图 5.13 所示，同时反映了暴雨强度 i (q)、降雨历时 t、重现期 P 三者间关系。

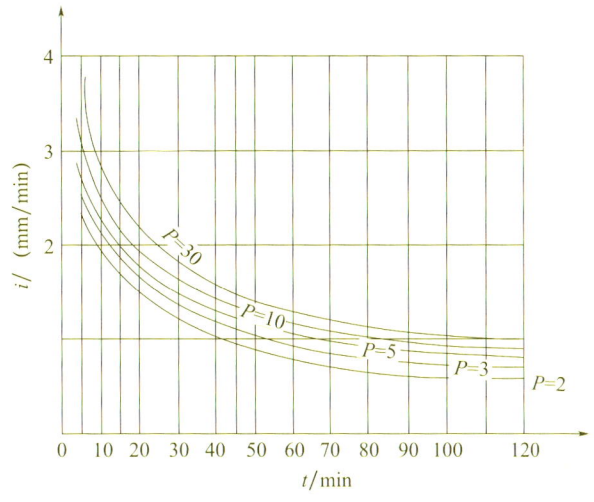

图 5.13 暴雨强度曲线

我国常用的暴雨强度公式为式（5.34）。

$$q = \frac{167A_1(1+c\lg P)}{(t+b)^n} \tag{5.34}$$

式中　　q——暴雨强度，$L/(s \cdot hm^2)$；

P——设计重现期，a；

t——降雨历时，min；

A_1、c、b、n——地方参数，根据统计方法进行计算确定。

全国各城市的暴雨强度公式均有所区别，因篇幅关系，在此不再赘述。

从暴雨强度公式可以看出，要确定雨水管渠的设计暴雨强度，必须首先确定相应的设计降雨历时和重现期。

2) 设计降雨历时

如前所述，对每场降雨而言，有无数个降雨历时。但设计降雨历时是指管段设计断面发生最大流量时对应的降雨历时。

(1) 流域上汇流过程及极限强度理论

① 汇流过程分析。流域中各地面点上产生的径流沿着坡面汇流至低处，通过沟、溪汇入江河。在城市中，雨水径流由地面流至雨水口，经雨水管渠最后排入江河。从流域中最远一点的雨水径流流到出口断面的时间称为流域的集流时间。

如图 5.14 所示为一个扇形流域的汇水面积，其边界线是 ab、ac 和 bc 弧，a 点为集流点（如雨水口或管渠上某一断面）。假定汇水面积内地面坡度均匀，则以 a 点为圆心所画的圆弧线 de，fg，hi，…，bc 称为等流时线，每条等流时线上各点的雨水流到 a 点的时间是相等的。它们分别为 τ_1，τ_2，τ_3，…，τ_0。流域边缘线 bc 上的雨水流到 a 点的时间 τ_0 称为这块汇水面积的集流时间。

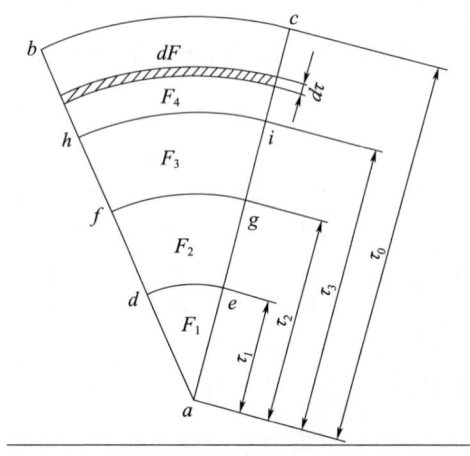

图 5.14 流域上汇流过程

在地面点上降雨产生径流开始后不久，在 a 点所汇集的流量仅来自靠近 a 点的小块面积上的雨水，离 a 点较远的面积上的雨水此时仅流至中途。随着降雨历时的增长，汇水面积不断增大，当降雨时间 t 等于流域边缘线上的雨水流到集流点 a 的集流时间 τ_0 时，汇水面积扩大至整个流域面积，即流域全部面积参与径流，集流点产生最大径流量。

② 极限强度理论。极限强度理论即承认降雨强度随降雨历时的增长而减小的规律性，同时认为汇水面积的增长与降雨历时成正比，而且汇水面积随降雨历时的增长较降雨强度随降雨历时增长而减小的速度更快。因此，如果降雨历时 t 小于流域的集流时间 τ_0，显然仅有一部分面积参与径流，根据面积增长较降雨强度减小的速度更快，因而得出的雨水径流量小于最大径流量。如果降雨历时 t 大于集流时间 τ_0，流域全部面积已参与汇流，面积不能再增加，而降雨强度则随降雨历时的增长而减小，径流量也随之由最大逐渐减小。因此，只有当降雨历时等于集流时间时，全部面积参与径流，产生最大径流量。所以，雨水管渠的设计流量可用全部汇水面积 F 乘以流域的集流时间 τ_0 时的暴雨强度 q 及地面平均径流系数 ψ（假定全流域汇水面积采用同一径流系数）得到。因此，雨水管道设计的极限强度理论包括两部分内容。

a. 汇水面积上最远点的雨水流到集流点时，全部面积产生汇流，雨水管道的设计流量最大。

b. 降雨历时等于汇水面积上最远点的雨水流到集流点的集水时间时，雨水管道发生最大流量。

(2) 集水时间（设计降雨历时）的确定

如前所述，当 $t=\tau_0$ 时，雨水管道相应的全部汇水面积参与径流，并发生最大流量。因此，设计中通常用汇水面积最远点雨水流到设计断面时的集水时间作为设计降雨历时。

对雨水管道某一设计断面来说，集水时间 t 由两部分组成，并可用式（5.35）表达。

$$t=t_1+mt_2 \tag{5.35}$$

式中 t_1——从汇水面积最远点流到第一个雨水口的地面集水时间，min；

t_2——雨水在管道内流到设计断面所需的流行时间，min；

m——折减系数。

① 地面集水时间 t_1 的确定。地面集水时间是指雨水从汇水面积上最远点流到第一个雨水口的时间。它受到地形坡度、地面铺砌、地面种植情况、道路纵坡和宽度等因素的影响，此外也与暴雨强度有关。但在上述各因素中，地面集水时间的长短主要取决于水流距离的长短和地面坡度。实际应用时，要准确地计算 t_1 是困难的，一般采用经验数值。根据《室外排水设计标准》（GB 50014—2021）的规定，地面集水时间视距离长短、地形坡度及地面覆盖情况而定，一般 $t_1=5\sim15\text{min}$。

按照经验，一般在建筑密度较大、地形较陡、雨水口分布较密的地区，或街坊内设置有雨水暗管，宜采用较小的 t_1 值，可取 $t_1=5\sim8\text{min}$。而在建筑密度较小、汇水面积较大、地形较平坦、雨水口布置较稀疏的地区，宜采用较大值，一般可取 $t_1=10\sim15\text{min}$。在地面平坦、地面覆盖情况相近且降雨强度相差不大的情况下，地面集水距离是决定集水时间长短的主要因素。地面集水距离的合理范围是 $50\sim150\text{m}$。

如果 t_1 选用过大，将会造成排水不畅，致使管道上游地面经常积水；如果 t_1 选用过小，又将使雨水管渠尺寸加大而增加工程造价。在设计中应结合具体条件恰当地确定。

② 管渠内雨水流行时间 t_2 的确定。t_2 是指雨水在管渠内的流行时间，即式（5.36）。

$$t_2=\sum\frac{L}{60v} \tag{5.36}$$

式中 L——各管段的长度，m；

v——各管段满流时的水流速度，m/s；

60——单位换算系数，1min=60s。

③ 折减系数 m 值的确定。雨水管道按满流设计，但计算雨水设计流量公式的极限强度法原理指出，当降雨历时等于集水时间时，设计断面的雨水流量才达到最大值。因此，雨水管渠的水流情况并非一开始就达到设计状况，而是随着降雨历时的增长逐渐形成满流，其流速也是逐渐增大到设计流速的。这样就出现了按满流时的设计流速计算所得的雨水流行时间小于管渠内实际的雨水流行时间的情况。

此外，雨水管渠各管段的设计流量是按照相应于该管段的集水时间的设计暴雨强度来计算的,所以各管段的最大流量不大可能在同一时间内发生。当任一管段发生设计流量时,其他管段都不是满流(特别是上游管段)而形成一定的空隙空间。这部分空间对水流可起到缓冲和调蓄作用,并使发生洪峰流量的管道断面上的水流由于水位升高而产生回水。这种回水造成的滞流状态使管道内实际流速低于设计流速,因此管内的实际雨水流行时间比按满流计算的时间大得多。为此,引入折减系数 m 加以修正。早期我国折减系数的一般原则:暗管 $m=2$,明渠 $m=1.2$;对陡坡地区,$m=1.2\sim2$。但如今为了有效应对极端气候引发的城镇暴雨内涝灾害,提高我国城镇排水安全性,一般取消折减系数 m 或者按折减系数 $m=1$ 来计算。

3)设计重现期 P

从暴雨强度公式可知,暴雨强度随着重现期的不同而不同。在雨水管渠设计中,若选用较高的设计重现期,计算所得设计暴雨强度大,管渠的断面相应也大。对防止地面积水是有利的,安全性高,但经济上则因管渠设计断面的增大而增加了工程造价;若选用较低的设计重现期,管渠断面可相应减小。这样投资小,但安全性差,可能发生排水不畅、地面积水等情况。

因此,雨水管渠设计重现期应根据汇水地区性质、城镇类型、气候状况和地形特点等因素确定。《室外排水设计标准》(GB 50014—2021)根据城镇规模和区域性质对重现期取值进行了细致的划分(表5.11),同时也提出:对经济条件较好且人口密集、内涝易发的城镇,宜采取规定的上限;建议采取必要措施,防止洪水对城镇排水系统的影响,并给出防治内涝的设计重现期(表5.12)。

表 5.11 雨水管渠设计重现期

城镇类型	城区类型			
	中心城区	非中心城区	中心城区的重要地区	中心城区地下通道和下沉式广场等
超大城市和特大城市	3~5	2~3	5~10	30~50
大城市	2~5	2~3	5~10	20~30
中等城市和小城市	2~3	2~3	3~5	10~20

注:1. 表中所列设计重现期,均为年最大值法。
2. 雨水管渠应按重力流、满管流计算。
3. 超大城市指城区常住人口在1000万人以上的城市;特大城市指城区常住人口在500万~1000万人以下的城市;大城市指城区常住人口在100万~500万人以下的城市;中等城市指城区常住人口在50万~100万人以下的城市;小城市指城区常住人口在50万人以下的城市(以上包括本数,以下不包括本数)。

表 5.12 雨水管渠设计重现期

城镇类型	重现期	地面积水设计标准
超大城市	100	(1)居民住宅和工商业建筑物的底层不进水; (2)道路中一条车道的积水深度不超过15cm
特大城市	>50~100	
大城市	>30~50	
中等城市和小城市	20~30	

此外,在同一排水系统中(如立交道路)也可采用同一设计重现期或不同的设计重现期。

对雨水管渠设计重现期，规范规定的选用范围是根据我国各地目前实际采用的数据，经归纳综合后确定的。我国地域辽阔，各地气候、地形条件及排水设施差异较大。因此，在选用雨水管渠的设计重现期时，必须根据当地的具体条件合理选用。

综上所述，在得知确定设计重现期 P、设计降雨历时 t 的方法后，计算雨水管渠设计流量所用的设计暴雨强度公式及流量公式可以写成如下形式，见式（5.37）和式（5.38）。

$$q = \frac{167 A_1 (1 + c \lg P)}{(t_1 + m t_2 + b)^n} \tag{5.37}$$

$$Q = \psi F \frac{167 A_1 (1 + c \lg P)}{(t_1 + m t_2 + b)^n} \tag{5.38}$$

式中　　q——暴雨强度，L/(s·hm²)；

　　　　Q——雨水设计流量，L/s；

　　　　ψ——径流系数；

　　　　F——汇水面积，hm²；

　　　　P——重现期，a；

　　　　t_1——地面集水时间，min；

　　　　t_2——管渠内雨水流行时间，min；

　　　　m——折减系数；

A_1、c、b、n——地方参数。

4) 特殊情况下雨水设计流量的确定

前述雨水管渠设计流量计算公式是基于极限强度理论推求而得的，在全部面积参与径流时发生最大流量。但实际工程中径流面积的增长未必是均匀的，且面积随降雨历时增长不一定比降雨强度减小的速度快，这种情况主要表现为以下两种形式。

（1）汇水面积呈畸形增长。

（2）汇水面积内地面坡度变化较大，或各部分径流系数显著不同。

在上述特殊情况下，排水流域最大流量可能不是发生在全部汇水面积参与径流时，而是发生在部分面积参与径流时，应根据具体情况分析最大流量可能发生的情况，并比较选择其中的最大流量作为相应管段的设计流量。

3. 雨水管渠系统设计

（1）雨水管渠设计参数规定

雨水管渠水力计算公式与污水管道一样，采用均匀流公式。同样，在实际工程中，为简化计算，可直接查水力计算图表。为使雨水管渠正常工作，对雨水管渠水力计算基本参数作如下技术规定。

① 设计充满度。

雨水管渠的充满度按满流考虑，即 $h/D=1$。在地形平坦地区、埋深或出水口深度受限制的地区，可采用渠道（明渠或盖板渠）排除雨水。明渠超高等于或大于 0.20m，明渠或盖板渠底宽宜不小于 0.3m。无铺砌的明渠边坡应根据不同地质按表 5.13 取值；用砖石或混凝土块的明渠可采用 1:1～1:0.75 的边坡。

表 5.13　明渠边坡值

地质	边坡值	地质	边坡值
粉砂	1:3.5~1:3	半岩性土	1:1~1:0.5
松散的细砂、中砂和粗砂	1:2.5~1:2	风化岩石	1:0.5~1:0.25
密实的细砂、中砂、粗砂或黏质粉土	1:2~1:1.5	岩石	1:0.25~1:0.1
粉质黏土或黏土砾石或卵石	1:1.5~1:1.25	—	—

② 设计流速。

a. 为避免雨水所挟带的泥沙等无机物质在管渠内沉淀下来而堵塞管道，雨水管道的最小设计流速为 0.75m/s；明渠内最小设计流速为 0.4m/s。

b. 为防止管壁受到冲刷而损坏，雨水管道的最大设计流速：金属管道为 10m/s；非金属管道为 5m/s；明渠内水流深度为 0.4~1.0m，最大设计流速按表 5.14 选择。

表 5.14　明渠最大设计流速

明渠类别	最大设计流速/(m/s)
粗砂或低塑性粉质黏土	0.8
粉质黏土	1.0
黏土	1.2
草皮护面	1.6
干砌块石	2.0
浆砌块石或浆砌砖	3.0
石灰岩和中砂岩	4.0
混凝土	4.0

注：当水流深度 $h<0.4$m、1.0m$<h<2.0$m、$h\geqslant2.0$m 时，明渠最大设计流速宜将表 5.14 所列数值分别乘以 0.85、1.25、1.40。

③ 最小管径和最小设计坡度。雨水管道最小管径为 300mm，相应的最小坡度为 0.003；雨水口连接管最小管径为 200mm，最小坡度为 0.01。

④ 最小埋深与最大埋深。最小埋深与最大埋深具体规定同污水管道的相关规定一致。

(2) 雨水管渠设计计算步骤

雨水管渠设计计算步骤如下。

① 划分排水流域，管渠定线。根据地形以及道路、河流的分布状况，结合城市总体规划图，划分排水流域，进行管渠定线，确定雨水管渠位置和走向。

② 划分设计管段及沿线汇水面积。雨水管渠设计管段的划分应使设计管段服务范围内地形变化不大，没有大流量的交会，一般应控制在 200m 以内。如果管段划分较短，则计算工作量增大；如果设计管段划分太长，则设计方案不经济。各设计管段汇水面积的划分应结合地面坡度、汇水面积、雨水管渠布置以及雨水径流的方向等情况进行，并将面积进行编号，列表计算其面积。根据管道的具体位置，在管道转弯处、管径或坡度改变处、有支管接入处或两条以上管道交会处以及超过一定距离的直线管段上，都应设置检查井。

③ 确定设计计算基本数据，计算设计流量。根据各流域的实际情况，确定设计重现期、地面集流时间及径流系数等，列表计算各设计管段的设计流量。

④ 水力计算。在确定设计流量后，便可以从上游管段开始依次进行各设计管段的水力计算，确定出各设计管段的管径、坡度、流速；根据各管段坡度，并按管顶平接的形式，确定各点的管内底高程及埋深。

⑤ 绘制管道平面图和纵剖面图。

4. 雨水径流量的调节

雨水管渠系统设计流量包含雨峰时段的降雨径流量，设计流量大，管渠断面大，工程造价高。此外，随着城镇化进程的发展，雨水径流量增大，原有排水管渠的输送能力可能无法满足要求。此时，如果在雨水管渠上设置调节设施把雨水径流的洪峰暂存其内，待洪峰径流量下降后，再将储存在池内的水慢慢排除，就可以极大地减小下游雨水干管的断面尺寸，也可解决已建管渠的输送能力不足问题，特别是调节池后设有泵站时，则可减少装机容量。这些对降低工程造价和提高系统排水的可靠性具有重要作用。

总之，为提高排水安全性，并节省工程投资，应结合城镇总体规划，尽量利用城镇绿地、运动场、水体等公共设施调蓄雨水，与自然景观以及公用设施设计有机结合。尤其对正在进行大规模住宅建设和新城开发的区域以及拟建雨水泵站前管线的适当位置，应合理设置地面或地下雨水调节池。

（1）调节池常用的布置形式

一般常用溢流堰式调节池或底部流槽式调节池。

① 溢流堰式调节池。调节池通常设置在干管一侧，有进水管和出水管。进水管较高，其管顶一般与池内最高水位相平；出水管较低，其管底一般与池内最低水位相平。Q_1 为调节池上游雨水干管中的流量，Q_2 为不进入调节池的泄水量，Q_3 为调节池下游雨水干管的流量，Q_4 为调节池进水流量，Q_5 为调节池出水流量。

当 $Q_1 \leqslant Q_2$ 时，雨水流量不进入调节池而直接排入下游干管。当 $Q_1 > Q_2$ 时，将有 $Q_4 = Q_1 - Q_2$ 的流量通过溢流堰进入调节池，该池开始工作，随着 Q_1 的增加，Q_4 也不断增加，调节池中水位逐渐升高，泄水量也相应渐增。直到 Q_1 达到最大流量 Q_{max}，Q_4 也达到最大。然后，随着 Q_1 的减少，Q_4 也不断减少，但因 Q_1 仍大于 Q_2，池中水位逐渐升高，直到 $Q_1 = Q_2$ 时，$Q_4 = 0$，该池不再进水，这时池中水位达到最高，Q_5 也最大。随后 Q_1 继续减小，储存在池内的水通过池出水管不断地排除，直到池内水放空为止，这时调节池停止工作。

为了不使雨水在小流量时经池出水管倒流入调节池内，出水管应有足够坡度，或在出水管上设逆止阀。

为了减少调节池下游雨水干管的流量，希望池出水管的通过能力 Q_5 尽可能地减小，即 $Q_5 < Q_1$。这样，就可使管道工程造价大为降低。因此，调节池出水管的管径一般根据调节池的允许排空时间来决定。通常，降雨停止后池中雨水的放空时间不得超过 24h，放空管直径不小于 150mm。

② 底部流槽式调节水池。雨水从池上游干管进入调节池后，当 $Q_1 \leqslant Q_3$ 时，雨水经设在池最底部的渐缩断面流槽全部流入下游干管而排除。池内流槽深度等于池下游干管的直径。当 $Q_1 > Q_3$ 时，池内逐渐被高峰时的多余水量（$Q_1 - Q_3$）充满，池内水位逐渐

上升,直到 Q_1 不断减少至小于池下游干管的通过能力 Q_3 时,池内水位才逐渐下降,直至排空为止。

调节水池是雨水调蓄系统的组成部分,为降低造价,减少对环境的影响,原则上应尽量利用当地的现有设施。

(2) 调节池容积的计算

调节池内最高水位与最低水位之间的容积为有效调节容积。《室外排水设计标准》(GB 50014—2021) 给出了雨水调蓄池有效容积的计算方法,分别从径流污染控制、消减洪峰流量和雨水利用等多个角度具体给出雨水调蓄池容积的计算方法。一些地方标准也给出了调节容积的计算方法,比如北京市地方标准《海绵城市雨水控制与利用工程设计规范》(DB 11/685—2021)。可结合当地或国家设计规范结合具体雨水工程的情况选择计算方法,具体计算公式及规定详见有关规范。

5. 立体交叉道路排水设计要点

立体交叉道路的排水设计要保障排水系统排水的畅通无阻,其主要设计要点如下。

(1) 设计重现期不小于 10 年,位于中心城区的重要区域,设计重现期应为 20~30 年,同一立体交叉工程的不同部位可采用不同的重现期。

(2) 地面集水时间应根据道路坡比、坡度和路面粗糙度等确定,宜为 2~10min。

(3) 径流系数宜为 0.8~1.0。

(4) 宜采用高水高排、低水低排且互不连通的系统。

(5) 下穿式立体交叉道路的路面径流,不具备自流条件时,应设排水泵站。

(6) 立体交叉地道排水应设独立的排水系统,其出水口必须可靠。

(7) 当立体交叉地道工程的最低点位于地下水位以下时,应采取排水或控制地下水的措施。

(8) 高架道路雨水口的间距宜为 20~30m。每个雨水口单独用立管引至地面排水系统。雨水口的入口应设置格网。

6. 排洪沟设计

一般城市多邻近江河、山溪、湖泊或海洋等修建。江河、山溪、湖泊或海洋,为城市的发展提供了必要的水源条件,但有时也可能给城市带来洪水灾害。因此,为解除或减轻洪水对城市的危害,保证城市安全,往往需要进行城市防洪工程规划。傍山建设的工业或居住区除了应在区域范围内设雨水管渠,还应考虑在设计区域周围或超过设计区设置排洪沟,以排除沿山坡倾斜而下的山洪洪峰流量。

城市或城市中工业企业防洪规划的主要任务是防止因暴雨而形成巨大的地面径流所产生的严重危害。

(1) 城市防洪规划的原则

① 城市防洪规划应符合城市和工业企业的总体规划要求,防洪工程规划设计的规模、范围和布局都必须根据城市和工业企业总体规划制定。同时,城市和工业企业各项工程的规划对防洪工程都有影响。在靠近山区和江河的城市及工业企业尤应特别注意。

② 合理安排,远近期结合。防洪工程的建设费用较大,建设周期较长,所以要按轻重缓急作出分期建设的安排,这样既能节省初期投资,又能及早发挥工程设施的

效益。

③ 充分利用原有设施。从实际出发，充分利用原有防洪、泄洪、蓄洪设施，有计划、有步骤地加以改造，使其逐步完善。

④ 尽量采用分洪、截洪、排洪相结合的防洪措施。

⑤ 不宜在城市上游修建水库。为确保城市和工业企业的安全，在城市和工业企业的上游，一般不宜修建大中型水库。如果必须修建，应严格按照有关规定进行规划设计。

⑥ 尽可能与农业生产相结合。防洪措施应尽可能与农业上的水土保持、植树种草、农田灌溉等密切结合，这样既能减少和消除洪灾，保证城市安全，又能搞好农田水利建设，支援农业生产。

(2) 城市防洪标准

防洪工程的规模是以所抗御洪水的大小为依据的，洪水的大小在定量上通常以某一重现期（或某一频率）的洪水流量表示。防洪规划的设计标准，既关系到城市的安危，也关系到工程造价和建设期限等问题，是防洪规划中体现国家经济政策和技术政策的一个重要环节。确定城市防洪标准的依据一般有以下几点：城市或工业区的规模，城市或工业区的地理位置、地形、历次洪水灾害情况，以及当地的经济技术条件等。对于上游有大中型水库的城市，防洪标准应适当提高。防洪标准中重现期取值参见《防洪标准》(GB 50201—2014)。城市防护区应根据政治、经济地位的重要性、常住人口或当量经济规模指标分为四个防护等级，其防护等级和防洪标准应按表 5.15 确定。位于平原、湖洼地区的城市防护区，当需要防御持续时间较长的江河洪水或湖泊高水位时，其防洪标准可取表 5.15 规定中的较高值。位于滨海地区的防护等级为Ⅲ等及以上的城市防护区，当按表 5.15 的防洪标准确定的设计高潮位低于当地历史最高潮位时，还应采用当地历史最高潮位进行校核。

表 5.15　城市防护区的防护等级和防洪标准

防护等级	重要性	常住人口/万人	当量经济规模/万	防洪标准［重现期/年］
Ⅰ	特别重要	≥150	≥300	≥200
Ⅱ	重要	<150，≥50	<300，≥100	200～100
Ⅲ	比较重要	<50，≥20	<100，≥40	100～50
Ⅳ	一般	20	≤40	50～20

注：当量经济规模为城市防护区人均 GDP 指数与人口的乘积，人均 GDP 指数为城市防护区人均 GDP 与同期全国人均 GDP 的比值。

(3) 排洪沟的设计要点

排洪沟的设计涉及面广，影响因素复杂，应根据建筑区的总体规划、山区自然流域范围、山坡地形及地貌条件、原有天然排洪沟情况、洪水流向及冲刷情况以及当地工程地质、水文地质、当地气象等综合考虑，合理布置排洪沟。

① 工业或居住区傍山建设时，建筑区选址应对当地洪水的历史及现状做充分的调研，摸清洪水汇流面积及流动方向，尽量避免把建筑区设在山洪口上，不与山洪主流顶冲。

② 排洪沟的布置应与建筑区的总体规划密切配合，统一考虑。建筑设计时，应重

视排污问题。排洪沟应尽量设置在建筑区的一侧,防止穿绕建筑群,并尽可能利用原有的天然沟,必要时可做适当整修,但不宜大改动,尽量不改变原有沟道的水力条件。排洪沟的设置位置应与铁路、公路及建筑区排水结合起来考虑。排洪沟要尽量选择在地形较平缓、地质较稳定的地区,特别是进出口地区,以防因水力冲刷而变形。排洪沟与建筑物或山坡开挖线之间应留有不小于3m的距离,以防冲刷房屋基础及造成山坡塌方。在设计中要注意保护农田水利工程,不占或少占肥沃土地。

③ 排洪工程设计采用的标准,应根据建筑区的性质、规模的大小、受淹后损失的大小等因素来确定。一般常用设计重现期为10～100年。

④ 排洪沟常采用梯形断面明渠,只有当建筑区地面较窄,或占用农田较多时可采用矩形断面明渠。排洪沟所用的材料及加固形式应根据沟内最大流速、当地地形及地质条件、当地材料供应等情况而定。排洪沟一般常用片石、块石铺砌,不宜采用土明渠。当排洪沟较长时,应分段按不同流量计算其断面,断面必须满足设计要求。排洪沟的超高一般采用0.3～0.5m,截洪沟的超高为0.2m。

⑤ 排洪沟转弯时,其中心线的弯曲半径一般不小于设计水面宽度的5倍;盖板渠和铺砌明渠可采用不小于设计水面宽度的2.5倍。排洪沟底宽变化时,应设置渐变段连接,渐变段的长度一般为底宽之差的5～20倍。

⑥ 排洪沟出口处,宜逐渐放大底宽,减小单宽流量。当排洪沟出口与河沟交会时,其交会角对于下游方向要大于90°,并做成弧形弯道,适当铺砌,以防冲刷;排洪沟出口的底部标高最好应在河沟相应频率的洪水位上,一般要在常水位以上。

⑦ 排洪沟通过坡度较大的地段时,应根据具体地形情况,设置铺砌坚实的跌水或流(陡)槽,并注意不得设在排洪沟的弯道上。

⑧ 排洪沟的最大流速。为了防止山洪冲刷,应按流速的大小选用不同的铺砌加固沟底池壁。表5.16为不同铺砌的排洪沟对最大流速的规定。

表5.16 常用铺砌及防护渠道的最大设计流速

序号	铺砌及防护类型	水流平均深度/m			
		0.4	1.0	2.0	3.0
		平均流速/(m/s)			
1	单层铺石(石块尺寸为15cm)	2.5	3.0	3.5	3.8
2	单层铺石(石块尺寸为20cm)	2.9	3.5	4.0	4.3
3	双层铺石(石块尺寸为15cm)	3.1	3.7	4.3	4.6
4	双层铺石(石块尺寸为20cm)	3.6	4.3	5.0	5.4
5	水泥砂浆砌软弱沉积岩石块(石块标号不低于100号)	2.9	3.5	4.0	4.4
6	水泥砂浆砌中等强度沉积岩石块	5.8	7.0	8.1	8.7
7	水泥砂浆砌石材不低于300号的石块	7.1	8.5	9.8	11

6 给水厂设计

6.1 絮凝池设计

絮凝指的是悬浮于水中的细颗粒泥沙因分子力作用凝聚成絮团状集合体的现象。为了达到完善的絮凝效果，在絮凝过程中要给水流适当的能量，增加颗粒碰撞的机会，并且不会使已经形成的絮粒破坏。絮凝过程需要足够的反应时间。在水处理构筑物中絮凝池是完成絮凝过程的设备，一般接在混合池后面，是混凝过程的最终设备。通常与沉淀池合建。

6.1.1 絮凝方式

絮凝方式可以按照能量的输入方式不同，大致分为水力絮凝和机械絮凝两类。

1. 水力絮凝

水力絮凝是利用水流自身的能量，通过流动过程中的阻力给液体输入能量。其水力式搅拌强度随水量的减小而变弱。目前，水力絮凝的形式主要有隔板絮凝、折板絮凝、网格絮凝和穿孔旋流絮凝。相应的构筑物为隔板絮凝池、折板絮凝池、网格絮凝池。

（1）隔板絮凝池

隔板絮凝池指的是水流以一定流速在隔板之间通过而完成絮凝过程的构筑物。隔板絮凝池通常用于大中型水厂，因为水量过小时，隔板间距过窄，不便施工和维修。

隔板絮凝池优点是构造简单，管理方便。缺点是流量变化大者，絮凝效果不稳定。与折板及网格式絮凝池相比，因水利条件不甚理想，能量消耗（水头损失）中的无效部分比例较大故需较长絮凝时间，隔板絮凝池的容积较大。

（2）折板絮凝池

折板絮凝池指的是水流以一定流速在折板之间通过而完成絮凝过程的构筑物。按照水流方向可将折板絮凝池分为竖流式和平流式。

根据折板布置方式不同又分为同波折板和异波折板两种形式。按水流通过折板间隙数，又分为单通道和多通道。

（3）网格絮凝池

网格絮凝池，又称栅条絮凝池，指的是在沿流程一定距离的过水断面中设置栅条或网格，通过栅条或网格的能量消耗完成絮凝过程的构筑物。

2. 机械絮凝

机械絮凝是通过电机或其他动力带动叶片进行搅动，使水流产生一定的速度梯度。絮凝过程不消耗水流自身的能量，其机械搅拌强度可以随水量的变化进行相应的调节。

机械絮凝池指的是通过机械带动叶片而使液体搅动以完成絮凝过程的构筑物。目前主要采用的是桨板式搅拌器的絮凝池，搅拌轴有水平式和垂直式两种，其结构如图 6.1 所示。

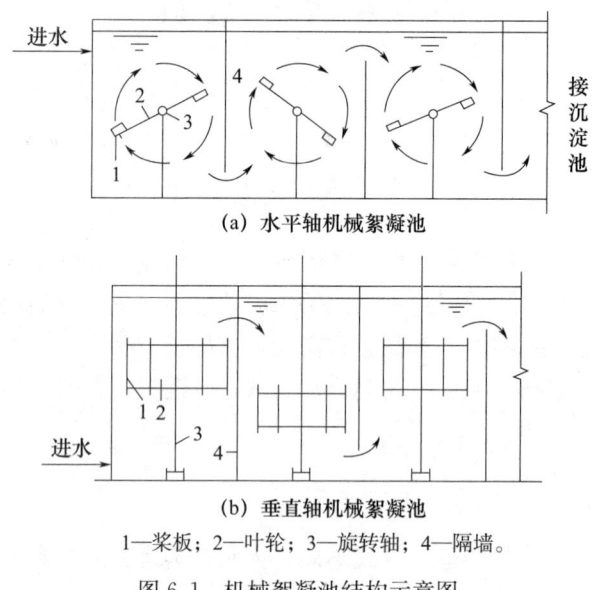

1—桨板；2—叶轮；3—旋转轴；4—隔墙。

图 6.1　机械絮凝池结构示意图

6.1.2　絮凝池设计

1. 隔板絮凝池设计

1) 设计要点

(1) 絮凝池一般不少于 2 格或分成 2 格。

(2) 絮凝池廊道中的流速，起端为 0.6~0.5m/s，末端为 0.3~0.2m/s，一般分为 4~6 段确定各段的流速，流速逐渐由大到小变化。转弯处过水断面积为廊道过水断面积的 1.2~1.5 倍。

(3) 为方便施工与维护，隔板间净距一般应大于 0.5m。当采用活动隔板时，间距可以适当减小。

(4) 絮凝池应有 2‰~3‰ 的底坡，坡向排泥口，排泥管直径大于 150mm。

(5) 絮凝时间一般为 20~30min。

(6) 速度梯度取决于原水水质条件，一般由 50~70s^{-1} 降低至 10~20s^{-1}，GT［平均速度梯度（s^{-1}）×絮凝时间（s）］值需要达到 10^4~10^5。

(7) 一般往复式隔板絮凝池的总水头损失为 0.3~0.5m，回转式隔板絮凝池的总水头损失为 0.2~0.35m。

2) 设计计算公式见式（6.1）至式（6.7）

(1) 絮凝池容积

$$V=\frac{QT}{60} \tag{6.1}$$

式中 V——絮凝池容积，m^3；
Q——设计流量，m^3/h；
T——絮凝时间，min。

（2）单池平面面积

$$F = \frac{V}{nH_1} + f \tag{6.2}$$

式中 F——单池平面面积，m^2；
V——絮凝池容积，m^3；
H_1——平均水深，m；
n——池数，个；
f——单池隔板所占面积，m^2。

（3）池长

$$L = \frac{F}{B} \tag{6.3}$$

式中 L——池长，m；
F——单池平面面积，m^2；
B——池子宽度，一般与沉淀池等宽，m。

（4）隔板间距

$$a = \frac{Q}{3600 n v_n H_1} \tag{6.4}$$

式中 a——隔板间距，m；
Q——设计流量，m^3/h；
v_n——隔板间流速，m/s；
H_1——平均水深，m。

（5）各段水头损失与总损失

$$h_n = \varepsilon S_n \frac{v_0^2}{2g} + \frac{v_n^2}{C_n^2 R_n} L_n \tag{6.5}$$

$$h = \sum h_n \tag{6.6}$$

式中 h_n——各段水头损失，m；
S_n——该段廊道内水流转弯次数；
ε——转弯处局部阻力系数，往复式隔板为 3.0，回转式隔板为 1.0；
v_0——该段转弯处的平均流速，m/s；
v_n——隔板间流速，m/s；
C_n——流速系数；
R_n——廊道断面的水力半径，m；
L_n——该段的廊道总长度，m。

（6）平均速度梯度

$$G = \sqrt{\frac{\gamma h}{60 \mu T}} \tag{6.7}$$

式中 G——平均速度梯度，s^{-1}；

γ——水的密度，1000kg/m³；

μ——水的动力黏度，kg·s/m²；

T——絮凝时间，min；

h——总水头损失，m。

2. 折板絮凝池设计

1）设计要点

（1）絮凝时间一般为 6～15min。

（2）折板通常采用平板，夹角有 90°和 120°。相对折板峰高为 0.3～0.4m，平行折板间距为 0.3～0.6m。折板宽度为 0.5～0.6m，长度为 0.8～2.0m。

（3）絮凝过程中的流速逐渐降低，隔板间距逐步增大。分段数一般不少于 3 段。各段的流速见表 6.1。

表 6.1　平板的设计参数

项目	前段	中段	末段
流速/(m/s)	0.25～0.35	0.15～0.25	0.05～0.15
上下转弯和过水孔洞流速/(m/s)	0.3	0.2	小于0.1
平均速度梯度 G/(s⁻¹)	60～100	30～50	15～25
絮凝时间 T/s	120～150	120～150	120～150

（4）波纹板适用于小水厂，波长为 131mm，波高为 33mm。波纹板的间距及流速见表 6.2。

表 6.2　波纹板设计参数

项目	前段	中段	末段
间距/mm	100	150	200
流速/(m/s)	0.12～0.18	0.09～0.14	0.08～0.12
G/s⁻¹	84～150	40～80	20～40
T/s	136～216	136～216	136～216

2）设计计算公式

设折板反应池的前段为相对折板，中段为平行折板，末段为平行直板。折板絮凝池的水头损失计算公式如式（6.8）至式（6.11）。

$$\sum h = n(h_1 + h_2) + \sum h_i \tag{6.8}$$

$$h_1 = 0.5 \frac{v_1^2 - v_2^2}{2g} \tag{6.9}$$

$$h_2 = \left[1 + 0.1 - \left(\frac{F_1}{F_2}\right)^2\right] \frac{V_1^2}{2g} \tag{6.10}$$

$$h_i = \varepsilon \frac{v_0^2}{2g} \tag{6.11}$$

式中　$\sum h$——相对折板总水头损失，m；

h_1——渐放段①水头损失，m；

h_2——渐缩段②水头损失，m；

n——折板水流收缩和放大次数；

h_i——转弯或孔洞的水头损失，m；

v_1——峰处流速，0.25～0.35m/s；

v_2——谷处流速，0.1～0.15m/s；

F_1——相对峰的断面积，m²；

F_2——相对谷的断面积，m²；

v_0——转弯或孔洞处流速，m/s；

ε——转弯或孔洞的阻力系数，上转弯 $\varepsilon=1.8$，下转弯或孔洞 $\varepsilon=3.0$；

V_1——表示 F_1 对应位置处的流速。

3）平行折板水头损失计算见式（6.12）、式（6.13）

$$\sum h = nh + \sum h_i \tag{6.12}$$

$$h = 0.6 \frac{v^2}{2g} \tag{6.13}$$

式中 $\sum h$——平行折板总水头损失，m；

h——折板水头损失，m；

n——90°转弯次数；

h_i——相对折板渐缩段 i 水头损失。

4）平行直板水头损失见式（6.14）、式（6.15）

$$\sum h = nh \tag{6.14}$$

$$h = 3 \frac{v^2}{2g} \tag{6.15}$$

式中 $\sum h$——180°转弯次数的总水头损失，m；

h——转弯水头损失，m；

v——平均流速，0.05～0.1m/s。

5）波纹板的水头损失见式（6.16）、式（6.17）

$$h = \lambda \frac{L}{b} \frac{v^2}{2g} \tag{6.16}$$

$$h_0 = 10 \frac{v_0^2}{2g} \tag{6.17}$$

式中 h——波纹板中水流水头损失，m；

L——沿水流方向波纹板的直段长度，m；

b——波纹板间距，m；

λ——阻力系数，板距100mm时为0.62，板距150mm时为0.60；

v——波纹板间平均流速，m/s；

h_0——转弯处水头损失，m；

v_0——转弯处流速，m/s。

3. 网格絮凝池

1）设计要点

絮凝池宜与沉淀池合建，一般布置成两组或多组并联形式。单池的处理水量为

10000~25000m³/d。原水水温为 4.0~34.0℃，浊度为 25~2500NTU。

(1) 网格材料可以采用木材、扁钢、铸铁或水泥预制件。
(2) 池底可设长度小于 5m，直径为 150~200mm 的穿孔排泥管或单斗排泥。
(3) 其他主要设计参数见表 6.3。

表 6.3 网络絮凝池主要设计参数

絮凝池分段	网格孔眼尺寸/(mm×mm)	板条宽度/mm	竖井平均流速/(m/s)	过网流速/(m/s)	竖井之间孔洞流速/(m/s)	网格构件层距/cm	设计絮凝时间/min	速度梯度/s⁻¹
前段（安放密网格）	80×80	35	0.12~0.14	0.25~0.30	0.30~0.20	60~70（≥16层）	3~5	70~100
中段（安放疏网格）	100×100	35	0.12~0.14	0.22~0.25	0.20~0.15	60~70（≥8层）	3~5	40~50
末段（不安放网格）	—	—	0.10~0.14	—	0.10~0.14	—	4~5	10~20

2) 设计计算

计算公式见式 (6.18) 至式 (6.26)。

(1) 絮凝池体积

$$V=QT/60 \tag{6.18}$$

式中 V——絮凝池体积，m³；

Q——流量，m³/h；

T——絮凝时间，一般为 10~15min。

(2) 絮凝池面积

$$A=\frac{V}{H'} \tag{6.19}$$

式中 A——絮凝池面积，m³；

H'——有效水深，m。

与水平沉淀池配套时，有效水深可采用 3.0~3.4m，与斜管沉淀池配套时可采用 4.2m。

(3) 池高

$$H=H'+0.3 \tag{6.20}$$

式中 H——絮凝池高，m。

(4) 分格面积

$$f=\frac{Q}{v_0} \tag{6.21}$$

式中 f——絮凝池分格面积，m²；

v_0——竖井流速，m/s。

(5) 分格数

$$n=\frac{A}{f} \tag{6.22}$$

式中　n——分格数。

(6) 竖井之间孔洞面积

$$A_2 = \frac{Q}{v_2} \tag{6.23}$$

式中　A_2——竖井之间孔洞面积，m^2；
　　　v_2——各段孔洞流速，m/s。

(7) 絮凝池总水头损失

$$h = \sum h_1 + \sum h_2 \tag{6.24}$$

$$h_1 = \varepsilon_1 \frac{v_1^2}{2g} \tag{6.25}$$

$$h_2 = \varepsilon_2 \frac{v_2^2}{2g} \tag{6.26}$$

式中　h_1——每层网格水头损失，m；
　　　h_2——每个孔洞水头损失，m；
　　　v_1——各段过网流速，m/s；
　　　ε_1——网格阻力系数，前段取 1.0，中断取 0.9；
　　　ε_2——孔洞阻力系数，取 3.0；
　　　v_2——过孔洞流速，m/s。

4. 机械絮凝池

1) 设计要点

(1) 絮凝池一般不少于两组。每组絮凝池内一般放 3~6 挡搅拌机。各挡搅拌机之间用隔墙分开，隔墙上、下交错开孔。

(2) 絮凝时间为 15~20min。

(3) 机械絮凝池的深度一般为 3~4m。

(4) 叶轮桨板中心处的线速度一般由第一挡 0.4~0.5m/s 逐渐减小，最后一挡为 0.1~0.2m/s。各挡搅拌速度梯度值 G 一般取 20~30s^{-1}。

(5) 每一搅拌轴上的桨板总面积为絮凝池水流断面的 10%~20%。每块桨板的长度不大于叶轮直径的 75%，宽度一般为 100~300mm。

(6) 垂直搅拌轴设于絮凝池的中间，上桨板顶端设在水面下 0.3m 处，下桨板底端设于池底 0.3~0.5m 处，桨板外缘距离池壁小于 0.25m。为避免产生水流短路，应设置固定挡板。

(7) 水平搅拌轴设于池身一半处，搅拌机上的桨板直径小于池水深 0.3m，桨板的末端距池壁不大于 0.2m。

2) 设计计算公式见式 (6.27) 至式 (6.33)

(1) 每个池的容积

$$V = \frac{QT}{60n} \tag{6.27}$$

式中　V——每个池的容积，m^3；
　　　Q——设计流量，m^3/h；
　　　T——絮凝时间，min；

n——池数，个。

(2) 水平轴式池子的长度

$$L \geqslant \alpha ZH \qquad (6.28)$$

式中 L——池长，m；
　　　α——系数，一般为 1.0～1.5；
　　　Z——搅拌轴排数，一般为 3～4；
　　　H——平均水深，m。

(3) 池的宽度

$$B = \frac{V}{LH} \qquad (6.29)$$

式中 B——池的宽度，m。

(4) 搅拌器转数

$$n_0 = \frac{60v}{\pi D_0} \qquad (6.30)$$

式中 n_0——搅拌器转数，r/min；
　　　v——叶轮桨板中心点线速度，m/s；
　　　D_0——叶轮桨板中心点旋转直径，m。

(5) 叶轮转动角速度

$$\omega = 0.1\omega_0 \qquad (6.31)$$

式中 ω——叶轮转动角速度，rad/s；
　　　ω_0——角速度。

(6) 搅拌功率

$$N = 0.17 Y L \omega^3 (r_2^4 - r_1^4) \qquad (6.32)$$

式中 N——搅拌功率，kW；
　　　Y——同一搅拌机上的桨板数，个；
　　　L——桨板长度，m；
　　　r_2——搅拌机的桨板外缘半径，m；
　　　r_1——搅拌机的桨板内缘半径，m。

(7) 电动机功率

$$N_0 = \frac{N}{\eta} \qquad (6.33)$$

式中 N_0——电动机功率，kW；
　　　η——搅拌机的传动功率，0.5～0.8。

6.2 沉砂池设计

沉砂池的功能是去除比重较大的无机颗粒，如泥沙、煤渣等，以免这些杂质影响后续处理构筑物的正常运行。沉砂池去除密度>2.65g/cm³、粒径>0.2mm的砂粒。沉砂池一般设于泵站、倒虹管或初次沉淀池前，用来减轻机械、管道的磨损，以及减轻沉淀池负荷，改善污泥处理条件。常用的沉砂池有平流式沉砂池、曝气沉砂池和钟式沉砂池。

沉砂池的一般规定如下。

（1）沉砂池设计参数按去除比重≥2.65g/cm³、粒径≥0.2mm的砂粒确定。

（2）沉砂池个数和分格数不应少于两个，并宜按并联系列设计。当污水量较小时，可考虑一格工作，一格备用。

（3）生活污水的沉砂量按每人每天0.01~0.02L计，城市污水可按每10万m³污水沉砂30m³计，其含水率为60%，容重为1500kg/m³，合流制污水的沉砂量应根据实际情况确定；砂斗容积按不大于2d的沉砂量计，斗壁与水面的倾角为55°~60°。

（4）除砂一般宜采用机械方法，并设储砂池和晒砂场。采用人工排砂时，排砂管直径不应小于200mm。

（5）当采用重力排砂时，沉砂池和储砂池应尽量靠近，以缩短排砂管长度，并设排砂闸门于管的首端，使排砂管道畅通，易于维护管理。

（6）沉砂池超高不宜小于0.3m。

6.2.1 平流式沉砂池

1. 基本构造

平流式沉砂池由入流渠、出流渠、闸板、水流部分、沉砂斗和排砂管组成。沉砂池的水流部分实际上是一个加宽的明渠，两端设有闸板，以控制水流。池的底部设有两个储砂斗，下接排砂管，开启储砂斗的闸阀将砂排出。平流式沉砂池具有工作稳定、构造简单、截留无机颗粒效果较好、排砂方便等优点。

2. 排砂方式

平流式沉砂池常用的排砂方式有重力排砂与机械排砂两种。

重力排砂方式，在砂斗下部加底阀，排砂管直径为200mm。在砂斗下部加装储砂罐和底阀，旁通管将储砂罐的上清液挤回到沉砂池，所以排砂的含水率低，排砂量容易计算，但沉砂池需要高架或挖小车通道才能满足要求。

机械排砂方式的一种单口泵吸式排砂机。沉砂池为平底，在行走桁架上安装砂泵、真空泵、吸砂管、旋流分离器等。桁架沿池长方向往返行走排砂，经旋流分离器分离的水又回流到沉砂池。沉砂可用小车、皮带输送器等运送。这种方式自动化程度高，排砂含水率低，工作条件好。中、大型污水处理厂应采用机械排砂方式。机械排砂方式还有链板刮砂法、抓斗排砂法等。

3. 设计计算

平流式沉砂池的设计参数，按照去除砂粒粒径大于0.2mm、相对密度为2.65确定。

（1）设计流量。当污水自流入池时，按最大设计流量计算；当污水用泵抽升入池时，按工作水泵的最大组合流量计算；合流制系统，按降雨时的设计流量计算。

（2）水平流速。应基本保证无机颗粒被沉淀去除，而有机物不能下沉。最大流速为0.3m/s，最小流速为0.15m/s。

（3）停留时间。最大设计流量时，污水在池中停留时间一般不少于30s，一般为

30~60s。

(4) 有效水深。设计有效水深不大于 1.2m，一般采用 0.25~1.0m，每格池宽不宜小于 0.6m。

(5) 沉砂量。生活污水按 0.01~0.02L/（人·d）计；城市污水按 1.5~3.0m³/（10⁶m³ 污水）计，沉砂含水率约为 60%，容重为 1.5t/m³，储砂斗的容积按 2d 的沉砂量计，斗壁与水面的夹角为 55°~60°。

(6) 沉砂池超高不宜小于 0.3m。

6.2.2 曝气沉砂池

1. 基本构造

平流式沉砂池的主要缺点是沉砂中约夹杂有 15% 的有机物，使沉砂的后续处理难度增大。采用曝气沉砂池，可以克服这一缺点。

图 6.2 为曝气沉砂池剖面图。池表面呈矩形，曝气装置设在集砂槽侧池壁的整个长度上，距池底 0.6~0.9m，池底一侧有 0.1~0.5 的坡度坡向另一侧的集砂槽。压缩空气经空气管和空气扩散装置释放到水中，上升的气流使池内水流作旋流运动，无机颗粒之间的互相碰撞与摩擦机会增加，把表面附着的有机物淘洗下来。由于旋流产生的离心力，把相对密度较大的无机物颗粒甩向外层而下沉，相对密度较小的有机物始终处于悬浮状态，当旋至水流的中心部位时被水带走。沉砂中的有机物含量低于 10%。集砂槽中的砂可采用机械刮砂、空气提升器或泵吸式排砂机排除。曝气沉砂池的优点是通过调节曝气量，控制污水的旋流速度，使除砂效率较稳定，同时对污水起预曝气作用，但如果后续工艺为厌氧处理，则具有一定的局限性。

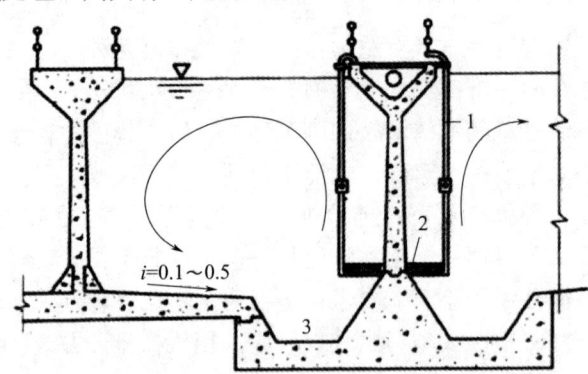

1—压缩空气管；2—空气扩散板；3—集砂槽；i—坡度。

图 6.2 曝气沉砂池剖面图

2. 设计计算

(1) 最大旋流速度为 0.25~0.30m/s，水平前进流速为 0.06~0.12m/s。

(2) 最大设计流量时的停留时间为 1~3min。

(3) 有效水深 2~3m，宽深比为 1.0~1.5，长宽比为 5。

(4) 曝气装置：采用压缩空气竖管连接穿孔管，孔径为 2.5~6.0mm，曝气量每立方米污水为 0.1~0.2m³。

6.3 沉淀池设计

6.3.1 沉淀池的类型

1. 按沉淀池水流方向不同分类

按沉淀池水流方向的不同,可分为平流式沉淀池、竖流式沉淀池、辐流式沉淀池等,如图 6.3 所示。

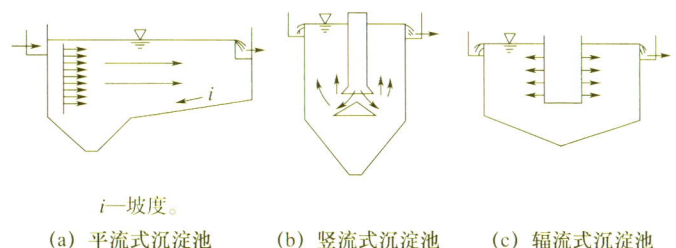

i—坡度。

(a) 平流式沉淀池　　(b) 竖流式沉淀池　　(c) 辐流式沉淀池

图 6.3　按水流方向不同划分的沉淀池

(1) 平流式沉淀池。被处理水从池的一端流入,按水平方向在池内向前流动,从另一端溢出。池表面呈长方形,在进口处底部设有污泥斗。

(2) 竖流式沉淀池。表面多为圆形,也有方形、多角形。水从池中央下部进入,由下向上流动,沉淀后上清液由池面和池边溢出。

(3) 辐流式沉淀池。池表面呈圆形或方形,水从池中心进入,沉淀后从池的四周溢出,池内水流呈水平方向流动,但流速是变化的。

2. 按沉淀池工艺布置不同分类

按沉淀池工艺布置的不同,可分为初次沉淀池、二次沉淀池(简称二沉池,余同)。

(1) 初次沉淀池。设置在沉砂池之后,某些生物处理构筑物之前,主要去除有机固体颗粒,可降低生物处理构筑物的有机负荷。

(2) 二次沉淀池。设置在生物处理构筑物之后,用于沉淀生物处理构筑物出水中的微生物固体,与生物处理构筑物共同构成处理系统。

3. 按沉淀池截留颗粒沉降距离不同分类

按沉淀池截留颗粒沉降距离的不同,可分为一般沉淀池、浅层沉淀池。斜板或斜管沉淀池的沉降距离仅为 30~200mm,是典型的浅层沉淀池。斜板沉淀池中的水流方向可以布置成同向流(水流与污泥方向相同)、异向流(水流与污泥方向相反)、侧向流(水流与污泥方向垂直),如图 6.4 所示。

(a) 同向流　　　(b) 异向流　　　(c) 侧向流

图 6.4　斜板或斜管沉淀池

6.3.2 平流式沉淀池

1. 平流式沉淀池构造

平流式沉淀池构造简单，为一长方形水池，由流入装置、流出装置、沉淀区、缓冲层、污泥区及排泥装置等组成。平流式沉淀池如图6.5所示，一般多用作初沉池。

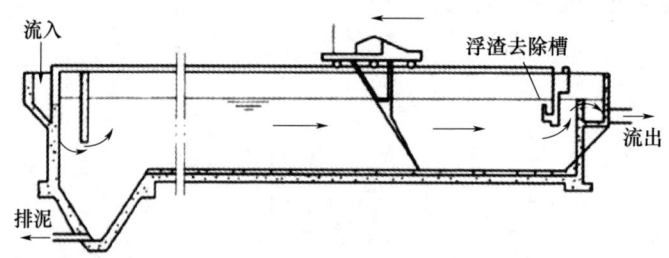

图6.5 平流式沉淀池

（1）流入装置

流入装置的作用是使水流均匀地分布在整个进水断面上，并尽量减少扰动。处理原水时，一般与絮凝池合建，设置穿孔墙，水流通过穿孔墙，直接从絮凝池流入沉淀池，均匀分布于整个断面上，保护形成的矾花。沉淀池的水流一般采用直流式，避免产生水流的转折。一般孔口流速不宜大于 0.15~0.2m/s，孔洞断面沿水流方向渐次扩大，以减小进水口射流，防止絮凝体破碎。

在污水处理中，沉淀池入口一般设置配水槽和挡流板，目的是消能，使污水能均匀地分布到整个池子的宽度上。挡流板入水深度小于 0.25m，高出水面 0.15~0.2m，距流入槽 0.5~1.0m。

（2）流出装置

流出装置一般由流出槽与挡板组成。流出槽设自由溢流堰、锯齿形堰或孔口出流等，溢流堰要求严格水平，既可保证水流均匀，又可控制沉淀池水位。出流装置常采用自由堰形式，堰前设挡板，挡板入水深 0.3~0.4m，距溢流堰 0.25~0.5m。也可采用潜孔出流以阻止浮渣，或设浮渣收集排除装置。孔口出流流速为 0.6~0.7m/s，孔径 20~30mm，孔口在水面下 12~15cm，堰口最大负荷：初次沉淀池不宜大于 $10m^3/(h \cdot m)$，二次沉淀池不宜大于 $7m^3/(h \cdot m)$，混凝沉淀池不宜大于 $20m^3/(h \cdot m)$。

为了减少负荷，改善出水水质，可以增加出水堰长。目前，采用较多的方法是指形槽出水，即在池宽方向均匀设置若干条集水槽，以增加出水堰长度和减小单位堰宽的出水负荷。

（3）沉淀区

平流式沉淀池的沉淀区在进水挡板和出水挡板之间，长度一般为 30~50m。深度从水面到缓冲层上缘，一般不大于 3m。沉淀区宽度一般为 3~5m。

（4）缓冲层

为避免已沉污泥被水流搅起以及缓冲冲击负荷，在沉淀区下面设有 0.5m 左右的缓冲层。平流式沉淀池的缓冲层高度与排泥形式有关。进行重力排泥时，缓冲层的高度为

0.5m，机械排泥时，缓冲层的上缘高出刮泥板 0.3m。

（5）污泥区

污泥区的作用是储存、浓缩和排除污泥。排泥方法一般有静水压力排泥和机械排泥。沉淀池内的可沉固体多沉于池的前部，故污泥斗一般设在池的前部。池底的坡度必须保证污泥顺底坡流入污泥斗中，坡度的大小与排泥形式有关。污泥斗的上底可为正方形，边长同池宽；也可以设计成长条形，其一条边长同池宽。下底通常为 400mm×400mm 的正方形，泥斗斜面与底面夹角不小于 60°。污泥斗中的污泥可采用静水压力排泥方法。

静水压力排泥是依靠池内静水压力（初沉池为 1.5～2.0m，二沉池为 0.9～1.2m），将污泥通过污泥管排出池外。排泥装置由排泥管和泥斗组成。排泥管管径为 200mm，池底坡度为 0.01～0.02。为减少池深，可采用多斗排泥，每个斗都有独立的排泥管。也可采用穿孔管排泥。

目前，平流式沉淀池一般采用机械排泥。机械排泥是利用机械装置，通过排泥泵或虹吸将池底积泥排至池外。机械排泥装置有桁车式刮泥机、链带式刮泥机、泵吸式排泥装置和虹吸式排泥装置等。图 6.6 为设有桁车式刮泥机的平流式沉淀池。工作时，刮泥桁车沿池壁的轨道移动，刮泥机将污泥推入储泥斗中，不用时，将刮泥设备提出水外，以免腐蚀。图 6.7 为设有链带式刮泥机的平流式沉淀池。工作时，链带缓缓地沿与水流方向相反的方向滑动。将刮泥板嵌于链带上，滑动时将污泥推入储泥斗中。当刮泥板滑动到水面时，又将浮渣推到出口，从出口集中清除。链带式刮泥机的各种机件都在水下，容易腐蚀，养护较为困难。

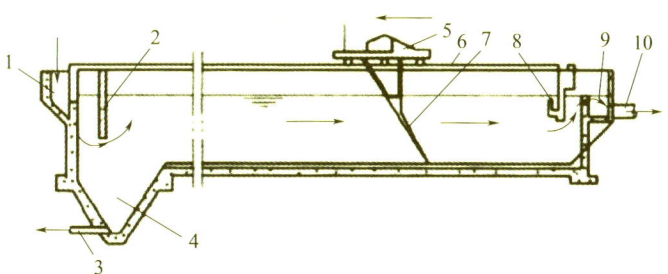

1—进水槽；2—挡流扳；3—排泥管；4—泥斗；5—刮泥桁车；
6—刮渣板；7—刮泥板；8—浮渣槽；9—出水槽；10—出水管。

图 6.6 设有桁车式刮泥机的平流式沉淀池

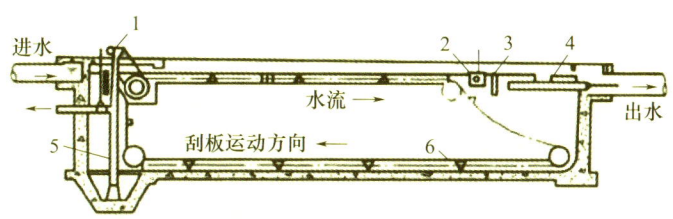

1—集渣器驱动；2—浮渣槽；3—挡板；
4—可调节的出水槽；5—排泥管；6—刮板。

图 6.7 设有链带式刮泥机的平流式沉淀池

当不设存泥区时,可采用吸泥机,使集泥与排泥同时完成。常用的吸泥机有多口式和单口扫描式,且又分为虹吸和泵吸两种。图6.8为多口虹吸式吸泥装置。刮泥板1、吸口2、吸泥管3、排泥管4成排地安装在桁架5上,整个桁架利用电动机和传动机构6通过滚轮架设在沉淀池壁的轨道上行走,在行进过程中,利用沉淀池水位所能形成的虹吸水头,将池底积泥吸出并排入排泥沟10。

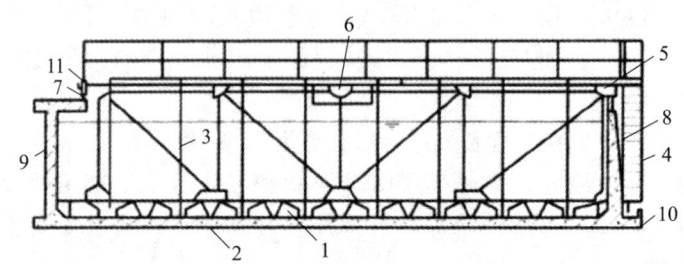

1—刮泥板;2—吸口;3—吸泥管;4—排泥管;5—桁架;6—电动机和传动机构;
7—轨道;8—梯子;9—沉淀池壁;10—排泥沟;11—滚轮。

图6.8 多口虹吸式吸泥装置

平流式沉淀池由于配水不易均匀,排泥设施复杂,因而不易管理。

2. 平流式沉淀池的设计计算

(1) 设计参数

沉淀池进出水口处设置的挡流板,应高出池内水面0.1~0.15m,淹没深度不小于0.25m,距流入槽0.5m,距溢流堰0.25~0.5m;溢流堰最大负荷不宜大于2.9L/(m·s)(初次沉淀池)、1.7L/(m·s)(二次沉淀池);池底纵坡坡度一般采用0.01~0.02;刮泥机的行进速度不大于1.2m/min,一般采用0.6~0.9m/min。

(2) 设计计算

沉淀池的设计内容包括流入、流出装置,沉淀区、污泥区、排泥和排浮渣设备的选择等。

6.3.3 斜板(管)沉淀池

1. 斜板(管)沉淀池的理论基础

在池长为L,池深为H,池中水平流速为v,颗粒沉速为u_0的沉淀池中,当水在池中的流动处于理想状态时,有式(6.34)

$$L/H=\frac{v}{u_0} \qquad (6.34)$$

可见,在L与v值不变时,池深H越浅,可被沉淀去除的颗粒的沉速u_0也越小。如在池中增设水平隔板,将原来的H分为多层,例如分为三层,则每层深度为$H/3$,如图6.9(a)所示。在v与u_0不变的条件下,则只需$L/3$,就可将沉速为u_0的颗粒去除,即池的总容积可减小到原来的1/3。如果池的长度不变,如图6.9(b)所示。由于池深为$H/3$,则水平流速v增大3v,仍可将沉速为u_0的颗粒沉淀到池底,即处理能力可提高三倍。在理想条件下,将沉淀池分成n层,就可将处理能力提高n倍,这就是浅池沉淀原理。

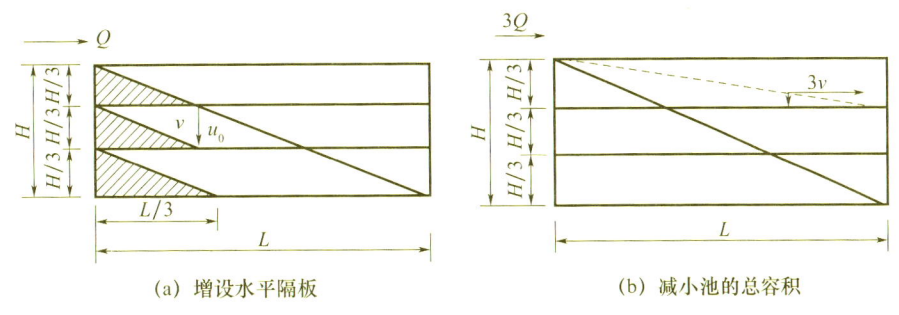

图 6.9 浅池沉淀原理

2. 斜板（管）沉淀池的基本构造

斜板（管）沉淀池是根据浅池沉淀原理，在池内安装一组并排叠成的有一定坡度的平板或管道，被处理水从管道或平板的一端流向另一端，相当于很多个浅且小的沉淀池组合在一起。由于平板的间距和管道的管径较小，故水流在此处为层流状态，当水在各自的平板或管道间流动时，各层隔开互不干扰，为水中固体颗粒的沉降提供了十分有利的条件，大大提高了水处理的效果和能力。

从改善沉淀池水力条件的角度来分析，由于斜板（管）沉淀池水力半径大大减小，从而使 Re 数降低，而 Fr 数大大提高。斜板沉淀池中的水流基本上属层流状态，而斜管沉淀池的 Re 数多在 200 以下，甚至低于 100；斜板沉淀池的 Fr 数一般为 $10^{-1} \sim 10^{-3}$，斜管的 Fr 数更大。因此，斜板（管）沉淀池能够满足水流的紊动性和稳定性的要求。

按水流与污泥的相对方向，沉淀池可分为异向流、同向流和侧向流三种形式，以异向流应用得最广。异向流斜板（管）沉淀池，因水流向上流动，污泥下滑，方向各异而得名。

当斜板换成斜管后，就成为斜管沉淀池，其基本原理相同。

斜板（管）倾角一般为 60°，长度为 1~1.2m，板间垂直间距为 80~120mm，斜管内切圆直径为 25~35mm。板（管）材要求轻质、坚固、无毒、价廉。目前，板（管）材较多采用聚丙烯塑料或聚氯乙烯塑料。塑料薄板厚 0.4~0.5mm，块体平面尺寸通常不大于 1m×1m，热轧成半六角形，然后黏合。

横向排列的斜板沉淀池入流区位于沉淀区的下面，高度为 1.0~1.5m。出流区位于沉淀区的上面，高度一般采用 0.7~1.0m。缓冲区位于斜板上面，深度≥0.05m。出水槽一般采用淹没孔出流，或者采用三角形锯齿堰。

3. 斜板（管）沉淀池的设计计算

斜板（管）沉淀池的设计仍可采用表面负荷来计算。根据水中的悬浮物沉降性能资料，由确定的沉淀效率找到相应的最小沉速和沉淀时间，从而计算出沉淀区的面积。沉淀区的面积不是平面面积，而是所有的澄清单元的投影面积之和，它要比沉淀池实际平面面积大得多。

6.3.4 辐流式沉淀池

辐流式沉淀池利用污水从沉淀池中心管进入，沿中心管四周花墙流出，污水由池中心向池四周流动，流速由大变小，水中的悬浮物在重力作用下下沉至沉淀池底部，然后用刮泥机将污泥推至污泥斗排走，或用吸泥机将污泥吸出排走。辐流式沉淀池由进水装置、中心管、穿孔花墙、沉淀区、出水装置、污泥斗及排泥装置组成。

按进、出水的布置方式，辐流式沉淀池可分为中心进水周边出水、周边进水中心出水、周边进水周边出水三种。如图 6.10 至图 6.12 所示。

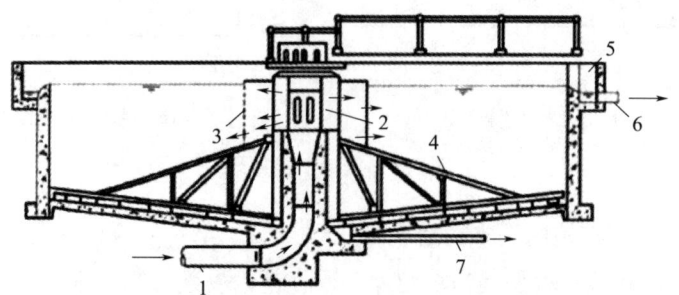

1—进水管；2—中心管；3—穿孔挡板；4—刮泥机；
5—出槽；6—出水管；7—排泥管。

图 6.10　中心进水周边出水的辐流式沉淀池

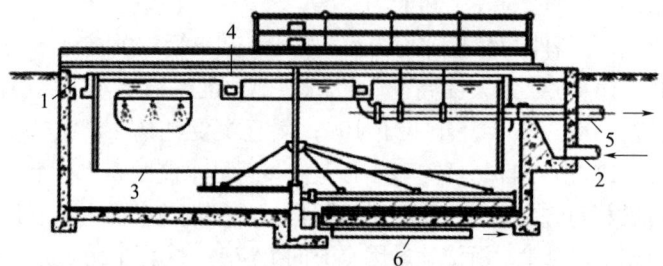

1—进水槽；2—进水管；3—挡板；4—出水槽；5—出水管；6—排泥管。

图 6.11　周边进水中心出水的辐流式沉淀池

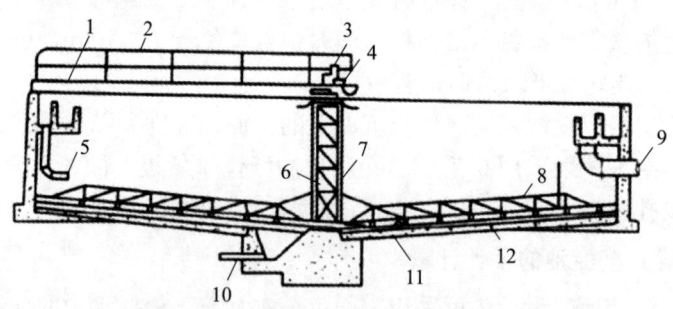

1—过桥；2—栏杆；3—传动装置；4—转盘；5—进水下降管；6—中心支架；7—传动器罩；
8—桁架式耙架；9—出水管；10—排泥管；11—刮泥板；12—可调节的橡皮刮板。

图 6.12　周边进水周边出水的辐流式沉淀池

辐流式沉淀池适用于大水量的沉淀处理，池型为圆形，直径在 20m 以上，一般在 30~50m，最大可达 100m，池周边水深 2.5~3.5m。池径与水深比宜为 6~12，池底坡度不小于 0.05。在进水口周围应设置整流板，其开孔面积为过水断面面积的 6%~20%。排泥方法有静水压力排泥和机械排泥。一般用周边传动的刮泥机，其驱动装置设在桁架的外缘。刮泥机桁架的一侧装有刮渣板，可将浮渣刮入设于池边的浮渣箱。池径或边长小于 20m 时，采用多斗静水压力排泥。采用机械排泥，池径小于 20m 时，一般用中心传动的刮泥机，其驱动装置设在池子中心走道板上。

6.3.5 竖流式沉淀池

竖流式沉淀池可采用圆形或正方形。为了池内水流分布均匀，池径应不大于 10m，一般采用 4~7m。沉淀区呈柱形，污泥斗为截头倒锥体。

污水从中心管自上而下，通过反射板折向上流，沉淀后的出水由设于池周的锯齿溢流堰溢入出水槽。如果池径大于 7m，一般可增设辐射方向的流出槽。流出槽前设挡渣板，隔除浮渣。污泥依靠静水压力从排泥管排出池外。

竖流式沉淀池的水流流速 v 方向是向上的，而颗粒的沉速 u 方向则是向下的，颗粒的实际沉速是 v 与 u 的矢量和，只有 $u \geqslant v$ 的颗粒才能被沉淀去除。如果颗粒具有絮凝性，则由于水流向上，微颗粒在上升的过程中，互相碰撞、接触，促进絮凝，颗粒变大，u 值也随之增大，去除的可能性增加。因此，竖流式沉淀池作为二次沉淀池是可行的。

竖流式沉淀池的中心管内的流速不宜大于 30mm/s，当设置反射板时，可不大于 100mm/s。污水从喇叭口与反射板之间的间隙流出的流速不应大于 40mm/s。

竖流式沉淀池具有排泥容易、不需设机械刮泥设备、占地面积较小等优点。缺点是造价较高，单池容量小，池深大，施工较困难。因此，竖流式沉淀池适用于处理水量不大的小型污水处理厂（站）。

6.3.6 沉淀池的选用

1. 地形、地质条件

不同类型沉淀池选用时会受到地形、地质条件的限制，有的平面面积较大而池深较小，有的池深较大而平面面积较小。例如，平流式沉淀池一般布置在场地平坦、地质条件较好的地方。沉淀池一般占生产构筑物总面积的 25%~40%。当占地面积受限时，平流式沉淀池的选用就会受到限制。

2. 气候条件

寒冷地区冬季时，沉淀池的水面会形成冰盖，影响处理和排泥机械运行，将面积较大的沉淀池建于室内进行保温会提高造价，因此以选用平面面积较小的沉淀池为宜。

3. 水质、水量

原水的浊度、含砂量、砂粒组成、水质变化直接影响沉淀效果。例如，斜管沉淀池积泥区相对较小，原水浊度高时，会增加排泥困难。根据技术经济分析，不同的沉淀池常有其不同的适用范围。例如，平流式沉淀池的长度仅取决于停留时间和水平流速，而与处理规模无关，水量增大时，仅增加池宽即可。单位水量的造价指标随处理规模的增加而减小，所以平流式沉淀池适用于水量较大的场合。

4. 运行费用

不同的原水水质对不同类型沉淀池的混凝剂消耗量不同；排泥方式的不同会影响到排泥水浓度和厂内自用水的耗水率；斜板（管）沉淀池板材需要定期更新等，会增加日常维护费用。

各种类型的沉淀池在其适宜的条件下都能获得最佳效果。因此，在污水处理的设计中，首先要了解各种类型沉淀池的特点和使用条件，选用适合具体情况的沉淀池，然后再按上述设计方法进行设计。各种类型沉淀池的主要优缺点和适用条件见表6.4。

表 6.4　各种类型沉淀池的主要优缺点和适用条件

类型	主要优缺点	适用条件
平流式沉淀池	沉淀效果好，对冲击负荷和温度变化的适应能力较强，施工简易，造价较低。但占地面积大，配水不易均匀，多斗排泥操作量大，链带式刮泥机易锈蚀	地下水位高及地质条件差的地区，大、中、小型污水处理厂
竖流式沉淀池	占地面积小，管理简单，排泥方便。但池深大，施工难，对冲击负荷和温度变化的适应能力较差，池径不宜过大，否则布水不均匀	水量不大的小型污水处理厂（站）
辐流式沉淀池	采用机械排泥，运行效果较好，管理较简单。但机械排泥设备复杂，对施工质量要求高	地下水位较高的地区，大、中型污水处理厂
斜流式沉淀池	沉淀效率高，占地面积小，水力负荷高。但斜板、斜管造价高，需定期更换，且易堵塞	小型污水处理厂（站）

6.4　澄清池设计

6.4.1　澄清池工作原理及类型

1. 工作原理

澄清池集混凝和沉淀两个水处理过程于一体，在一个处理构筑物内完成。如前所述，原水通过加药混凝，水中脱稳杂质通过碰撞结成大的絮凝体；而后在沉淀池内下沉去除。澄清池利用池中活性泥渣层与混凝剂以及原水中的杂质颗粒相互接触、吸附，把脱稳杂质阻留下来，使水澄清。活性泥渣层接触介质的过程，就是絮凝过程，常称为接触絮凝。在絮凝的同时，杂质从水中分离出来，清水在澄清池的上部被收集。

污泥池中泥渣层的形成，主要是在澄清池开始运转时，在原水中加入较多的混凝剂，并适当降低负荷，经过一定时间运转后，逐步形成的。当原水浊度较低时，为加速形成泥渣层，可人工投加黏土。为了保持稳定的泥渣层，必须控制池内活性泥渣量，不断排除多余的泥渣，使泥渣层处于新陈代谢状态，保持接触絮凝的活性。

2. 常见澄清池的类型

根据池中泥渣运动的情况，澄清池可分为泥渣悬浮型和泥渣循环型澄清池两大类。前者有悬浮澄清池和脉冲澄清池，后者有机械搅拌澄清池和水力循环澄清池。

6.4.2 泥渣悬浮型澄清池

泥渣悬浮型澄清池又称泥渣过滤型澄清池。加药后的原水由下而上通过悬浮状态的泥渣层，水中脱稳杂质与高浓度的泥渣颗粒碰撞发生凝聚，同时被泥渣层拦截。这种状态类似于过滤作用。通过悬浮层的浑水即达到澄清目的。

常用的泥渣悬浮型澄清池有悬浮澄清池和脉冲澄清池两种。

1. 悬浮澄清池

图 6.13 为悬浮澄清池剖面图。

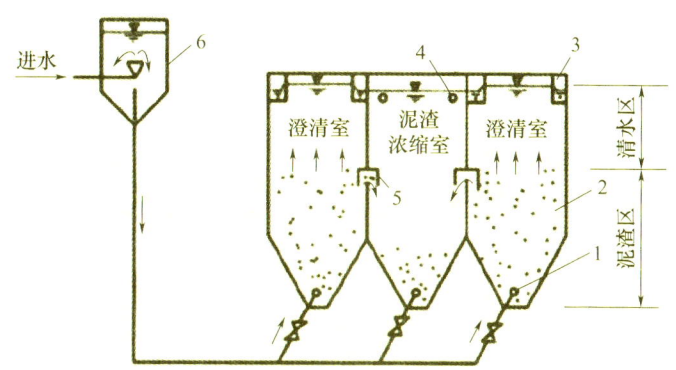

1—穿孔配水管；2—泥渣悬浮层；3—穿孔集水槽；4—强制出水管；
5—排泥窗口；6—气水分离器。

图 6.13 悬浮澄清池剖面图

悬浮澄清池的工艺流程是：加药后的原水经过气水分离器 6 从穿孔配水管 1 流入澄清室，水流自下而上通过泥渣悬浮层 2，水中杂质则被泥渣悬浮层截留，清水从穿孔集水槽 3 流出。泥渣悬浮层中不断增加的泥渣，在自行扩散和强制出水管 4 的作用下，由排泥窗口 5 进入泥渣浓缩室，经浓缩后定期排除。强制出水管收集泥渣浓缩室内的上清液，并在排泥窗口两侧造成水位差，从而使澄清室内的泥渣流入泥渣浓缩室。气水分离器使水中的空气在其中分离出来，以免进入澄清室后扰动悬浮层。

悬浮澄清池一般用于小型水厂。

2. 脉冲澄清池

脉冲澄清池的特点是通过脉冲发生器，使澄清池的上升流速发生周期性的变化。当上升流速小时，泥渣悬浮层收缩、浓度增大而使颗粒排列紧密；当上升流速大时，泥渣悬浮层膨胀。悬浮层不断产生周期性的收缩和膨胀，不仅有利于微絮凝颗粒与活性泥渣的接触絮凝，还可以使悬浮层的浓度分布在全池内趋于均匀，并防止颗粒在池底沉积。

脉冲发生器有多种型式。采用真空泵脉冲发生器的澄清池剖面如图 6.14 所示。真空泵脉冲发生器的工作原理是：原水通过进水管 4 进入进水室 1，由于真空泵 2 造成的真空而使进水室内水位上升，此为充水过程。当水面达到进水室的最高水位时，进气阀 3 自动开启，使进水室与大气相通。这时，进水室内水位迅速下降，向澄清池放水，此为放水过程。当水位下降到最低水位时，进气阀 3 又自动关闭，真空泵则自动启动，再次使进水室变成真空，进水室内水位又上升，如此反复进行脉冲工作，从而使悬浮层产生周期性的膨胀和收缩。

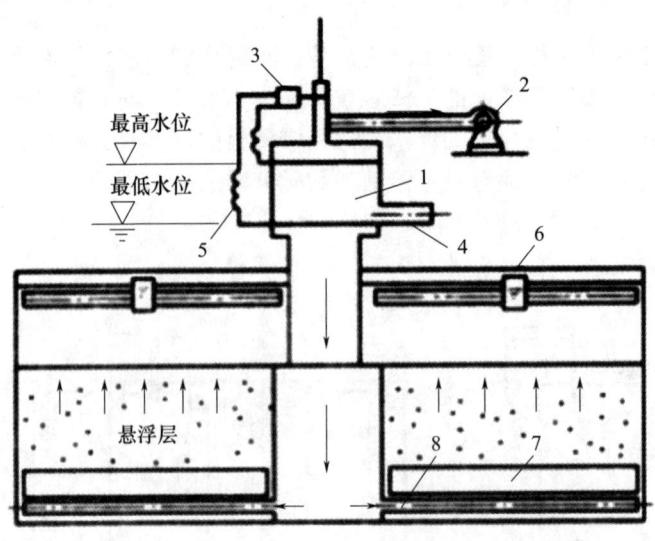

1—进水室；2—真空泵；3—进气阀；4—进水管；5—水位电极；
6—集水槽；7—稳流板；8—配水管。

图 6.14 采用真空泵脉冲发生器的澄清池剖面图

泥渣悬浮型澄清池由于受原水水量、水质、水温等因素的变化影响比较明显，因此目前设计中应用较少。

6.4.3 泥渣循环型澄清池

如果促使泥渣在池内进行循环流动，可以充分发挥泥渣接触絮凝作用。泥渣循环可借机械抽升或水力抽升造成。

1. 机械搅拌澄清池

利用转动的叶轮使泥渣在池内循环流动，完成接触絮凝和澄清过程。机械搅拌澄清对水质、水量变化的适应性强，处理效率高，应用也最多，适用于大中型水厂。

如图 6.15 所示，机械搅拌澄清池由第一絮凝室、第二絮凝室、导流室及分离室组成。整个池体上部是圆筒形，下部是截头圆锥形。加过药剂的原水由进水管 1 通过三角配水槽 2 的缝隙均匀流入第一絮凝室Ⅰ，由提升叶轮 6 提升至第二絮凝室Ⅱ。在第一、二絮凝室内与高浓度的回流泥渣相接触，达到较好的絮凝效果，结成大而重的絮凝体，经导流室Ⅲ流入分离室Ⅳ沉淀分离。清水向上经集水槽 7 流至出水管 8，向下沉降的泥渣沿锥底的回流缝再进入第一絮凝室，重新参加絮凝，一部分泥渣则排入泥渣浓缩室 9，浓缩至适当浓度后经排泥管排除。

根据实际情况和运转经验确定混凝剂加注点，可加在水泵吸水管内，亦可由投药管 4 加入澄清池进水管 1、三角配水槽 2 等处，并可数处同时加注。透气管 3 的作用是排除三角配水槽中原水可能含有的气体，放空管 11 进口处的排泥罩 12，可使池底积泥沿罩的四周排除，使排泥彻底。

搅拌设备由提升叶轮 6 和搅拌桨 5 组成，提升叶轮装在第一和第二絮凝室的分隔处。搅拌设备一方面提升叶轮,将回流水从第一絮凝室提升至第二絮凝室,使回流水中的泥渣不断地在池内循环;另一方面,搅拌桨使第一絮凝室内的水和进水迅速混合,泥渣随水流处于悬浮和环流状态。因此,搅拌设备使接触絮凝过程在第一、二絮凝室内得到充分发挥。

第二絮凝室设有导流板,用以清除因叶轮提升所引起的水的旋转,使水流平稳地经导流室流入分离室。分离室下部为泥渣层,上部为清水层,清水向上经集水槽流至出水槽。清水层一般应有1.5~2.0m的深度,以便在排泥不当而导致泥渣层厚度发生变化时,仍然可以保证出水水质。

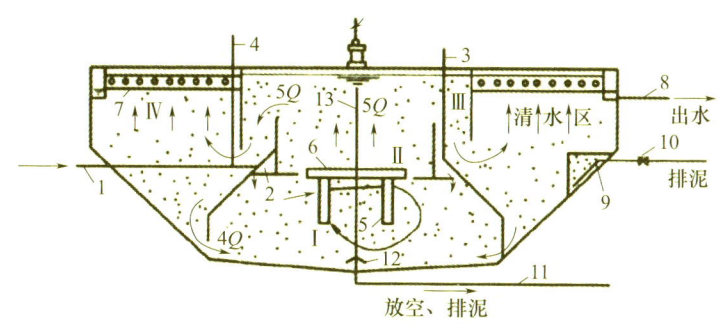

1—进水管;2—三角配水槽;3—透气管;4—投药管;5—搅拌桨;6—提升叶轮;7—集水槽;8—出水管;9—泥渣浓缩室;10—排泥阀;11—放空管;12—排泥罩;13—搅拌轴;Ⅰ—第一絮凝室;Ⅱ—第二絮凝室;Ⅲ—导流室;Ⅳ—分离室。

图 6.15 机械搅拌澄清池剖面图

机械搅拌澄清池的设计计算参数如下:

(1) 水在澄清池内总的停留时间为1.2~1.5h。

(2) 原水进水管流速一般在1m/s左右。由于进水管进入环形配水槽后向两侧环流配水,所以三角配水槽断面按设计流量的一半计算,配水槽和缝隙流速为0.5~1.0m/s。

(3) 清水区上升流速一般为0.8~1.1mm/s,低温低浊水可采用0.7~0.9mm/s,清水区高度为1.5~2.0m。

(4) 叶轮提升流量一般为进水流量的3~5倍。叶轮直径为第二絮凝室内径的70%~80%。

(5) 第一絮凝室、第二絮凝室(包括导流室)和分离室的容积比,一般控制在2:1:7左右。第二絮凝室和导流室内流速为40~60mm/s。

(6) 小池可用环形集水槽,池径较大时应增设辐射式水槽。池径小于6m时,可用4~6条辐射槽,直径大于6m时可用6~8条辐射槽。环形槽和辐射槽壁开孔,孔眼直径为20~30mm,流速为0.5~0.6m/s。集水槽计算流量应考虑1.2~1.5的超载系数,以适应今后流量的增大要求。

(7) 当池径较小,且进水悬浮物量经常小于1000mg/L时,可采用人工排泥。池底锥角在45°左右。当池径较大,或进水悬浮物含量较高时,须有机械刮泥装置。安装刮泥装置部分的池底可做成平底或球壳形。

(8) 污泥浓缩斗容积为澄清池容积的1%~4%,根据池的大小设1~4个污泥斗。

机械搅拌澄清池处理效率较高，对原水水质、水量的变化适应性强，操作运行较为方便，适用于大、中型水厂，进水悬浮物浓度应小于1000mg/L，短时允许3000～5000mg/L。但能耗大，设备维修工作量大。

2. 水力循环澄清池

图6.16为水力循环澄清池剖面图。

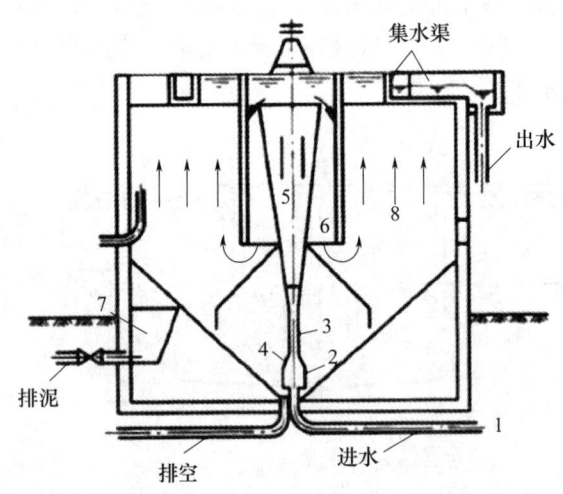

图6.16 水力循环澄清池剖面图

水力循环澄清池的工作原理是：原水从池底进水管1经过喷嘴2高速喷入喉管3，在喉管下部喇叭口4附近形成真空而吸入回流泥渣。原水与回流泥渣在喉管3中剧烈混合后，被送入第一絮凝室5和第二絮凝室6，从第二絮凝室流出的泥水混合液，在分离室8中进行泥水分离，清水上升，由集水渠收集并经出水管排出，泥渣则一部分进入泥渣浓缩室7，另一部分被吸入到喉管重新循环，如此周而复始地工作。

水力循环澄清池结构简单，不需要机械设备，但泥渣回流量难以控制，由于絮凝室容积较小，絮凝时间较短，回流泥渣接触絮凝作用发挥不好。水力循环澄清池处理效果较机械搅拌澄清池的差，耗药量大，对原水水量、水质、水温的适应性差，并且池体直径和高度要有一定的比例，直径大，高度就大，故水力循环澄清池一般适用于中、小型水厂。由于水力循环澄清池的局限性，目前已较少设计。

6.5 消毒设施设计

水源水、生活污水、工业废水中含有大量的细菌和病毒，一般的处理工艺不能将其灭绝。为了满足水质要求，防止疾病的传播，须对水进行消毒处理。

6.5.1 消毒方法

1. 液氯消毒

液氯消毒法指的是将液氯汽化后通过加氯机投入水中完成氧化和消毒的方法。

液氯是迄今为止最常用的方法，其特点是液氯成本低、工艺成熟、效果稳定可靠。

由于加氯法一般要求不少于30min的接触时间，接触池容积较大；氯气是剧毒危险品，存储氯气的钢瓶属高压容器，有潜在威胁，需要按安全规定兴建氯库和加氯间；液氯消毒将生成有害的有机氯化物，但是它的持续灭菌能力，让它成为现今水处理行业里比较常用的工艺。

(1) 普通氯化消毒

普通氯化消毒是指水的需氯量较低，且基本无氨，用少量氯即可达到消毒目的的一种消毒法。此法产生的主要是游离性余氯，所需接触时间短，效果可靠。但要求原水污染较轻，且基本无酚类物质（否则会产生氯酚臭）；原水为地面水时，往往会使饮用水具有致突变性，以及含有三卤甲烷。

(2) 氯胺消毒法

氯胺消毒法氨与氯的比例应通过试验确定，其范围一般为1∶3～1∶6。与普通氯化消毒法相比，本法产生的三卤甲烷明显较低；如先加氨后加氯，则可防止氯酚臭；如先加氯，消毒后再加氨，则可使管网末梢余氯得到保证。但本法的消毒作用较弱，故要求的接触时间较长，余氯浓度较高；费用较贵。

(3) 折点消毒法

折点消毒法的优点是：消毒效果可靠；能明显降低锰、铁、酚和有机物含量；并具有降低臭味和色度的作用。缺点是耗氯多，并因而有可能产生较多的氯化副产物；需事先求出折点加氯量，且有时折点不明显；会使水的pH值过低，故必要时尚需加碱调整。

(4) 过量氯消毒法

当有机污染严重，或需在短时间内达到消毒目的时，可加过量氯于水中，使余氯达1～5mg/L。消毒后的水，需用SO_2、亚硫酸钠或活性炭脱氯。

2. 二氧化氯消毒

二氧化氯为强氧化剂，杀菌主要是吸附和渗透作用，大量二氧化氯分子聚集在细胞周围，通过封锁作用，抑制其呼吸系统，进而渗透到细胞内部，以其强氧化能力有效氧化菌类细胞赖以生存的含硫基的酶，从而快速抑制微生物蛋白质的合成来破坏微生物。

(1) 二氧化氯投加量

二氧化氯投加量应根据实验和相似条件下水厂的运行经验，按照最大用量计算。主要与原水水质和投加用途有关。当二氧化氯仅作为饮用水消毒时，一般投加0.1～0.5mg/L；当用于除铁、除锰、除藻的预处理时，一般投加0.5～3.0mg/L；当兼作除臭时，一般投加0.5～1.5mg/L。投加量须保证管网末端能有0.05mg/L的剩余氯。

(2) 二氧化氯投加点的选择

用于预处理时，一般应在混凝剂加注前5min左右投加。用于除臭或饮用水消毒时，可以在滤后投加。

(3) 接触时间

用于预处理时，二氧化氯与水的接触时间为15～30min；用于水厂饮用水消毒时为15min。

(4) 二氧化氯投加方式

采用水射器在管道中投加，水射器尽量靠近加注点。也可以采用扩散器或扩散管在水池中投加。

3. 次氯酸钠消毒

次氯酸钠是一种强氧化剂，其消毒作用仍然依靠 HOCL 进入菌体内部起氧化作用。次氯酸钠溶液是通过发生器将食盐水电解后生成的，无色，无味，消毒效果不如氯强。

一般用次氯酸钠发生器电解食盐水（或海水）制取次氯酸钠溶液。产品含有效氯 $6 \sim 11 mg/mL$。

次氯酸钠宜边生产边使用，冬天储存时间不应超过 6d，须避光保存。

次氯酸钠消毒的缺点是：消毒效果不如氯强；不宜储运，需现场投加；发生器设备整体故障率高，体积大；劳动强度大；电耗、盐耗高。

4. 氯胺消毒

氯胺消毒法指的是氯和氨反应生成一氯胺和二氯胺以完成氧化和消毒的方法。被消毒的水中氨氮含量 0.05mg/L 时，便在加氯前先加氨或铵盐，再加氯使之生成化合性氯的消毒方法叫氯胺消毒。起主要作用的是一氯胺和二氯胺。

氯胺消毒的优点是：因氯胺与水中腐殖物质作用较小，因此减少了腐殖物质与游离氯所形成的致癌物质（如三卤甲烷）；在管网中的氯胺形成的余氯持续时间长，因而能有效地抑制残余细菌的再繁殖；避免了氯引起的臭味。

氯胺消毒的缺点是：氯胺的氧化能力较氯低，因此对病原体的灭活需要更长的接触时间；氯胺作为消毒剂生成不具有消毒效果的有机氯胺；氯胺的自身分解和衰减释放自由氨氮，氨氮可作为自养硝化细菌的底物，参与氮循环。硝化细菌利用氨氮作为能量来源并且生成亚硝酸氮，加速氯胺的衰减，使得异养菌增加。

5. 臭氧消毒

1) 臭氧消毒的原理

臭氧是一种强氧化剂，灭菌过程属生物化学氧化反应。O_3 灭菌有以下三种形式。

(1) 臭氧能氧化分解细菌内部葡萄糖所需的酶，使细菌灭活死亡。

(2) 直接与细菌、病毒作用，破坏它们的细胞器和 DNA、RNA，使细菌的新陈代谢受到破坏，导致细菌死亡。

(3) 透过细胞膜组织，侵入细胞内，作用于外膜的脂蛋白和内部的脂多糖，使细菌发生通透性畸变而溶解死亡。

2) 臭氧消毒的优点

臭氧消毒灭菌方法与常规的灭菌方法相比具有以下特点。

(1) 高效性。臭氧消毒灭菌是以空气为媒质，不需要其他任何辅助材料和添加剂。具有包容性好，灭菌彻底的特点，同时还有很强的除霉、腥、臭等异味的功能。

(2) 高洁净性。快速分解为氧的特征，是臭氧作为消毒灭菌的独特优点。臭氧是利用空气中的氧气产生的，消毒过程中，多余的氧在 30min 后又结合成氧分子，不存在任何残留物。这就解决了消毒剂消毒方法产生的二次污染问题，同时省去了消毒结束后的再次清洁。

(3) 方便性。臭氧灭菌器一般安装在洁净室或者空气净化系统中或灭菌室内（如臭氧灭菌柜、传递窗等）。根据调试验证的灭菌浓度及时间，设置灭菌器的按时间开启及运行时间，操作使用方便。

(4) 经济性。通过臭氧消毒灭菌在诸多制药行业及医疗卫生单位的使用及运行比较，臭氧消毒方法与其他方法相比具有很大的经济效益及社会效益。

3) 臭氧消毒的缺点

(1) 臭氧消毒会产生醛类及溴酸盐等有毒副产物。

(2) 臭氧不易保存，需现场制备及使用。

(3) 设备投资昂贵，占地面积大，运转费用高。

6. 紫外线消毒

紫外线消毒是一种物理方法，它不向水中增加任何物质，没有副作用，这是它优于氯化消毒的地方，它通常与其他物质联合使用，这样，消毒效果会更好。

通常紫外线消毒可用于氯气和次氯酸盐供应困难的地区和水处理后对氯的消毒副产物有严格限制的场合。一般认为当水温较低时用紫外线消毒比较经济。

1) 紫外线消毒优点

紫外线消毒的优点如下：

(1) 不向水中引进杂质，水的物化性质基本不变；

(2) 水的化学组成（如氯含量）和温度变化一般不会影响消毒效果；

(3) 不另增加水的嗅、味，不产生诸如三卤甲烷等类的消毒副产物；

(4) 杀菌范围广而迅速，处理时间短，在一定的辐射强度下一般病原微生物仅需十几秒即可杀灭，能杀灭一些氯消毒法无法灭活的病菌，还能在一定程度上控制一些较高等的水生生物如藻类和红虫等；

(5) 过度处理一般不会产生水质问题；

(6) 一体化的设备构造简单，容易安装，小巧轻便，水头损失很小，占地小；

(7) 容易操作和管理，容易实现自动化，设计良好的系统的设备运行维护工作量很少；

(8) 运行管理比较安全，基本没有使用、运输和储存其他化学品可能带来的剧毒、易燃、爆炸和腐蚀性的安全隐患；

(9) 消毒系统除了必须运行的水泵以外，没有其他噪声源。

2) 紫外线消毒缺点

紫外线消毒的缺点如下：

(1) 处理水量较小；

(2) 管网中没有持续消毒能力。

7. 微电解消毒

微电解消毒即电化学法消毒，其实质是水流经电场水处理器时，水中细菌、病毒的生态环境发生变化，导致其生存条件丧失而死亡。

微电解消毒的优点如下：

(1) 体积小，易于安装，不需专人管理；

(2) 不污染环境；

(3) 操作简单，运行可靠，运行费用低；

(4) 若安装在循环冷却水处理场合，可同时兼有防垢、除垢及灭藻功能。

6.5.2 消毒设施设计

1. 液氯消毒设施设计

1) 设计要点

(1) 加氯设备。氯瓶中的氯气不能直接用管道加到水中，为了保证加氯消毒时的安全和计量准确，必须经过加氯机投加。

加氯机台数按照最大加氯量选用，至少安装两台，备用台数不少于一台（加氯机的种类很多，常用的有转子加氯机、转子真空加氯机、真空加氯机等）。

(2) 加氯间

① 加氯间靠近加氯点，与氯库毗连或合建，布置在水厂的下风向，与厂外经常有人的建筑尽量保持远的距离。

② 加氯间和其他工作间隔开，建筑物应坚固、防火、保温。

③ 有直接通向外部、向外开的大门。

④ 有良好的通风，通风设备的排气口设于低处，通风设备按每小时换气 8～12 次设计。

⑤ 加氯间房屋结构应坚固、防火。

加氯间和氯库需设定测定空气中氯气浓度的仪表和报警措施。加氯间内应有吸收设备。加氯间出入处应设置检修工具、防毒面具和抢修设备。照明和通风设备应设有室外开关。加氯间的管线应铺设在管沟内。

氯气管选用紫铜管或无缝钢管，氯水管用橡胶管或塑料管，给水管用镀锌钢管。

(3) 液氯库。液氯库的储备量应按生产、运输和使用条件具体确定，一般按照最大投加量 15～30d 的储量计算。液氯库建筑应防止强烈日照，同时必须有独立向外开启的门，大门的尺度要方便氯瓶的运输，液氯库内必须有机械搬运设备。

2) 加氯量计算

在水处理中，氯气的投加量应根据相似条件水厂的运行经验或实验而定。自来水厂出水的余氯量应符合生活饮用水标准。一般氯气的投加浓度控制在 1～5mg/L。水与氯应充分混合，接触时间不小于 30min。杀菌作用随接触时间增加而增加，接触时间短须增加投氯量。

设计加氯量按式（6.35）计算：

$$W = 0.011 Qq \tag{6.35}$$

式中　W——加氯量，kg/h；

　　　q——最大加氯量，g/m³；

　　　Q——需消毒的水量，m³/h。

2. 其他消毒方式的设计

1) 设计要点

二氧化氯消毒、漂粉精消毒、次氯酸钠消毒、氯胺消毒、臭氧消毒以及紫外线消毒的设计要点见表 6.5。

表 6.5　其他消毒方式的设计要点

序号	项目	设计要点
1	二氧化氯消毒	（1）二氧化氯投加点的选择。用于预处理时，一般应在混凝剂加注前 5min 左右投加。用于除臭或饮用水消毒时，可以在滤后投加。 （2）接触时间。用于预处理时，二氧化氯与水的接触时间为 15~30min；用于水厂饮用水消毒时为 15min。 （3）二氧化氯投加方式。采用水射器在管道中投加，水射器尽量靠近加注点；也可以采用扩散器或扩散管在水池中投加。 （4）二氧化氯制取间及库房设计。目前，常见的二氧化氯的制备方法有电解食盐法和化学法。设置二氧化氯发生器的制取间与储存物料的库房合建时，须设有隔墙。每房间有独立对外的门和便于观察的窗。制取间须有喷淋装置，防止气体泄漏。 （5）库房设计。库房的面积不宜大于 30d 的储存量。库房保持干燥，防止强烈的光线直射，有通风设备。需要设置机械搬运装置。制备间和库房按照防爆建筑要求设计，工作区内要有专用通风装置和气体的传感、警报装置。门外应设置防护工具
2	漂粉精消毒	（1）漂粉精消毒可以采用湿式投加或干式投加。 （2）溶药池一般采用两个，便于轮换使用。池底坡度不小于 2%，考虑 15% 容积作为沉渣部分，池子顶部应有大于 0.1~0.15m 的超高。 （3）漂粉精仓库宜与加注室隔开。药剂储备量一般按最大日用量的 15~30d 计算。适当设置机械搬运设备。 （4）仓库应保持阴凉、干燥、通风良好，一般为自然通风
3	次氯酸钠消毒	（1）一般用次氯酸钠发生器电解食盐水（或海水）制取次氯酸钠溶液。产品含有效氯 6~11mg/mL。 （2）次氯酸钠宜边生产边使用，冬天储存时间不应超过 6d，须避光保存。 （3）储液箱有足够高度时，可以罩力投加，通过水封箱加注到水泵吸水管中；也可以用水射器等压力投加，同混凝剂的投加
4	氯胺消毒	（1）氯胺消毒时接触时间不小于 2h。 （2）氯、氨的投加比例应通过试验确定，一般氯和氨的质量比为（3∶1）~（6∶1）。 （3）氯和氨的投加方法相同。氯和氨的投加顺序按投加目的而定。以消毒为主时"先氯后氨"；为了减少不良副产物的生成应"先氨后氯"。 （4）加氨间和氨库的设计一定要严格按照防火设计规范的有关防爆防火规定。加氨间应经常换气，进气孔设在外墙的低处，排气孔设在最高处。加氨间的建筑、安全、通风、管线等可以参照加氯间。氨瓶不可以在阳光下暴晒
5	臭氧消毒	（1）臭氧的 pH 值为 6~9 时消毒效率臭氧＞二氧化氯＞氯＞次氯酸钠。 （2）臭氧消毒系统主要由四部分组成，即气源制备、臭氧发生、接触反应、尾气处理
6	紫外线消毒	（1）光照接触时间为 10~100s。 （2）水层厚度一般不超过 2cm。 （3）消毒器中的水流速度最好不小于 0.3m/s，减少套管的结垢。 （4）紫外线灭菌灯的最佳运行温度为 40℃，温度更高或更低都会影响紫外光的输出功率。 （5）消毒器前应有净水器或进水经过过滤，以提高杀菌效果。 （6）消毒器可以并联或串联安装

2) 投加量的确定

(1) 二氧化氯投加量的确定

二氧化氯投加量应根据实验和相似条件下水厂的运行经验，按照最大用量计算。当二氧化氯仅作为饮用水消毒时，一般投加 0.1～0.5mg/L；当用于除铁、除锰、除藻的预处理时，一般投加 0.5～3.0mg/L；当兼作除臭时，一般投加 0.5～1.5mg/L。投加量须保证管网末端能有 0.05mg/L 的剩余氯。

(2) 漂粉精用量计算

漂粉精的用量按下式（6.36）计算：

$$W = \frac{Qq}{1000p} \quad (6.36)$$

式中 W——每日漂粉精的用量，kg/d；

Q——每日处理水量，m^3/d；

q——加氯量，g/m^3；

p——漂粉精的有效含氯量，%。

3) 消毒设施运行通则

给水系统的消毒，仍以加氯消毒为主。主要含氯药剂有液氯、漂白粉、次氯酸钠液体和电解食盐水的商品次氯酸钠发生器。给水系统的消毒设计运行通则如下。

(1) 消毒剂加入净化水中后应充分混合均匀，并要求有 30～60min 的接触反应时间，以达到杀菌的目的。保证这一接触时间一般由清水池、高位水池或水塔储水时间来实现。

(2) 为加注消毒剂数量计算的方便起见，一般反算其用量，以便于运行人员掌握。消毒剂量的多少，应根据净化构筑物净化水的数量，四季各不相同，经消毒，最终以水厂出厂水中游离余氯不少于 0.3mg/L 为合格。夏季应增加投氯量，使出厂水中游离余氯可掌握在 0.5mg/L。每座水厂水源水条件各异，都应尽快摸索出投氯量与出水厂余氯合格标准之间关系的规律，以保证出厂水余氯合格。

(3) 按国家饮用水卫生标准规定，给水管网末梢水还应保持游离余氯含量不得少于 0.05mg/L。为此，运行化验人员还应积极认真摸索本水厂管网和水质情况，出厂水余氯与末梢水余氯的关系规律，以末梢水合格时，确定出厂水余氯控制值。城镇给水系统一般管网相对较短，余氯在管网中的消耗一般较少，因此通过摸索就可以减少消毒剂的用量。

(4) 为提高自来水的品质，减少出厂水中有害物的含量，应尽量减少有效氯的投加量。

(5) 净化过程中、加氯后的净化构筑物和配水泵房的运转人员都必须掌握余氯的检测技术，配备检测手段，以保证水质要求。

7 海绵城市理念下的市政给排水规划设计新技术

7.1 低影响开发技术

7.1.1 低影响开发概述

1. 低影响开发概述

20世纪初至70年代,美国雨洪管理采用的主要是针对降雨带来的水环境点源污染的末端处理方法,这一阶段城市规模和降雨带来的洪涝灾害较小,应对起来相对容易。随着城市的不断发展,城市化导致土地原有下垫面覆被类型及构成剧变,城市地表土壤渗水能力剧烈变动,造成日益严重的城市雨洪灾害。仅依靠末端修补已经不能完全解决城市雨洪问题,于是应对方式开始逐渐转变。

1972年美国国会通过了《清洁水法案》,法案确立了国家污染物排放削减系统,该系统中最突出的一项规定是减少点源污染(污染源来自某个可识别的单体,如工业设施)造成的水污染。1987年对该法案加以修订,并制订雨水管理计划用以解决非点源污染(与人类活动相关的地表污染物从非特定地点在暴雨径流冲刷下汇集而成的污染,如泥沙、富营养物等)。

20世纪80年代中期,美国马里兰州开始引入"生物滞留"技术管理雨洪。"生物滞留"是一种水质和水量的控制设施,其主要作用体现在利用土壤中的微生物和动、植物以及土壤本身的结构特性进行雨洪的滞留、净化和下渗等一系列物理、化学和生物处理过程。

20世纪90年代初,马里兰州的一家住宅开发商首次使用具有生物滞留特点的"雨水花园"进行住宅区雨水管理。之后,该州乔治王子郡的环境部门就将"场地设计"与"生物滞留""最佳管理实践"相结合,逐步发展形成了"低影响开发"雨洪管理方法。1999年,乔治王子郡发布了第一部低影响开发设计指导方法,推动了低影响开发理论的发展。此后,美国又提出绿色基础设施和绿色雨水基础设施(GSI),强调通过多学科交叉融合,采用大尺度生态规划方法构建绿色网络系统,深入探索雨洪管理机制,保证水环境安全,改善城市生态环境。

2. 低影响开发的含义

低影响开发(LID)是在最佳管理实践理论基础上发展而来的,最早由乔治王子郡提出。随着低影响开发理论研究不断深入,其理论内涵也得到补充和拓展。不同的研究视角对低影响开发的定义略有不同,但其基本原理可概括为通过小尺度、分散的、低成本的雨洪控制措施进行场地雨污径流处理，利用渗透、蒸散、过滤、储存等生态过程来维持场地开发前后的水文平衡。

低影响开发不仅强调径流的源头处理，同时也重视公众的参与性。通过鼓励公众参与低影响开发的建设来降低政府财政支出，以达到良性的市场循环机制。低影响开发理念的推行对我国水生态环境的改善具有重要作用。

3. 低影响开发理念的国内外理论及实践

1）基于低影响开发理念的国外理论及实践

（1）国外理论研究概述

美国的雨洪管理理论研究在世界上较为领先。在19世纪80年代，最佳管理实践（BMP）的理念由美国率先提出，其将水分为水量控制、水质净化和可持续发展三个阶段来管理，主要包含结构性措施和非结构性措施，用来控制雨水径流量、减少水污染，改善生态环境问题。到20世纪90年代，低影响开发理念在美国逐渐推行开来。低影响开发是通过小规模的方法从雨水源头分散消纳雨水，运用不同的生态结构技术措施，最终使得开发区域的水文状态最接近开发前的。低影响开发主要是对雨水的径流速度、径流总量、峰值流量、峰值时间等指标进行控制。水敏感城市设计（WSUD）是20世纪90年代在澳大利亚提出的水治理理念。澳大利亚政府和市民非常珍视水资源，因为这个国家的水资源储量较为短缺。澳大利亚研究人员利约德（S.D.Llyod）在2002年发表的《城市雨水管理方案的规划与建设》一文中，详细介绍了水敏感城市理论，并将此种水管理理念和技术措施融入城市规划和设计中。通过对城市的系统规划和城市发展建设过程中对生态基础设施的设计，将城市中的水循环过程进行总体整合，在设计时综合考虑径流的水量、水质、景观潜力和生态价值等，进而对水资源进行管理。水敏感城市性设计系统摒弃以往以排为主的治水理念，致力于水的良性循环、水的可持续利用理念。不同于上述两种治水理念，水敏感城市设计着重对水进行区别化治理，同时将河道健康、污水处理及生态平衡纳入城市水循环，根据城市雨洪管理不同阶段的水环境问题和相应要求，对城市建筑、公共空间、道路、景观和生态雨水设施进行有机结合和整体设计，对雨水、污水、饮用水和其他水资源实行整体综合管理，以确保雨水管理措施在城市开发各环节的顺利实施。

日本是一个海岛国家，淡水资源短缺，但降雨丰富，城市内涝现象非常严重。经过多年的研究，在20世纪80年代，日本开始推行雨水储留渗透计划，以利用各种设施对雨水进行收集储存、净化利用为特色，将收集而来的水用于洗车、冲厕、绿植灌溉等。在日本住宅区建筑的屋顶上"空中花园"非常普遍，这样既可以给城市增加大面积的绿色草地，又能将雨水收集利用，增加雨水的利用率。绿色植被的增加降低了城市的热岛效应，美化了居住区的环境，让住宅更加宜居。在城市中，设计师大量使用透水性铺装材料来蓄滞雨水，以增加雨水下渗，补充地下水资源。与此同时，植草沟、蓄水池、池塘等雨水储存、净化措施也逐渐在居住区中得到推广。设计师构思精巧，凡是可以运用海绵城市型技术的区域都会加以使用。可持续性排水系统（SUDS）是在20世纪90年代，由英国提出的水管理的治理理念。SUDS舍弃了以往粗犷的"排"的理念，致力于建立绿色水处理系统。这种系统强调在雨水源头处着手，运用自然的手法使雨水下渗，运用植被、微生物等将污染物过滤，干旱缺水时将储存的雨水再缓慢释放出来。具体的技术措施包括但不限于植草沟、可渗透性道路、绿色屋顶、过滤式沉淀槽、滞留池、储水池、池塘和地下储水池等设施，这些措施可以有效阻滞雨水外流，增强对雨水的储存渗透，补充地下水源。把过去依靠终端排放的主要处理方式转变为以"水循环"为核心的管理模式，在规划、设计和建设过程中考虑生态、环境和社会因素，优化区域水系环境，提高城市水循环的整体水平。在大多数情况下，可持续排水系统的成本并不高，成本效益却很高。国外对低影响开发技术的研究大多数是针对各类措施的作用与效果。

例如，在2006年，德雷林（Dreelin）等人的研究发现，普通沥青路面比透水路面所产生的径流要多93%。2008年，柯林斯（Collins）等人的研究结果表明，透水混凝土路面截留的降水量可达6mm。在2011年，德布斯克（Debusk）等人通过实地调查研究，结果发现生物滞留可以使地表径流量减少97%～99%。

从以上发展可以得出，美国、澳大利亚、日本和德国是海绵城市理念发展较为领先的国家，这些国家将其理念切实地用到了自己国家的项目实践中并取得了不错的效果。相关领域的专家对一些低影响开发措施的作用与效果也进行了详细的探索和实验。这些研究结论为本书提供了有力的理论支持，对相关项目的研究探索也为我们接下来的实践提供了基础。

（2）国外实践探索概述

① 美国西雅图。高点（HighPoint）社区是低影响开发应用的一个成功案例，它位于美国西雅图的混合住宅区，占地面积大概为49hm^2。该社区内有1600多栋独立房屋，人口密度比较大。低影响开发设计包括设置不透水地铺、屋顶排水系统、绿植、浅沟渠和储水罐，还与自然开放排水系统NDS（自然排水系统）相结合，这使得人口密度较大的城市居住区的生活空间通过大面积绿地、舒适的步行系统在水质改善和雨水利用方面达到了均衡。针对当地人口多、空间相对狭小的特点，设计者制作了一个创新的自然排水系统用于处理社区的雨水。这种完善的自然露天排水系统相比传统隐藏式的灰色管网排水系统，更加经济实用。该系统主要是将雨水管理系统与私人住宅的雨水排放管理相结合，它限制不透水铺面的面积，并对屋顶雨水排放的要求以及雨水排放点的管理进行了规定。这些规定对象包括雨水花园、植被浅沟、储水箱以及由34个社区的水块组成的多功能开放空间。在满足车流、人流的前提下缩减道路的宽度和长度，大大增加了公共草坪区域的面积，并将步行道与雨水收集系统结合起来。在对该小区规划重新修建时，尽可能地运用低影响开发技术，在已有的排水设施和生态环境上，严格控制透水铺装、植草沟等收集、渗透雨水的设施，对设计方案进行反复深化，争取做到不浪费一处可以消解雨水的区域。

街道采用渗透性能很好地透水铺装，可以促使雨水在源头消纳吸收。多余的雨水进入植草沟、雨水花园等海绵化技术措施中，进行储存、下渗以及过滤，其中30%的污染物在这个过程中被植物、微生物吸收、分解。

除了建筑物屋顶的地面和排水设计外，设计师还根据每个居住地点的面积、实际条件和屋主的审美需求等多种因素选择多种屋顶排水方法，以尽可能满足有区别的居住需求。运用美学设计的理念，将排水屋顶设计的既美观，又能将雨水快速排入浅沟或公共雨水排水系统。就植被洼地中的浅沟渠而言，居住区采用分散化设计，每条浅草沟都是一个完整的排水系统，可以收集街道透水铺装和屋顶等区域汇集的雨水，将雨水过滤之后传入市政管道排水系统。设计师所设计的诸多蓄水池,可以短期储存经过过滤净化后的水资源。该住宅区经过一系列低影响开发措施改造之后,能够应对24h暴雨,地表径流量减少了99%。

② 德国柏林波茨坦广场。在建设之初,波茨坦广场只是一个街道十字路口。后来此处建造了火车站,人流量逐渐增多,慢慢变成了一个喧闹的市区。

设计师将广场内适合绿地建设的建筑屋顶全部建成"绿色屋顶",使其起到防洪和阻留雨水的作用;通过机械过滤设施和生物净化社区进行绿色净化,使空气湿度增加;加强对雨水的净化、蒸发,起到改善小气候的作用。对于不适宜绿地建设的屋面或"绿色屋顶"不能消化的剩余雨水,通过具有一定过滤功能的雨水专用渗漏管进行处理。雨水经初步过滤沉淀后,一部分通过地下控制室的水泵和过滤器冲洗洗手间,以及进行一些植物的灌溉;另一部分则汇入周边池塘等水系。对雨水进行过滤、净化,形成一个雨水循环系统。波茨坦广场的水景观由喷泉景观、人工湖景观和阶梯式水景观三部分组成。为了适应地形,设计师设计了一座面积约13000m^2的梯级地下水库。水体的下游与泵站相连,形成一个闭合的循环系统,这项措施对该区域雨水的收集和储存起着关键作用。

路边排水沟在柏林很常见,其对防止城市内涝和维护局部生态平衡也有非常好的效果。水流顺势从高处流向低处,这种设置方法难度低、效果好、成本低,不仅可以收集雨水,还可以使自然清脆的流水声进入城市,伴随人们学习和工作,一举两得。各个渠道收集的各个区域的雨水经过过滤净化之后,用于生活用水、植物浇灌等。此外,为了使水质达到标准,可以使用工程过滤技术去除夏季水中常生的藻类。排水沟还能对降雨引起的短期积水起到一定的缓冲作用,在保证水质的同时,也节省建筑物的净用水量。

从设计的角度来看,波茨坦广场的景观是独一无二的,是有价值的城市用水敏感型景观设计。在面对强降雨时,波茨坦广场的储水系统需要具备足够容量以储存雨水。储水系统的设计优势关键在两方面,一方面,修建广场时提前在广场下埋藏了五个储水箱,箱体可储存2600m^3的水,其中900m^3的空间用于储蓄紧急大雨的降水;另一方面,在主水面的正常水位上方保留了15cm深的水,这提供了1300m^3的盈余储水量,大大增强了广场雨水系统对强降雨的应变能力。其中,主水面上层通过植物、微生物等生物化学技术措施净化后,可作为中水使用。地下总储水罐还配有自动水质监测系统,当水位因蒸发而下降时,该系统将对储水箱中的水进行补充。波茨坦广场的海绵化设计取得了非常显著的生态保护效果,它的实施为城市海绵化设计提供了很好的样板。

2) 基于低影响开发理念的国内理论及实践

(1) 国内理论研究概述

与国外相比,我国对城市雨水控制与利用系统的研究和应用起步相对较晚。在提出"海绵城市"概念之前,我国的防洪排污主要依靠管道、泵站排污和污水处理站进行终端处理,这是典型的快速排水。中国的排水系统建设严重落后于城市化进程。为了解决由城市化进程引起的一系列水处理问题,国内专家学者开始分析和总结国外提出的一系列雨水管理理论和实践,以借鉴国外的成功经验,并为中国城市雨水利用和可持续发展提供参考,"海绵城市"的概念应运而生。在《城市景观之路:与市长们交流》中,首次提出了"海绵"概念,用于描述自然湿地、河流等对城市水资源的调节功能(俞孔坚，2003）。俞孔坚教授用海绵这一恰当的形象来比喻，主张利用一些自然的生态化手段和措施来解决各个地区的水问题，将其纳入城市规划体系，并与景观措施相结合，实现对雨水的控制和利用，从而提高城市应对和适应雨水的能力。俞孔坚教授在城市河流以及海绵水景观方面的学术研究一直位居全国前列，在他的《"海绵城市"理论与实践》《海绵城市的三大关键策略：消纳、减速与适应》等文章中，从基础上完美诠释了"海绵城市"理念，并以贵州六盘水明湖湿地公园、哈尔滨群力雨洪公园和金华燕尾洲公园为例，详细分析了"海绵城市"理论的内涵、发展历程，提出了具体的城市海绵化的技术措施。他指出对雨水进行减速、消解及洪涝适应的处理手法，跨尺度建设以景观为载体的水生态基础设施，对"海绵城市"在城市水体景观和河道设计的建造方面提供了新的思路与方向。住房城乡建设部前副部长仇保兴在《海绵城市（LID）的内涵、途径与展望》中指出，根据现场实际情况，将城市既有道路、水系、园林绿化以及商业区、住宅区等结合起来通盘考虑，运用低影响开发技术来解决城市雨水的问题。仇保兴认为，"海绵城市"的内涵是城市管理者和建设者改变排水防涝的思路，为解决城镇化发展带来的环境、资源、污染等问题，而建设的一个能够灵活适应环境、解决自然灾害、保持城市发展前后生态环境不变的城市。运用海绵城市技术，采用保护和修复微生态、建筑雨水利用与中水回收等措施，逐渐对城市进行海绵化改造。

北京建筑大学城市雨水系统与水环境教育部重点实验室教授车伍等人在《海绵城市建设指南解读之基本概念与综合目标》中详细阐述了"海绵城市"的基本概念和内涵、低影响开发技术与"海绵城市"建设的关系，以及城市海绵化在实施过程中的具体目标及相关目标之间的关系。他指出，排水和防涝并不是"海绵城市"的唯一目标，"海绵城市"的技术构造措施不能完全替代灰色基础设施。在他的《海绵城市建设热潮下的冷思考》一文中，车伍教授提出了目前在全国各个城市海绵化的建设过程中存在的疑惑和误区，并结合城市绿地空间条件、基础设施特点和现场施工条件，指出了一些建设过程中需要注意的关键环节。

近年来，国内学者同时也对"海绵社区"的建造理论及实践进行了大量研究。研究主要集中在水资源的循环利用和社区绿化设计的转变上，通过对居住区内的蓄水、排水系统进行通盘考虑与设计，以及在居住区内设置若干种类型的海绵化措施，来实现城市居住区的海绵化。在李海燕、车伍等人的《北京城市住区雨水利用适用技术选择》文章中，针对北京城市住区的特点，作者列举了城市住区雨水利用的主要技术措施，提出了居住区雨水利用的原则和居住区的适用性雨水利用模式。

景天奕在他的论文中归纳了国外水治理的研究进展和实践，分析了国外先进的雨水管理理念、技术措施和技术规范，从政策、管理和技术三方面总结了我国城市居住区雨水系统规划的现状和问题。他还以南京某住宅小区为案例，详细分析了该住宅区海绵化的设计方案与技术措施。赵芳通过住宅小区生态沟渠控制雨水径流实验表明，土壤渗透性十分重要，高渗透性的土壤介质可以增加雨水截留量。她还通过对绿色屋顶、浅草沟、雨水花园、透水人行道、景观水体多功能储水箱、绿色建筑、低影响雨水等低影响开发技术的研究，总结出居住区低影响雨水收集利用技术的方法。

低影响开发技术最大限度地减少了城市建设对周围环境生态的影响，同时可以顾及社区景观。在这种条件下，实现控制雨水径流峰值、降低水污染的目标，运用可持续的思维对雨水进行管理。根据国内学者的研究可以证明，我国海绵城市建设的研究在某些方面已取得初步成果，也存在研究基础不足，项目建造完成后评价标准单一、评估困难等问题。

(2) 国内实践探索概述

① 深圳市光明新区低影响开发雨水系统建设项目。深圳市光明新区近几年一直在进行大规模开发建设。其开发建设采用了低影响的发展模式。该地区从不同的单元逐渐开发，总共划分为22个单元，每个单元的土地面积在$30\sim50hm^2$。为了使开发单位的建设项目使用低影响的开发技术和设施，以确保该地区实现低影响的发展，该地区运用下沉式绿地率、绿色屋顶率、透水铺装率三个低影响开发控制指标来指导工作。深圳市光明新区共建设23条门户区市政道路，全长17km。根据低影响的发展理念，项目设计制定了雨水综合利用措施，并优先将道路红线内的雨水收集到两旁的生物滞留区进行渗滤与滞留处理，并补充径流雨水以进行利用。径流污染的控制和纵向流量的减少起到水文和生态恢复的作用。运河的综合设计重复周期标准已从两年增加到四年。该设施的规模相当于设计降水28mm，年径流量控制率可达70%。雨水系统的低影响开发不会改变传统设计中的雨水管排水系统，而仅在雨水排入雨水管排水系统之前控制预期的流量和径流污染。

② 江苏镇江华润新村小区。华润新村是一个老旧的社区，已有20多年的建造使用历史。改造前，社区的道路和设施陈旧，植物绿色茂密，给居民的生活造成不便。根据该小区的状况，设计师设计建立了社区完整的雨水收集系统，开放空间系统和慢行交通系统。改造后的社区将雨水收集的自然生态过程与社区的日常使用相结合，生动地展现了人与环境和谐共存的景象，实现了低影响开发与生活环境的有机融合，是典型的生态绿色型居住社区。

构建雨水收集系统。采用生态设计的理念设计雨水收集系统，使屋面雨水通过溢流口汇集后流入下水管道，雨水花园中心的绿水系统通过地下水管道引入。利用市政雨水管降低了基本管网的排水压力，解决了社区内的涝灾。同时通过雨水花园的净化来保证水质。路边浅草沟结合盲管的设计引导道路雨水收集，屋顶雨水出口设计有石凳式、石砌式和石笼式三种类型，在减轻雨水侵蚀的同时都展现了良好的景观效果。屋顶雨水分流和溢流设计有盲管和人行道两种分流通道，还设计了雨水算子和U形溢流两种形式，使雨水分流过程变得更加丰富。

梳理交通系统。除了原始的内部机动车道外，华润新村还添加了环形健身道，将慢跑系统连接到功能区域和房屋之间的绿色空间，向居民提供各种休闲体验，如慢跑、散步。路铺具有良好的透水性，以免雨水积聚；沿途设置的雨水收集设施可以缓解降雨和洪水压力。为了解决小区集中式停车位受到的发展限制，采用灵活的停车位作为解决方案。电动车道和停车位应合理安排在绿地边缘和道路两侧，以减少交通流量，同时增加281个分散的停车位以满足停车需求。

完善活动空间系统。建设包括儿童活动空间、老年活动空间、运动空间在内的开放空间体系，满足不同人群的休闲活动需求；增设休闲空间的座椅、灯具、解说牌等，为休闲宜居提供基础。活动空间铺设透水路面，避免雨水积聚。

4. 低影响开发的场地应用

场地在进行低影响开发建设时需要考虑土壤与场地、植物与场地以及水与场地三种主要影响因素。

（1）土壤与场地

场地在进行低影响开发前需对土壤进行分析，通过了解土壤的渗透能力来考虑场地设施的布置。比如，将场地中透水性较差的区域用于建设房屋等不透水设施，将场地渗透能力好的区域用于低影响开发设施的建造，这样就能减少场地不必要的施工过程。

美国农业部按土壤的质地不同将土壤分为粉土、砂土、黏土以及三者共同组成的黏土。按渗透能力来分，砂土最佳，黏土最差，粉土介于两者之间。因此，在进行低影响开发设施建造时应选择渗透性较好的砂土，如果场地渗透性能较差，可采取局部土壤改良的方式增加渗透能力。一些小型的径流处理设施（雨水花园等）无须进行复杂的土壤结构钻探，通过简单的土壤渗透性实验就能了解场地是否适宜建设。

在开工前需了解土壤渗透能力，在土壤较为疏松的地方设置禁止碾压区；在施工过程中安装防侵蚀与沉积装置，防止降雨对挖掘场地的冲刷；在施工完成后，使用土壤改良剂增加土壤的渗透性，在植物种植区进行施肥养护，定期清理场地内的垃圾，防止其堵塞土壤空隙。

（2）植物与场地

植物是低影响开发设施中重要的生物处理设施，创建稳定的植物群落结构能更好地发挥出低影响开发系统的处理能力。低影响开发的最核心原则是保护和优化现存的兼生性湿地植物景观群落。施工时，应当对场地中现存的植物进行保护，对于水陆交界区域的兼生性植物群落要重点加以保护。施工结束后对表层土播撒草籽或铺设草坪加以维护，以防止土壤被侵蚀。构建新的植物群落景观时，应当选择便于养护的本地植物，非本地植物在使用时可作局部点缀，以提升整体景观性，但不宜大面积使用。

（3）水与场地

雨水径流是低影响开发设施首要处理的问题。在低影响开发设施建设前应当了解场地的水文特征，包括区域年均降水量、降水量的季节分配、雨水径流路径、汇水区域等。针对径流情况设计低影响开发设施的类型、大小和位置。了解场地水文情况对设计雨水径流管理措施十分重要。

7.1.2 低影响开发的意义

近些年，随着城市化建设的快速推进，传统粗放型的城市建设开发模式导致城市中原有的河流、湿地、湖泊等水文生态环境遭受到不同程度的破坏。低影响开发技术的应用可以通过采用生态植草沟、透水路面、下凹式绿地等方式帮助降水有效下渗，使径流的排放量降低到40%以下，达到积蓄和利用降水资源的目的。

1. 低影响开发有利于减轻城市灰色基础设施的负荷

地下的市政雨水管网是城市排水的主要途径，屋顶的雨槽、倾斜度为3%的路面可以使雨水进入市政雨水管网，最后排出城市。在城市快速推进之前，城市的平均排水情况是：降水的40%被蒸发；50%渗入到地下土壤以补充地下水资源；10%进入河流。

然而，随着城市化的快速发展，造成土壤覆盖形式的变化，渗入地下土壤的降水减少到5%，高达55%的降水汇入市政雨水管网后排出城市。

事实上，城市化过程中的土壤不透水性导致了地下土壤雨水吸收、储存功能的丧失，最终引发城市内涝。引发城市内涝的另一个主要原因是城市化发展进程中，忽视和填埋原有的城市河渠和冲沟。低影响开发设施的应用旨在通过科学的方法完善城市生态雨洪管理系统，实现雨水汇、流的吸纳和慢排，以减轻城市灰色基础设施的排水负荷。采用低影响开发，综合利用与城市灰色基础设施相耦合的一系列设施，实现从场地集雨源头上综合雨水管控，在满足城市地表建设硬度要求的同时，减轻灰色基础设施的负荷，极大地缓解了城市内涝。

2. 低影响开发有助于补给城市地下水资源

地下水补给的重要来源包括大气降水和地表水的下渗，而大气降水是地下水资源的最主要补给。研究表明，降水的下渗是在分子力、毛管力和重力等综合因素的共同影响下产生的，而大气降水的入渗率又受到土壤条件的影响。当今城市土地覆盖的变化破坏了原有的水文循环模式，最终导致雨水资源的流失和地下水资源的匮乏。专家指出，地下水补给区不透水面积每增加 $1km^2$，地下水渗入减少 25 万 m^3，与此同时，地表径流增加 45.73 万 m^3。低影响开发是生态城市建设和规划的重要手段，不透水路面的铺装取代了硬化地面形式的公路建设。这种生态改造方式，帮助城市地下水逐步回升，使土地保持蓄水的本能，减少雨水资源的流失。重建土壤的"海绵效应"过程，可直接帮助城市地下水得到有效补给，减少城市干旱和洪涝等生态问题。所以，加强低影响开发设施建设，构建城市的雨水管理系统，放慢地表径流速度，延长径流时间，提升透水地面吸收、储蓄雨水的功能，是补给城市地下水资源的重要途径。

3. 低影响开发有益于雨水资源的可持续利用

城市地表覆盖形式的变化，造成雨水资源的快速流失。当前水资源的主要矛盾，已成为城市居民日益增长的水资源利用需求和城市水资源流失之间的矛盾。雨水资源可持续利用，必将成为解决水资源矛盾的重要举措，同时也将成为我国生态文明建设规划的发展趋势。低影响开发通过建设植草沟、人工湿地等方式构建城市雨水利用的生态系统。雨水的有效循环可以用于居民生活、公共场所或工厂的非饮用水，如冲洗厕所、绿植灌溉及景观水体用水等，实现雨水资源的最大化利用。低影响开发综合考虑雨水径流路径，从源头有效管控雨水排放，通过过滤、沉淀、净化和储存等一系列措施，将其再用于生活、生产和景观用水，实现其循环利用。

可见，低影响开发是实现雨水资源可持续利用和管理的重要方式。城市的生态环境受到破坏之后，便会出现内涝、水资源流失、水生态环境恶化、水环境污染等一系列问题。

因此，可持续发展的保护水生态环境措施势在必行，原有的开发形式和建设理念必须转变。低影响开发是海绵城市建设的主要手段，也是改善当前城市水生态环境现状的主要方式，更是生态文明城市可持续发展的重要举措。低影响开发的应用以生态文明建设为指针，有利于城乡绿地的合理布局，有利于完善基础设施，有利于改善居住环境。与此同时，更有利于协调经济、社会、生态环境、生态安全与城市化进展之间的相互关系，对建立可持续性发展的生态文明社会具有重要的理论和实践意义。

4. 低影响开发有益于面源污染的有效控制

面源污染是指以"面流"的形式向水环境排放污染物的污染源，是破坏水环境的主要元凶之一。它们在降水和地表径流的冲刷过程中，使存在于大气和地表的氮、磷等污染物以"面流"的形式进入水环境中，从而造成水体环境不同程度的污染。通过运用低影响开发技术，建设生态基础设施，增加城市绿地面积，搭建下沉式绿地，使城市中的面源污染物随着地表径流进入下沉式绿地当中，既有效减少城市的地表径流量，降低面源污染，又可以将地表径流当中的氮、磷等污染物转化为绿地中植物所需的"化肥"。

由此，下沉式绿地成为城市面源污染控制的有效措施，其主要的控制方式不仅实现源头阻断，更做到过程净化，实现面源污染物的合理利用和资源转化。在低影响开发的运用中，一种方式是在面源污染的各个源头采取有效措施将污染物进行截留处理，防止污染物随着雨水径流进入水系，污染水环境。这些措施主要是通过减小水流速度和延长水流时间来减轻地表径流进入水体的面源污染负荷。在城市绿地、城市道路等不同源头的截留技术可以采用下沉式绿地、透水铺装、植被缓冲带、生态植草沟等低影响开发技术。另一种方式是采取过程阻断控制面源污染。海绵城市的建设要求就是通过建设草地、草沟、海绵公园、下沉式绿地以及各类雨水处理池、雨水沉淀池、植被截污处理带等低影响开发措施，将城市雨水中的悬浮物、耗氧物质、营养物质等多种污染物质进行截留处理。这其中，有属于植物生长所需要的氮、磷等营养物，可以作为城市绿地所需要的肥料；油脂类、有毒物质则可以随着城市地下管道进入污水处理厂进行处理。

7.1.3 海绵城市建设与低影响开发

低影响开发在我国发布的技术指南、政策文件中多有提及，在海绵城市建设中占有重要地位，甚至在一些文献中被等同于域外的低影响开发。根据我国海绵城市建设的重要承建团队——北京建筑大学城市雨水系统与水环境省部共建教育部重点实验室的车伍教授、李俊奇教授、王文亮老师等针对低影响开发发表的论文、建立的实验室门户网站中对于低影响开发和海绵城市建设的解读及其在多次年会上的发言，同时结合我国住房城乡建设部、水利部等官方网站中的信息以及其他学者对于海绵城市与低影响开发的认识，在整理与深入理解之后，认为：我国的低影响开发分为广义和狭义之分，低影响开发理念并不等同于低影响开发。

狭义的低影响开发指在中小降水量的前提下，源头采用尺度较小的分散式措施以维持开发前后的水文特征基本不变的工程措施。而广义的低影响开发如今在我国海绵城市建设中应用较广，是结合我国国情把低影响开发当作一个系统，包含低影响开发理念、低影响开发在城市建设各个阶段的实施等，并非局限于治理中小型降水带来的水问题。

究其原因，可以用一句话概括："因地制宜"。我国虽然地大物博，但城市人口相对密集，对于城市用地的需求较大、开发的程度较大。如果仅采用分散式源头削减措施远远不能满足现实需要，因而对于低影响开发进行了"本土化"的重构。

低影响开发的理念在2007年被正式引入我国后，起初的研究建立在过多的借鉴国外、尤其是美国经验的基础上。随着"海绵城市"概念的提出，结合低影响开发的学界研究与政策法规纷纷出台，国内学者越来越重视学习和借鉴发达国家在雨水综合利用方面的先进经验。如何充分结合我国的国情、地形地貌特征、气候降水等实际情况将其内化成为适合我国海绵城市建设的方式，是目前海绵城市建设中应当进一步解决的问题。

7.2 绿色屋顶技术

7.2.1 绿色屋顶的生态价值

1. 雨洪调节

绿色屋顶与普通屋顶相比具有多种生态效益，如雨洪调节功能、空气净化能力、改善小气候、隔离噪声和创造动植物栖息地等。绿色屋顶生态效益研究中引用最多的是栖息地和生物多样性保护，而生物多样性是最难研究的生态益处，因为它广泛存在于多种类型、不同门类的生物之间，很难具体阐述其作为一个成功的绿色屋顶的标准。

城市大部分地区主要为坚硬非多孔的地表面，这些地表面会导致严重的径流，使得现有的雨水设施不堪重负，导致下雨天剩余的污水随雨水流进河流和湖泊，造成污染。绿色屋顶上的植被和介质是屋顶表面的一种透水覆盖物，像是增加了一层天然保护层，让雨水流速层层穿过而变得缓慢，同时吸收部分雨水来满足植物生长所需的水分。这有助于缓解城市地区雨水径流的水质、水量和侵蚀问题。基质中存储的水分可以降低屋顶表面温度，对于面积较大的屋顶，还可以直接影响屋顶周边的微气候环境。透过基质的雨水温度会更低而且流速更慢，溶解在水中的颗粒污染物也滞留在土壤中被植物吸收，从而达到净化水质和减轻环境污染的效果。绿色屋顶上的雨水被土壤和植被过滤一遍后，再缓慢释放到排水管道，使城市排水管网的高峰径流时间往后延迟，有助于缓解城市内涝问题。防止雨水管道超负荷运作并不是绿色屋顶能够调控雨水的唯一途径，绿色屋顶还能过滤水中的营养元素氮和磷。这两种元素通常被用作化肥添加到植物生长催化剂里，空气中的氮和磷元素通过降雨溶入水中落到屋顶，就可能成为植物生长代谢的营养品。当它们作为一种肥料资源时是很受欢迎的，但遇到强降雨天气就会变成棘手的问题。如遇暴雨天气，大量富含营养物质的污染物流经不透水混凝土表面，最后流进河道汇集到江河、湖泊造成富营养化，导致大量藻类植物滋生。这些藻类漂浮在水面形成的遮蔽物，并从水中吸收氧气，导致大量的水中生物无法生存。除了加剧内涝和侵蚀，城市雨水径流还含有农药和石油残留物等污染物，这些污染物会破坏野生动植物的栖息地，并污染饮用水供应源。控制雨水径流的措施是利用大面积空地蓄积多余雨水并进行处理。传统的雨水调节技术包括水库、池塘、人工湿地和渗透的绿地表面等，但这些收集大量雨水的技术在建筑稠密的城市中心可能难以实施。由于绿色屋顶在暴雨时期能够吸收、过滤和储存水分，所以在许多城市得到提倡和推广。绿色屋顶的雨水调控功能成为绿色屋顶生态价值的重要组成部分。

2. 降低噪声

绿色屋顶能够消减噪声，通过使用多种常绿灌木和小乔木组合搭配的方式，利用植物茂密的枝叶和软质部分减弱声波传输的强度，可以有效减小噪声污染。康纳利（Connelly）和霍奇森（Hodgson）研究了绿色屋顶和非植被屋顶的降噪情况。结果表明，覆有植被屋顶的室内噪声降低了10~20dB。

3. 改善热岛效应

绿色屋顶上的植被层能够吸收大气污染物中的颗粒物，能给城市里的人们带来诸多益处，此外，屋顶覆盖的植被层还能给业主带来显而易见的经济效益，因为绿色屋顶能够调节建筑内部的温度。绿色屋顶与裸露的水泥屋顶相比，其多层复合式结构可以减小太阳辐射对建筑的升温作用，减少室内空调的能源消耗，有效缓解城市热岛效应。绿色屋顶植被和基质比其他类型的屋顶吸收更多的太阳辐射，因此节省了用于冷却的资金成本。大面积绿色屋顶可以减少建筑的能量消耗，屋顶上的土壤基质越厚，减少建筑内/外的热量获得或损失效果越好。城市地区相比郊区和农村地区年平均气温更高，因为建筑主要是由混凝土石块构成，在白天吸收太阳辐射热量，到晚上再释放出来，导致城市在夜间近地面高度降温速度比郊区慢，加之高楼林立阻碍了风力扩散，造成城市中心区域热岛效应加剧形成。人类活动会产生大量热量，包括生产和生活过程中产生的终端热量，小到家用电器，出行交通车辆排放的尾气热量，大到社会制造业和工业发展所排放的废热等，可将其归为建筑、交通、工业和其他四个主要的产热源。人类活动对社会环境的影响越来越大，一些城市冬季的人为制造的热量已经超出了太阳净辐射热量。

城市人群密度较高，人口越稠密的地方植被空间就被挤压的越小。有植物的区域相比其他区域有更多的好处，比如，通过枝干和树叶形成浓荫，降低周围空气温度和增加空气中的湿度，不同高度的植物群落组合还可以最大限度地提供阴凉的效果，这种效果随着植物规模的扩大而增强。一项小规模构建的模型研究数据表明，在日最高温度下，植被屋顶对通过屋顶的热通量的减少比单独的土壤屋顶更大，70%的降幅都归因于土壤，其余部分归因于植被。裸露的屋顶通常使用深色防水材料涂层，很容易吸收太阳光线而使屋顶表面快速变热，而绿色屋顶在白天可以降低屋顶表面温度，有助于缓解城市热岛效应。有研究人员发现，绿色屋顶上的植物和基质层在冬天可以提升的最低温度值在0℃以上，在夏季可以维持屋顶温度在25℃左右，其恒定温度变化区间还可以有效延长屋顶材料的使用寿命。一项来自加拿大多伦多的研究表明，改造建筑屋顶成为绿色屋顶，在白天可以将周围空气温度降低0.4℃，晚上降低0.8℃。

4. 美学和健康价值

很多城市建筑屋顶尚未得到利用。这些屋顶经常被涂上黑色的沥青以降低太阳热辐射对建筑的影响。然而，从高空影像中就会发现，这些措施并未考虑屋顶的景观效果。给美学赋予价值并不是一件容易的事情。量化景观美学的一种方法是通过财产评估其价值。城市中的绿地开发受到越来越多的重视，特别是在房地产行业明显受到邻近绿量的影响，周边绿色区域除了具有视觉吸引力以外还有诸多实用功能，可以给人们带来健康的生活享受。

研究表明，即使是与植物进行简单的视觉接触也可以改善健康状况，减少术后恢复时间，提高人们的满意度和减少压力等。人们有时会感到压抑或烦闷，甚至情绪崩溃，部分原因可能是生活中的自然环境遭到了破坏。这种情绪崩溃现象据说来自"生物癖"的感觉，据报道，这种感觉自觉或不自觉地存在于每一个人身上，特别是在童年时期，只有通过与自然的直接接触才能得到缓解。然而，在城市化高度发展的中心区域，这样的自然环境非常稀缺，大多数区域是人工景观取代了自然景色。

生态系统过度的人为化是不可持续的，对城市环境产生了深远的影响，自然生命特征被单调的混凝土取代，逐渐失去了生态系统的复杂性，这可能是人类心理压力的根源所在。于是观察屋顶花园上的小鸟、小蜜蜂和小昆虫成为人们的爱好，当他们发现一些从未见过的物种时，大脑会在很长一段时间保持兴奋和愉悦。这些原生的自然资源似乎会让人身心得到彻底放松，即使是在城市中观察蝴蝶飞行的小小情感，也可以作为一种对生态观察的刺激和被一个活生生的世界包围的愉悦感受，对人类产生巨大的影响。所以在城市当中发展绿色屋顶，不仅从美学角度，而且从城市生态和人类健康的角度考虑，增加人工模拟的自然景观显得非常必要。

5. 生物多样性保护

目前，有关绿色屋顶生物多样性的研究数据较少，且难以用数据表征其复杂性。它们包括物种内部和物种间，以及各个生态系统之间的多样性，由于没有既定的设计标准和模式，人们对其发挥的生态价值尚不是特别清楚，但可以肯定的是绿色屋顶为生物采集食物和安居筑巢提供了便利，但这是作为设计植物屋顶的一种附加价值而非主要目的。通过对文献资料的研究发现，绿色屋顶的生物多样性研究具有巨大潜力，有的文献记录了生活在当地屋顶上的物种名录，它们都是自屋顶建成之后才逐步"搬迁"至高的屋顶上开始新的生活，年代越久的屋顶生物多样性似乎越活跃，因为长久存在的旧屋顶意味着更稳定的植物群落和更稳定的基质环境。一些研究证实了不同类型的绿色屋顶可以提供不同形式的栖息地，但是屋顶上的栖息地环境会一定程度地限制某些物种，这主要取决于屋顶上的植物多样性、基质特性和绿化面积。有学者发现了节肢动物可以适应环境变化，在大多数类型的绿色屋顶上都被记录到了，绿色屋顶即使是在有限的基质和植物存在的情况下也能作为节肢动物宝贵的栖息地。当这些难以引起注意的小动物随着植物和基质一起被运到屋顶时，在更容易被忽视的小空间里逐渐形成复杂的群落结构。

随着城市建筑不断增多，屋顶面积也跟着增加，屋顶绿化创造的栖息地为擅长飞行的动物提供了其他环境所不具备的条件。虽然原来的荒野环境被城市取代，但值得高兴的是屋顶绿化面积每年都在增加，决策者们都在提倡生态型屋顶绿化建设。一些屋顶花园种植了果实和花卉，如屋顶农场和私家花园，成为鸟类和蜜蜂最常光顾的场所。屋顶是一个相对孤立又不受外界干扰的空间，可以人工种植一些很受欢迎的植物，以吸引更多对其感兴趣的物种参与。有研究发现地面筑巢的金眶鸻和凤头麦鸡，都在利用绿色屋顶作为捕食和筑巢地，但仅仅一个屋顶并不能满足所有鸟类所需的资源。美国福特汽车装配厂的绿色屋顶上的鸟类主要有两种，一种是北美斑鸠，另一种是橄榄斑鸠，表明只要绿色屋顶上的植物物种丰富且具有复杂的群落结构和较厚的基质层，通常可以支持鸟类的多样性。不同绿色屋顶使用的基质种类不同，多样化基质成分所能支撑的植物种类也不相同。植物和基质为多种昆虫提供食物和栖息地，建议在基质表层创造低洼区域以便有利于在雨天形成浅水池，为屋顶上的生物提供取水的便利，有助于生物多样性的良性发展。

绿色屋顶具有调节雨水径流、改善热岛效应、减小噪声、保护生物多样性、美学和促进健康等多种生态价值。在国外，粗放型绿色屋顶技术的研究已经非常成熟，如屋顶雨水径流调控的研究，植物耐性及植物筛选的研究，基质厚度、养分及组成配比关系的研究，建筑温度和能源消耗变化及城市热岛效应的研究，野生动植物多样性变化的研究等。而在国内虽然有很多已经建成的花园式绿色屋顶，但与之相关的生态价值方面的研究却较少，而对于粗放型绿色屋顶，需要开展长期深入的研究。

7.2.2 绿色屋顶技术的类型和功能

绿色屋顶是应用城市生态学、建筑学和景观设计学等多学科理论，在建筑屋顶上营造生态景观的一种形式，根据使用性质的不同可以分为花园式绿色屋顶和粗放型绿色屋顶。一般来说，建筑的功能和性质决定了屋顶绿化的类型，应用于不同建筑类型屋顶上的绿化形式和使用它的人群有关。实施屋顶绿化最多的建筑类型可大致分为市政建筑或机关单位办公建筑、学校或科研院所实验楼、公共建筑或开放园区创意大楼、商业综合体或酒店建筑、公司或企业办公大楼以及住宅小区裙楼建筑等。作为未来城市发展的新型竞争力量，越来越多新颖和独特的屋顶绿化形式结合立体绿化给城市发展注入新的活力，在生态城市建设方面发挥越来越重要的作用。

建设绿色屋顶应该巧妙地利用主体建筑特点，在屋顶女儿墙和一些平台、墙面等面积较大的地方开辟绿化场地，使之具有景观艺术美的效果。粗放型绿色屋顶使用轻型种植基质和抗逆性强的肉质或草本植物，平铺种植在穴盘中或隔开的浅层基质中，既可以广泛应用于平屋顶，也可以用在面积狭小的露台或斜坡屋顶上，对屋顶荷载要求在1000Pa以上。花园式绿色屋顶使用厚层种植基质结合种植容器的方法，可以使用多种植物品种营造丰富的景观形式，能够形成错落有致的景观效果，但同时也需要定期进行修剪、浇灌和施肥。与粗放型绿色屋顶相比，花园式绿色屋顶对建筑屋顶承重要求更高，用于设计建造和后期维护的费用均要高出许多。花园式绿色屋顶基质厚度一般超过15cm，有助于植物防风固根，有助于减轻绿色屋顶受到洪水和干旱胁迫的影响。虽然如此，但绿色屋顶相比邻近地面环境仍然需要经受严酷的考验，有来自地面不透水铺装反射的热量和城市上空肆虐的风的恶劣影响。花园式绿色屋顶相当于可移动的地面花园，同一个屋顶上会有多种景观形式，如草坪、植物群组、构筑物小品、水景、道路铺装、指示牌和休闲桌椅等，一般允许人们游览参观。整体高度为10~150cm，个别乔木植物会更高，每平方米绿色屋顶质量为150~1000kg。

绿色屋顶根据使用者不同可分为公共游憩型、商业性质使用型、住宅区绿化型、生产科研型和其他生态型等。生产型绿色屋顶主要以经济效益为主，兼顾生态效益和景观效益，例如，上海某绿色屋顶玉米迷宫、某商场屋顶的蔬菜采摘园等，大多数采用的是单一种植经济作物的方式，在屋顶上划分多个片区规则布置栽培温室的模式。住宅区绿化型主要包括停车库顶层屋顶花园和楼房顶层的屋顶花园，也包括一些私家阳台花园等，这些场地大多选择观赏性较好又可以感受四时变化的植物，做到四季有景可赏，也充分考虑促进人身心健康的使用功能。作为商业性质使用的绿色屋顶一般位于高档酒店和宾馆的顶楼，一般只对其客户开放且设计精美、造价高昂，在屋顶上可以开展小型聚会和派对，是以盈利和休闲为主要目的的绿化形式。

7.2.3 绿色屋顶的结构组成

所有类型的绿色屋顶都具有至少三层结构，从下往上依次为屋顶防护层、种植基质层和植被层，每一层都执行相对应的功能。种植基质层作为植物生长的关键因素，既要满足植物生长所需的矿物元素要求，也要满足轻量化工程结构的要求，该层一般是天然土壤和人工基质的混合物，具有保水性和透水性双重功能，而且其土壤物理化学性质基本保持稳定，选用多样化基质成分是一种不错的屋顶绿化策略。如果设计绿色屋顶是以提高生物多样性为目的，那么植被层就直接决定了屋顶的生态功能从而显得尤为重要。植被层能够稳固基质不被风刮走，但也必须要耐受得住干旱和太阳光照射的考验，建议设计大、中、小不同高度的植物群组以增加微气候环境的数量。绿色屋顶在建设之前会进行屋面承重计算，这需要根据建筑类型、建筑年限和建筑所在地区的气候特点等多方面进行考察，采用不同绿化形式的屋顶必须满足不同建筑的承重要求。一项位于英国的有关中高层钢筋混凝土建筑的研究中，研究者发现在建造绿色屋顶时不需要额外的改造，此研究得出英国大多数建筑能够承受 8~10kPa 的静荷载，这对于绿色屋顶的建造是足够的，对于较重的花园式绿色屋顶，由于其经常具有花箱、树池、景石和木铺装等装饰物，则需要把它们放置在屋面梁柱结构或主要质量支撑处，总质量应在整个屋顶承重范围以内。

屋顶绿化通常需要设计方和施工方实施以下步骤。

（1）对整栋建筑的结构特性进行评估并测算屋顶的最大承重量，设计屋顶绿化材料的总质量必须小于屋顶的最大承重量。

（2）屋顶表面应铺设防水层和隔根层，如硬性防水材料混凝土或软性防水材料沥青、高分子聚合物液体等。

（3）防水层以上为蓄、排水层，一般使用同种材料兼顾两种性能，在排掉多余水量的同时储存部分水量，如蓄（排）水板、陶粒等。

（4）蓄、排水层以上为过滤层，过滤层可以减少土壤养分流失，防止土壤大颗粒下渗堵塞排水管道。

（5）过滤层上面铺设种植基质，基质应具有营养丰富、肥效期长和轻质的特点。

（6）栽植植物时要根据植株大小和质量进行精细布置，体型大的靠近墙体、远离强风区域，质量大的要种植在建筑承重结构上。花园式绿色屋顶通常由植被层、基质层、过滤层、排水层、隔热层、控根层和防水层等部分组成。

在粗放型绿色屋顶建设过程中由于经常发生排水不良的问题，建议单层系统应限于坡度至少为 2%。绿色屋顶的基础蓄、排水层——基板，始终建议采用当地的废弃物，使绿色屋顶具有成本效益，并对植被生长发挥积极的作用。矿物基质的高孔隙率促进了根部环境的良好排水和氧化作用，同时有助于其吸收足够多的水分来支持植物在旱季生长；而且矿物骨料能够抵抗膨胀和收缩，从而保持基质结构的稳定性，进一步促进土壤底下的排水和曝气。选用合适的基板才能保证后期植被的长期存活率，才能提高屋顶无灌溉周期的时长和节省更多的资金。除此之外，绿色屋顶基板应具有较高的保水能力（WHC），因为它有助于减少峰值径流，有助于植物抵御干旱条件并存活下来。理论上带有蓄水材料的排水层可以在干旱时期为植物提供水分，这样的蓄水材料需要填充颗粒物，目的是让基质不通过气隙，以免造成对土壤"毛细管"吸水功能的阻碍。如果阻碍了植物从蓄水层直接吸水的过程，那么给植物提供水分的唯一途径就是将储存的水分蒸发到基质中。

7.3 雨水花园技术

7.3.1 雨水花园的产生和发展

1. 雨水利用的历史

雨水花园是现代生态环保理念下催生的产物。1993年，第一个雨水花园在拉里·科夫曼和他的合作者们的共同努力下建造成功。尽管真正意义上的雨水花园在20世纪才出现，但是从本质上来说，对水资源的保护、对雨水的利用是自古以来人类不变的追求。正是在这样的理念的指导下，人类对雨水的收集利用技术和形式才会不断发展。

（1）古代的智慧

早在公元6000多年前，玛雅人就已经开始收集雨水补充日常生活用水。现在南美洲的墨西哥、秘鲁以及安第斯山脉上，都有与梯田共存的绵延的水渠遗迹。这些水渠被考古学家认为是运送灌溉水和排泄、储存雨水的设施。得益于拥有当时先进的灌溉、取水系统，远古时代的玛雅地区农业发达，人口繁荣。到公元前3000年左右，在南美洲哥伦比亚和厄瓜多尔以及秘鲁高原生活的人们利用地形修建了蓄积雨水的水池，并且对沟渠的使用已经不再停留在简单的运水功能之上，他们抬升台地种植耐旱植物，在蓄水沟、水池周围种植水稻等需要大量水的农作物。

干旱地区的人们对于雨水的收集和使用则更加细致。古代的阿拉伯人身处在降水稀少的沙漠地带，地下水的缺乏使得他们花费大量的精力去探索收集天然降水的办法，在他们的建筑、园林、生产等方方面面都融入了对雨水利用的智慧。阿拉伯的宫廷园艺师们巧妙地利用宫殿檐壁收集雨水供生活之用，同时加大建筑的遮阴面积，缩小沟渠、水槽的宽度等，减少水量的蒸发。生活在内盖夫沙漠的纳巴泰人利用他们自己的径流收集系统收集雨水，从而有计划地灌溉庄稼，发展农业，被后人称为"纳巴泰"方法。

同样身处撒哈拉大沙漠的古埃及人用集流槽收集雨水。他们的祖先所遗留下来的雨水收集系统到现在还能从卫星图片上清晰看见。而在欧洲的古罗马，人们用水池、堤坝、水窖等形式收集雨水，用于生产和生活。

（2）现代的需求

水资源专家通过研究一致认为：对雨水的利用在21世纪将成为缓解地表淡水匮乏的一项重要的、有效的途径。在这方面许多国家已经开始了积极的探索和实践。在20世纪60年代左右，西方国家就已经开始研究雨水利用技术，不仅如此，他们在研究技术的同时还制定了不少的雨水使用以及排放的政策和法规。

现代雨水收集利用主要集中在生活需求和农业灌溉两个方面，西方不少发达国家和部分发展中国家都在雨水利用领域进行了研究和实践，这些国家每年的降水量从200mm到3200mm变化较大，这说明雨水利用对于大多数国家都是有着积极意义的。

德国在20世纪90年代就已经开始大力研究雨水收集利用技术，并且在国内修建了大量的相关设施。现在德国在雨水收集、净化、渗透和径流控制技术等方面拥有比较高的水平，并且将雨水的利用推广到了家庭里面，成为雨水资源利用技术最为先进的国家之一。

美国在20世纪90年代也发生过全国大范围的洪水、暴雨灾害。在那之后，美国政府大力推广建设蓄水池、入渗池、下渗井、大面积草地、透水铺地材质等地表雨水径流管理设施，加快地表水的下渗，既利用了丰沛的降水，又减轻了防洪的压力，实现"就地滞洪蓄水"。

日本是实施雨水利用项目规模最大的国家，他们收集到的雨水主要是用来补充日常生活用水，比如，城市绿化浇灌、厕所清洁、消防用水等。日本政府除了采取实际措施提高水利用率，还会鼓励全社会节约用水，推进水循环，大力倡导收集使用雨水。

在澳大利亚，居民使用雨水的比例占到日常生活用水的很大部分，雨水成了家庭日常用水的主要来源之一。收集雨水的水仓在澳大利亚十分常见，居民也会在自家地下室或者庭院中修建小型蓄水池，结合取暖设备或者太阳能设备提供家用热水和冲洗马桶用水。除此之外，灌溉家庭花园和洗车等的用水也主要来自收集的雨水。资料显示，澳大利亚的这种水利用模式在正常居住小区内能够满足室内家庭用水总量的50%以及100%的花园灌溉和洗车用水。

发展中国家里泰国实施的"泰缸"项目成果显著，全国共建造了1200多万个家庭水缸用于收集雨水，为数百万人提供了饮用水源。加勒比海地区部分岛屿上80%的居民用水来自雨水收集，在非洲肯尼亚，雨水收集同样也是农村供水和卫生项目的一个重要内容，这种技术被推广到纳米比亚、坦桑尼亚等同处干旱少雨的沙漠地区的国家，带动了非洲雨水蓄积技术的发展。

除了生活用水的需求，农业生产也是现代雨水利用技术发展的重要动力。20世纪中叶以来国外出现了径流农业一说，其含义为收集降水产生的地表径流并进行储存、净化，在农业生产过程中进行利用。这一技术在非洲推广最为广泛，并被列为联合国援助非洲的重要项目之一。

在中东和北非地区，人们沿着山坡修建排水沟网，使得下雨时山坡上的雨水能够汇集到一起朝同一个方向流淌，同时在河谷中修建梯田和水坝，把土地分割成一块一块，让山上流淌下来的雨水分层、分区地灌溉田地。另外，它们还使用了一种用植物形成的屏障拦截雨水，由于植物屏障具有透水性，这样在雨量大的时候不会造成拦截上游的地块被水浸泡。

(3) 生态的呼唤

在进入20世纪90年代以后，地球环境恶化加速，能源消耗越来越大。城市化的快速发展在发展中国家呈现出的问题越发明显。然而，人们对生活环境的要求却越来越高，大家都希望能够生活在拥有美丽景色的地方。在这样的大背景下，雨水的收集利用也从单纯地满足农业或者生活需求渐渐向生态和谐方向发展。也就是说，在满足雨水收集功能的同时，对于景观需求的考虑越来越多。

生态理念的介入并不是说要将那些雨水利用设备改造成为不可见的、野化的形态，而是要将自然界生态循环的原理引入雨水收集的过程当中，这种将设施和景观融合在一起的过程将使得我们的生活环境更加优美宜人。在不断发展的雨水收集利用的研究和实践中，雨水花园作为一种终端设施而出现，结合植物、土壤的天然功能将雨水过滤净化后收集起来再次使用，或者使其下渗，让其重新加入自然界水循环。

现代雨水花园起源于美国马里兰州乔治王子郡。环境项目负责人拉里•科夫曼和他的团队希望他们所改造的雨水处理系统能够使用生态材料和模拟自然过程处理雨水，同时使得设施摆脱刻板生硬的工业化形象，而成为优美环境的一部分。经过大量的研究和试验，他们从零开始尝试如何模仿森林或者草地通过植物和土壤的功能来对降到地面的雨水进行渗透和收集，试着将包括风景园林学、植物学、土壤学等在内的多学科内容结合起来，最终他们创造出了雨水花园的实际成果。

2. 雨水花园在国外的发展

（1）高品质的代表——德国

德国的雨水收集技术处于世界领先的地位，发展到现在已经形成了完善的体制和成熟的实用技术。德国联邦法律规定新建或者改建的开发区、住宅区必须考虑雨水收集利用系统。在这样的政策条件下，开发商和建设者们在进行新的项目的时候，都必须将雨水利用作为设计和考虑的重要组成部分，这成为提升项目本身品质和吸引居住者、使用者的一大因素。

汉诺威市的康斯伯格城区是能代表德国雨水技术的典范之一。康斯伯格城区位于德国下萨克森州首府汉诺威市东南方向，总面积 150 万 m^2，为 1.5 万名居民提供了 6000 套住房。在项目规划设计实施过程中，建造方制定了严格的标准，从能源利用、垃圾处理、土壤利用和植被恢复以及雨洪利用等方面贯彻生态可持续发展。其中得到最广泛认可的是，该城区对雨水的处理原则遵循了亲近自然的设计理念，针对传统的管道收集雨水需要进行大规模铺设工程会对场地基础设施造成影响的问题，采用了源头控制、局部就地滞留和下渗的方法恢复水循环系统，从而达到可持续发展的目的。

在雨水收集的终端，项目中采用了几种形式的雨水花园，一种是"雨水渗透沟"，沿着道路和停车带以及人行道进行设置，深度在 30～40cm，在发挥排水、蓄水、下渗功能的同时，为城区道路添加了一道清新的路边景观。

另一种主要形式是"坡地雨水滞留带"。这种设施一般修建在带有坡度的道路旁边，宽度为 12～13m，雨水顺着地势自然流淌，形成优美的溪流景观。同时在局部区域设置了蓄水池和挡水隔板，使得雨水一级一级往下流淌，从而使得雨水的下渗和储存更加充分。除此之外，在场地最低注处设置雨水滞留区，宽度为 18～35m，以公园绿地的形式呈现，并种植当地的野草和树木，充满了生态的野趣。这样的区域在没有降水的时候是住宅区内的绿色开放空间，在暴雨降临时可以在此滞留大量的雨水，雨水滞留量可以满足 10 年一遇的规模。

与此同时，在区域内部分雨水花园的滞留沟渠内，德国的设计师们还加入了细节设计，那就是一种音响雨水系统。当雨量达到一定高度以后，雨水从雨水花园溢出或者从截留池溢出到旁边的沟渠时，会发出悦耳的声响。这是因为带有音响功能的沟渠在设计时与地下储水装置相连接，整个装置按照声学原理设计，因此雨水在滴下时随着水量的不同会发出不同的声响。这样的设计不仅给经过的人们带来全新的听觉体验，而且也用这种特别的方式让人们对雨水给予更多的关注。

值得一提的是，在康斯伯格城区内的小学校园中也设置了雨水收集系统，大大小小、不同形式的雨水花园被巧妙地安置在建筑、道路、广场周围，收集的雨水被用来浇花和冲洗厕所，学校通过这样的途径来教育孩子们保护、节约和利用雨水。

不仅在实践方面做到有效和创新，同时还在教育层面下功夫，这正是德国雨水利用技术发展的可贵之处。更重要的是，一系列关于雨水使用的法规大力支持了雨水花园的实施，法规规定：一般情况下，降水不能排入城市下水道系统中，开发方新上项目必须对雨水进行有效的滞留和使用，否则政府将征收雨水设施费和排放费。

（2）实践的成功者——美国

美国在20世纪90年代开始大力发展雨水花园，与德国相同，经过多年的发展已经形成了完善的技术和相应的政策。第一个雨水花园是在乔治王子郡的住宅区开始实践的。在当地的住宅项目中开发商联合当地的设计师创造性地使用了雨水花园技术，得到了很好的效果，居民对其反响也很好，因此雨水花园得以快速推广开来。乔治王子郡的居民区几乎每家都配备了30~40m²的雨水花园。统计表明，其建筑成本较低，但是却处理了当地75%~80%的地表径流。

如今，美国雨水花园设计最为成功的典型代表要数西北部城市波特兰市。波特兰市是美国俄勒冈州最大的城市，位于哥伦比亚河和威拉河的交汇处。波特兰市雨量充沛，每年几乎有九个月时间会下雨。因此，每逢大雨时节市政排水管道的压力很大。当地的环保人士、决策者、建筑师等针对这一情况开始大力发展雨水花园项目，旨在提高雨水下渗率，防止城市下水道超负荷运行所带来的安全隐患，同时改善排入河流的地表径流的水质。通过大量的研究和实践，波特兰市设计出了高效可行的雨水花园体系，设计中通过一系列的浅滩、小瀑布和水堰形成串联的水池，使得暴雨来袭时急速的水流能够通过一级一级的水坝汇水或是从不同层级水池跌落后将动能转换成势能，降低流淌速度。在降低速度的同时增加了水与泥土的接触时间，创造了更加有效的下渗条件。同时注重植物的使用，这成为波特兰市雨水花园设计更为生态自然的关键点。在他们的设计中精心挑选和大量使用了许多适合雨水花园环境的植物，这些长在鹅卵石和碎石缝中间的植物不仅添加了雨水花园的自然气息，大大提升了其景观效果，还具有吸收有害污染物，过滤马路上、人行道上、广场上冲刷下来的油污、尘埃等污染物的能力。同时植物的根系能够将碎石和砂土牢牢地固定住，防止雨水冲刷引起的水土流失和土壤层松动。

波特兰市涌现出不少优秀的雨水花园实践项目，早期的一个非常成功的案例是俄勒冈州科学工业博物馆的停车场。景观建筑设计师穆拉色（Murase）和他的团队设计了具有渗透功能的雨水花园，这种开创性的思维和模式开始被波特兰市其他地方效仿。格伦科小学（Glencoe Elementary School）校园内的雨水花园也是一个优秀的实践例子，该雨水花园占地约232.25m²。雨水花园主要处理来自学校屋顶的集雨和学校车道以及部分城市路面汇集的径流。雨水花园中前池正常积水设计深度为2in（1in=2.54cm），弧形的石头坝设施有助于径流均匀地穿过雨水花园，促进雨水的下渗。考虑到公众安全问题，雨水花园最大积水深度为6~8in。雨水花园内的植物选择了当地的本土植物，容易生长，后期维护少，并且净化效果良好。

格伦科小学校园的雨水花园不仅处理了学校中的雨水径流，还允许部分市政用水流入该雨水花园用作教学演示之用，以便向人们推广和普及雨水处理的过程和重要性。它被认为是一项优秀的设计，吸引了不同人群来到学校参观和学习，同时也得到了波特兰市政府的推广和支持。

除了波特兰市的雨水花园，更应该引起我们关注的是美国的雨水管理政策。美国的雨水管理政策主要分为两个方面。

第一个方面是雨水排放许可。美国暴雨排放许可证（NPDES）的颁发会考虑排放场地的位置、工业或者建筑活动性质、排放水体的水质等方面因素。结合不同情况，许可证上会注明持有许可证者在排放雨水时所需要采取的措施，同时如果分流管道的使用者按照要求没有领取排放许可证或者没有达到许可证上的要求而排放雨水的话，将被追究相应责任。

美国环保局将建筑活动归为与暴雨排放相关的工业活动之一。排放许可证的发放主要按照建筑活动的影响范围来要求，并且在排放的两个阶段要求不同。

第二个方面是雨水排放收费机制。在发放雨水排放许可证的同时，美国各州也建立了雨水收费机制，比如，华盛顿州的奥林匹亚市从1986年开始征收雨水排放费，分为居民区和非居民区两种类型征收。居民区每一个居住单元每月收取4.5美元的雨水排放费，每个居住单元为2582m^2。非居民区要收取管理费、水费和径流水质费，每月价格分别为8.44美元、1.49美元×居住单元个数及4.13美元×居住单元的个数。

如此详细的政策管理使得美国的城市设施使用者、工程建设者和工业生产者们无论是从法律上还是经济成本上都不愿随意排放雨水，而是致力于寻找更有效率和更经济的雨水处理办法，这一过程大大促进了雨水花园这样的生态环保设施的研究、发展和实践。

3. 雨水花园在国内的发展

我国城市雨水利用起步于20世纪80年代，近些年来随着国家经济发展和人们生态环保意识的提高，在北京、上海、大连、哈尔滨等一些城市相继开展了研究，并取得一定成果。

北京市已建成雨水利用工程1200余处，2008年全年实现利用雨洪水4500万m^3。在雨水花园方面，北京建成的一些项目具有一定代表意义，奥林匹克森林公园中心区项目就是很好的例子。公园主轴线以及周围硬质铺装面积比较大，因此设计者在这一区域广泛使用了透水铺装，并且在部分绿地和树池区域引入了雨水花园的理念，使用了透水垫面使降雨更能够入渗到地下而不是直接流入下水道。这一过程中垫面对雨水进行了过滤，下渗的雨水由渗滤沟导入收集池，同时收集池与灌溉系统相连，从而可以使用其中收集的雨水为公园内绿地浇灌。

上海辰山植物园中的雨水花园系统是另一个优秀例子。由于辰山植物园景观水体中的氮、磷以及其他金属和重金属超标，这种情况容易引起植物园内水体短期内出现藻类大面积爆发性增长的情况，水体也会散发出异味。为了净化水体，辰山植物园采用了雨水花园技术，在环绕植物园的绿环和温室屋顶等地方设置雨水花园，使得降水时雨水能够回灌和下渗到地下铺设的渗透管，然后将雨水汇集到蓄水池中。同时，经过雨水花园腐殖土层、植被层和透水层的层层净化，收集的雨水中地表有机污染物（COD）、Hg等重金属，以及通过大气进入雨水径流的降尘、酸雨和氮氧化物等含量显著下降。这一措施使得植物园利用雨水补充了水源、改善了园内水体质量、节省了大量的资金，同时优美的雨水花园设施发挥了出色的生态景观效益。

尽管近年来国内关于雨水花园和城市雨洪控制的研究和实践越来越活跃，但是由于社会重视的力度和研究的深度不够，我国无论是在政策法规层面还是在雨水利用技术和实践方面都落后于西方发达国家，没有能够形成规模性的、成熟的雨水管理利用理论和实践体系，目前主要是通过直接借鉴国外的经验进行配套设施的建立和方案实施。

当前，我国已建成的包含雨水花园技术的工程项目主要以国家、政府为背景的大型工程为代表，如北京奥林匹克公园、上海世博园、哈尔滨雨水公园等。值得注意的是，这些项目中虽然也引进了雨水花园技术，能成功地收集、净化雨水，消减雨洪，管理雨水资源，但是由于其地位特殊，代表性和特立性较强，并不能够大范围推广，对于整个城市的雨水利用发展只能是象征性的点睛之笔而难以发挥规模效益。而城市公园、建筑、道路、居住区、商业街等更加普遍的城市环境迫切需要雨水花园技术的介入，因为城市雨水资源管理和利用并不是只有几个代表性的市政项目或者园林绿地就能够使其朝着可持续的方向发展的，而是应该找到一种适合自己发展的模式推广开来，形成规模效应，才能够对我们城市生态化的雨水利用起到积极的作用。

7.3.2 雨水花园的类型

1. 径流量控制型

此类型的雨水花园首要任务是降低区域内雨水径流量，常常设置在地表水质相对比较好的地方，比如，在建筑旁、比较干净的街道旁、居住区居民的庭院内等。由于净化的需求不是很大，因此此种类型雨水花园在园林景观营造上可以获得更大的效果，同时结构相对简单、造价低廉、后期维护管理方便，是非常理想的雨水花园形式。

控制径流的雨水花园可以进一步分为完全渗透型和部分渗透型两种。完全渗透型雨水花园重在针对该地区的城市雨洪控制与地下水的补给，要求使用的土壤具有较好的透水率，雨水花园的设计渗透能力需要不小于区域内的暴雨强度，下渗率需大于30mm/h，雨水滞留时间不应该超过1h。

部分渗透型雨水花园能够渗透大部分流入其中的雨水径流，小部分雨水流出雨水花园后进入城市排水管道排走。这样经过雨水花园的作用后，地面径流的水量减少，流速得到充分的削弱，可以有效避免形成洪峰以及城市排水系统饱和。如果与雨水收集设施结合，则可以将没有下渗的那部分雨水收集起来储存利用。因此，部分渗透型雨水花园应用更加灵活、适用性更高。

2. 径流污染控制型

此类型的雨水花园在雨水收集过程中更加强调对雨水水质的净化作用。因为如果降雨水质污染严重却直接下渗到地下水或者排到城市管道中，最后进入河流水体的话，无疑是将城市的污染带入了自然水循环过程，污染浅层地下水体和河流水体。

因此，在市中心、城市核心广场、城市工业区工厂周围等地适合设置径流污染控制型雨水花园。由于强调了净化功能，所以设计者需要更加认真地考虑植物的物种组成和土壤的选择以及底层设计。径流污染控制型的雨水花园可以分为完全收集和部分收集两种类型。

完全收集型的雨水花园目的是尽可能地收集雨水，将其通过净化处理以后蓄积起来直接利用。这种类型的雨水花园适合建造在干旱、严重少雨的地区，对于这些地区来说减少雨水下渗、保证收集的水量和水质是第一位的。因此，完全收集型雨水花园应该配置储水设备，如蓄水池、储水缸等设备，同时应具备足够面积以便将雨水充分汇集。

部分收集型雨水花园同样是以收集雨水、控制径流污染为主，同时也结合部分雨水渗透功能或者雨水排放的雨水花园使用。这类的雨水花园适用于水源相对珍贵的地区。设计时结合降水量和计划收集雨水量综合平衡雨水花园集水面积。当收集雨水量达到目标量或者降水量超过需求量时，多余雨水可以渗透到土壤或者溢出排放。

7.3.3 雨水花园设计原则

1. 低影响土地开发原则

低影响土地开发（LID）技术是指基于模拟自然水文条件原理，采用源头控制理念实现雨水控制与利用的一种雨水管理方法。由于模拟自然条件下发生的排水过程，它对场地的改造和对原有场地的破坏能够降到最低。其主要工程措施包括雨水花园、调蓄水池、植被浅沟与缓冲带、绿色屋顶等。

使用 LID 进行雨水花园设计时首先要做到的是仔细调查好原址的环境，获得可靠的一手资料，在对场地环境充分理解的基础之上从人与自然和谐共处的观点和视角去思考雨水花园的设计。充分的场地认知涉及对需要建设区域的自然条件、环境状况、生物条件等情况的掌握以及对周围生活的居民意愿的采集、使用期望等调查，还包括利用原址的景观因素进行设计，而不是单纯的整体创新。如果没有做到这一点，那么设计出来的雨水花园很有可能会因为与原环境格格不入而丧失整体性和协调性。

LID 原则还要求所建设的人工设施建成后只需要相对简单的维护手段就能够保证设施的正常运作。雨水花园的广泛适应性和生态性特点要求其设计和建造都需要满足 LID 原则。如果一个雨水花园后期需要耗费大量的人力和维护资金才能保证其功能和景观效果的正常发挥，那么这样的雨水花园已经失去了其生态性和适应性。

2. 功能与景观并举原则

雨水花园首先应当是城市雨洪管理体系下的一种工程手段，具备相应的雨水滞留、净化、减少地表径流量、雨水下渗回补地下水或收集雨水再次利用等实际功能。但是雨水花园的特别之处在于它是以一个小型生态群落的形式结合人工建造来实现生态功能的，这就要求其在满足使用功能的同时也要满足一定的审美要求。如果单纯地只满足功能而忽视了景观效果，那么雨水花园的意味就少了许多，与普通渗透绿地无异。如果过分强调景观效果而没有满足功能需求，那么雨水花园就变成了普通花园绿地，失去了其在雨水管理过程中的意义。

对于控制径流污染为目的的雨水花园来讲，考虑到其水中污染成分比较多，会有难闻的气味，如果排水不畅还容易滋生蚊虫，一般来说不太适合人们近距离接触。因此，控制径流污染的雨水花园以功能为主，以景观来辅助功能。而控制径流量为目的的雨水花园则可以通过加强园林景观塑造、丰富植物配置，形成赏心悦目的园林景观，创造出优美舒适的城市环境。

3. 安全原则

安全原则之一是要保证雨水花园的建造不会对周边建筑或其他重要设施的结构、防水等造成影响。只要是建造雨水花园就必须考虑到其附近建筑物的防水问题，要调查好周围建筑和场地的排水系统后再进行设计。因为雨水花园有收集、渗透雨水的功能,所以如果不注意考虑安全条件的话,可能会导致下雨时建筑地基被浸泡,甚至会破坏建筑结构,导致建筑倾斜甚至坍塌。二是从雨水花园自身的安全角度考虑,如果在设计建造时考虑不周,如在土壤渗透性不好的基地选择建设控制径流量型雨水花园,导致本应该迅速下渗或者溢出的雨水长时间在花园内滞留,则可能会因为浸泡时间过长而导致雨水花园结构层的损坏。

7.3.4 雨水花园建造技术

1. 雨水花园的结构

雨水花园主要的结构由以下六部分组成。

(1) 蓄水层

蓄水层是雨水花园的最上面一层,雨水会在此汇集、沉淀,这一层的高度一般以 100~250mm 为宜,但是随着周边地形和设计的不同会有相对变化。

(2) 覆盖层

覆盖层常采用树皮进行覆盖,深度以 50~80mm 为宜。它有保存土壤湿度的功能,可以防止表层土壤因为缺乏水分而硬结从而降低雨水下渗性能。不仅如此,生长在树皮和土壤之间的微生物可以降解水体中的有机物,净化水体。同时覆盖层还能防止径流直接冲刷下层土壤。

(3) 植被及种植土层

种植土层主要是发挥过滤和吸附的作用。雨水花园中植物根系在此吸附渗透下来的水体中的碳氢化合物、金属离子等污染物质。种植土层选用渗透系数较大的砂质土壤为宜,主要成分中应包含 60%~85% 的砂、5%~10% 的有机成分,黏土含量不超过 5%。土层厚度根据选用植物类型而定,当采用草本植物时一般厚度为 250mm 左右、灌木需要 50~80mm,乔木则需要在 1m 以上。

(4) 人工填料层

人工填料层需要选用渗透性较强的天然或人工材料,其厚度应根据当地的降雨情况、雨水花园的面积等确定,多为 0.5m。当选用砂质土壤时,其主要成分应与种植土层一致。当选用炉渣或砾石时,其渗透系数一般不小于 10.5m/s。

(5) 砂层

在填料层和砾石层之间铺一层 150mm 厚的砂层可以防止土壤颗粒堵塞下一层的穿孔管,同时砂层也具有通风的作用。也可以用土工布代替砂层保护下面的砾石层,但是其缺点在于土工布容易被堵塞。

(6) 砾石层

砾石层由粒径不超过 50mm 的砾石铺成,厚度为 200~300mm。在其中可埋置直径为 100mm 的穿孔管,经过渗滤的雨水由穿孔管收集进入邻近的河流或其他排放系统。

2. 雨水花园的场地选择

雨水花园的建造场地应当充分考虑周边环境,在选择场地过程中应注意以下几方面。

(1) 雨水花园建造地点应该是在地势比较低但没有长期积水的地带和雨水径流可以流经的区域。地势较低则可利用雨水在重力作用下流入花园,方便对雨水的收集和下渗。但如果是经常积水的低洼地则表明该地土壤渗透性不佳,需要人工改造土壤。雨水花园附近区域的坡度应小于15%,避免滑坡产生和减少土方量。

(2) 雨水花园与建筑最小距离应为3m,以避免渗水影响建筑地基,造成安全隐患。

(3) 雨水花园适合设置在经常能够被阳光照射的地方。一方面如果花园处在阴暗潮湿处,那么短期内容易滋生蚊虫,花园内积水也容易变质散发不良气味;另一方面日照不够也会影响植物的生长情况,从而影响雨水花园的功能发挥和景观效果。

(4) 雨水花园不适合设置在有严重水污染源的地方,因为雨水花园的净化功能只是针对雨水和城市地表径流,净化能力有限。如果设置于严重污染源附近,雨水花园收集的雨水也不能直接利用,下渗后同样具有污染性,花园中的植物生长也会受到影响。

3. 雨水花园的坡度和深度

控制径流量型的雨水花园主要强调雨水的下渗性能,绿地面积可相对大些,这样可以增加雨水与地面的接触面积从而更快下渗。绿地适合采用较小坡度设计,因为缓坡可以降低地表径流量,同时也能降低雨水的汇流速度,从而增加雨水渗透的时间。如果地形较陡,可以使用跌水方式分层处理,在每一层上平整地形以达到减缓径流和延长渗透时间的目的。

控制径流污染型雨水花园周围应有一定的坡度,并且沿着坡向设计汇水线,将雨水有效地引入雨水花园。同时雨水花园内坡度也应当陡缓结合,能够形成雨水汇集面让雨水短暂停留从而与植物、土壤等充分接触,达到净化的目的。

4. 雨水花园的溢流设施

雨水花园有一定的蓄水量,当超过其蓄水量时,多出的雨水就需要外溢或排走。对于空旷地带,比如,公园、郊区、私人绿地庭院等处的雨水花园,多出的雨水向四周溢出后会流进附近下水道,雨水花园内不需要再设置雨水设施。但是如果雨水花园所处位置不方便多余的雨水向四周溢出,比如,在城市街道旁、商业步行街中、校园中这些人流较多、活动较丰富的区域,就需要在雨水花园中加装溢流装置,使得雨水在雨水花园中溢出而不再回到道路上,这样就不会对周围环境造成影响。溢流装置安放在雨水花园的中部比较科学、经济,高度与最大水位一致。

5. 雨水花园的维护

(1) 防堵塞

雨水中的杂物会停留在表层覆盖层上,堵塞雨水下渗,造成积水难以消除(若雨水在蓄水层滞留2d而不继续下渗,则表明已经堵塞)。一旦出现这种情况,需要人工将水排出并且清理表面沉积物,恢复雨水下渗功能。

(2) 防干旱

我国北方和西北属于干旱少雨地带,随着全球气候变暖,干旱灾害越来越频繁发生。如果遇到长时间干旱天气则需要浇灌雨水花园中的植物以避免其枯萎死亡,此外雨水花园内土壤也需要浇灌润湿,避免龟裂影响到雨水花园的其他结构层。

（3）防冻害

如果雨水花园建在寒冷地区，冬季需要做好防寒措施，避免植物被严冬冻死或冻胀导致雨水花园结构损坏。

（4）植物的综合护理

雨水花园中的植物应该选在春季种植，有利于植物的成活。在种植初期如果遇到暴雨，最好人工调节一下雨水花园的水量，避免新种植物被暴雨冲刷和浸泡，这样可以让植物在生长过程初期有足够时间将根系扎深。雨水花园一般会选择生长较快的植物种类和多种类型的植物进行种植，适当密植会提高净化效果。但是在小型雨水花园当中如果植物生长的过密则会造成植物之间相互争夺养分、生长空间、日照时长等情况，以及强势物种越长越多而弱势物种越长越弱，最终破坏雨水花园植物搭配种植的意义，打破其小环境内的生态平衡，所以定期的除杂草和植株整理维护必不可少。

以上雨水花园的维护手段可以定期进行，但是每逢暴雨或者连续强降雨过后，也应该对雨水花园进行检查和维护，主要查看雨水花园的表面覆盖层被冲刷的情况以及植物是否有倒伏等损害，从而及时替换被冲刷掉的表面覆盖层和清理被破坏的植被，保证雨水花园处于正常状态。

7.3.5 雨水花园的应用

1. 雨水花园与绿色基础设施

20世纪90年代，绿色基础设施概念被提出。美国规划协会将绿色基础设施定义为"它是一种由诸如林荫街道、湿地、公园、林地、自然植被区等开放空间和自然区域组成的相互联系的网络，能够以自然的方式控制城市雨水径流、减少城市洪涝灾害、控制径流污染、保护水环境"。提出绿色基础设施的概念是为了和城市规划中所含的"灰色基础设施"（如下水道、地下管线等）以及"社会基础设施"（如学校、医院等）相区别。它被视为可持续发展战略的一个重要部分，其内所有建设目的都是使绿地"网"综合发挥生态作用。

从绿色基础设施的定义中可以看出，控制城市雨水径流、减少城市洪涝灾害、控制径流污染、保护水环境是其重要的目的。结合近几年来发达国家所提出的"低影响开发技术"，美国西雅图市的公共事业局又进一步提出了"绿色雨水基础设施（GSI）"。按照西雅图公共事业局的定义，绿色雨水基础设施包含了雨水花园、屋顶绿化、植被浅沟、渗透铺装、雨水塘/雨水湿地、植被缓冲带、多功能调蓄设施等。

由此可见，雨水花园完全符合绿色基础设施的定义，美国环境保护局直接将其认同为绿色基础设施的重要组成部分，从它的功能、价值和属性来看无一不体现出绿色基础设施的核心概念。因此，雨水花园作为其重要组成部分，在城市建设之中向体系化和网络化的方向发展。

2. 雨水花园的应用方向

按照绿色基础设施发展的要求和雨水花园生态的属性以及其对雨水处理的功能的特点，雨水花园在一个城市中应当是成系统、成网络地发展才能使其最大限度地发挥功能和价值，城市园林绿地系统范围内是雨水花园的主要用武之地。不同的城市绿地有不同的属性，这也就意味着雨水花园在发展的同时需要具有不同的适应性，要符合目标区域的特性和需求。

城市园林绿地类型总体上分为附属绿地和公园绿地两大类，每一类还包括若干类型的城市绿地。需要注意的是，并不是每种绿地类型都适合或者需要引入雨水花园。例如，附属绿地中的工业用地绿地、仓储用地绿地、城市对外交通绿地、特殊用地绿地（如军事设施用地）、生态景观绿地等，这些区域多布置在开阔的空间范围内，其绿地的面积和占比已经能够很好地满足雨洪控制的需求，雨水径流能够在这些区域内自然地消耗掉。

因此，无须在这些区域再专门设置雨水处理设施。另外，对于公园绿地来说，其本身就是具有一定规模的生态系统，如果要将雨水花园应用到其中的话需要注重的不是单一的雨水花园建造和使用，而是应该将雨水花园的技术和理念结合公园绿地自身条件来综合进行雨洪管理。

1) 附属绿地中的应用

雨水花园在附属绿地中的应用主要集中在公共设施用地绿地和道路绿地中。

（1）公共设施用地绿地中的雨水花园

建造在公共设施用地绿地中的雨水花园主要解决的是这些区域内公共建筑周边的雨水处理需求，因此可以把研究重点放在建筑及其周边区域内。城市建筑具有很大的雨水处理需求，建筑本身作为一种城市设施就具备处理雨水的潜力，目前发展比较成熟的是通过屋顶绿化的方式来实现对其雨水的利用。经过绿化处理后的屋顶可以吸收、截留雨水，由于屋顶不能下渗雨水，因此屋顶绿化通常与其他集雨设备配合储存雨水。如果建筑进行了屋顶绿化处理，那么它收集的雨水可以通过管道收集后流入周边雨水花园进行净化、下渗或者净化后储存起来。如果没有进行绿化屋顶处理，那么建筑周边的雨水花园也可以发挥收集、净化、储存的作用。与此同时，雨水花园还能够起到调节建筑周边温度和美化建筑外环境的功能。

在建筑周边的绿地往往代表着建筑使用方的形象，也影响着建筑周围的环境品质，建设雨水花园时可以考虑以下方面的因素。

① 雨水花园的设计应当和建筑空间布局、体量形态相呼应，使得花园景观能够融入建筑整体环境之中。

② 可以考虑利用设计划分城市空间，利用地形、植物等为建筑提供空间限定。

③ 附属绿地的园林景观效果直接参与到城市整体界面中，因此景观效果需要达到一定要求。

④ 由于是建筑附属绿地，市民游览和接触的概率较大，因此可以考虑适当加入具有参与性的园林景观项目。

⑤ 建设雨水花园时应当留足交通空间，不能妨碍公共交通和阻挡行人流线。

⑥ 结合周边环境建立供市民停留、休息的设施，满足人们的需求。

⑦ 注意雨水花园功能的发挥，避免长时间积水造成水体变质、滋生蚊虫，同时注意不要使用有毒植物或者容易引起人体过敏的植物。

美国波特兰市塔博尔山中学雨水花园是建筑附属绿地雨水花园建造的优秀例子。塔博尔山中学雨水花园在 2006 年夏天建成，它在雨洪管理方面的开创性和实践性经验为其迎来广泛好评。

塔博尔山中学雨水花园是利用学校教室所围合的一处闲置的停车场来改建的。它紧挨教学楼，与建筑之间的联系十分紧密。在雨水花园建成之前，由于停车场的沥青地面导致教室内在夏季气温偏高，也使得这一紧邻教学楼的区域使用率偏低。通过设计师的巧妙构思将这一被人忽略的空间转变成了一处让人心旷神怡的绿色花园，吸引着人们来此活动和交流。

花园虽然面积不大，但是建造使用的材料却相对丰富，植物、砂土、砾石、绳索等元素之间搭配协调。多条雨水管道将屋顶的雨水引入雨水花园中部两英尺（1ft≈30.48cm）宽的砾石长廊里，这个长廊在晴天将花园两端连通起来，在有雨天可以让人们欣赏到雨水汇集和进入花园的过程。园中的植物都选用本土短期耐涝的、具有观赏性的植物。

塔博尔山中学雨水花园向我们展示了小尺度空间内建筑附属绿地中雨水花园的应用。另一个具有代表性的案例则是大尺度空间公共建筑周边运用雨水花园技术的典范，它就是德国柏林波茨坦广场。设计师赫伯特·德莱赛特尔借助雨水花园的建设来解决这一高楼林立的商业建筑区内所面临的生态环境问题。

因为柏林市水位较低，所以城市建设部门要求商业区不能对地下水造成影响。因此，在建造时波茨坦广场上所有能够绿化改造的屋顶都建成了屋顶花园，利用它们来收集建筑屋顶的雨水，增加雨水蒸发量，防止雨洪形成。不能收集雨水的屋顶都有雨漏管引导雨水到达地面，进入地下蓄水池中。蓄水池内设有水质自动监测系统，水质达标的雨水通过水泵直接输送到广场区域内的绿地或者排入地下进入水循环，水质不达标的雨水则由水泵输送到广场周边的雨水花园中进行净化，通过基层、植物等的作用降低雨水的污染程度之后再作他用。

波茨坦广场内的雨水花园在净化效果方面十分出色，它有效地利用了雨水花园中形成的生境，通过自然生态的方法大大减少了雨水中的富营养物质和有机颗粒。再结合外部出色的水景设计，使得整个系统在运作的过程中既完成了雨水的处理，又营造了优美的景观，在这里利用雨水花园净化后的雨水创造的水景得到了很高的评价。波茨坦广场的雨水花园群落生境已经运作了10年左右，

这充分证明了雨水花园的可持续性，同时广场每年维护需求很少，真正做到了雨水花园的粗放管理。

(2) 道路绿地内的雨水花园

雨水花园运用到城市道路中，就不能不提"绿色街道"这一概念。发达国家很多城市把绿色雨水基础设施理念结合低影响开发技术运用到城市街道的建设和改造当中。美国最早提出绿色街道这一概念，并且已经进行了不少的实践。按照美国所提出的概念，"绿色街道"是在城市道路设计当中加入绿色雨水基础设施，结合低影响开发技术，控制雨水径流量和减少雨水排放。与此同时，也能降低城市局部温度、提升道路园林景观、改善街道空气质量，将城市道路建设产生的影响降低到最小。

直观地讲，利用雨水花园的生态方式来收集、渗透、净化、处理城市雨水的街道，就可以被称作绿色街道。

将雨水花园技术运用到城市道路中能有效地减轻市政排水的压力。需注意的是，它

应当是与市政排水相结合的,而不是完全取代后者。其应用形式多种多样,可以在道路绿化隔离带、道路边沿、人行道等处进行改造和建设,也可以在停车场、交通绿岛等处进行运用。雨水花园在将雨水径流截留、渗透的同时,也可以减轻道路绿化灌溉用水的压力,同时也能丰富道路园林景观的内容和形式。

道路绿地内的雨水花园在建造时应该考虑以下因素。

① 顺应道路坡向设计,将雨水花园设置在路面径流汇聚的方向处。

② 考虑交通因素,不能阻碍交通流量和隔断交通方向。

③ 尽量与道路范围内设施结合,比如,与行道树种植池、绿化隔离带等设施相结合。

④ 保证雨水花园的生态性,管理的粗放性,要能适应道路中复杂的城市环境。

⑤ 注重景观质量的提升,营造优美的道路环境,恢复道路的活力和优势。

美国北卡罗来纳州的海因波特的雨水花园在道路中的运用比较成功。该城的雨水花园计划主要是和房地产项目结合开发,全市大约有250个规模不等的雨水花园,大多数设置在住宅区路边。这些雨水花园造型各异,种植各种形态美观、色彩鲜艳的雨水花园植物,使得每一条拥有雨水花园的道路都成为市民乐于步行和交往的城市空间,恢复了街道应有的活力。

海因波特的雨水花园大多是当地居民自己建造的,因此雨水花园形式多样、造型灵活。虽然是私人建造,但是雨水花园的雨水处理效果同样十分理想,根据该市的统计,每个雨水花园平均能够截留流进其内50%以上的雨水径流,同时减少30%的径流污染。

美国格林斯堡的主街重建也是一项出色的案例。格林斯堡是位于堪萨斯州西南的一个小镇。2007年5月,EF-5号飓风摧毁了该镇90%的建筑物,台风过后,城市开始重建,重建过程中主街的重建项目首先启动,项目中将生态理念和雨水花园、新型材料等元素纳入设计范围。

格林斯堡地势平坦,年降水量仅为22in(≈671mm)左右。设计中使用雨水渗透池的形式来管理雨水。渗透池包括6in(15.24cm)汇流区,雨水在此汇集后下渗到地下并通过土壤初步过滤,继而通过输水管流入埋藏在地下的八个蓄水池。同时,绿地喷灌系统和这八个地下蓄水池相连,由放置在渗透池下的潜水泵驱动工作,直接利用蓄水池中收集的雨水来浇灌绿地和植物,蓄满一次水能够在旱季提供六周的浇灌水量。

格林斯堡的道路绿色设计为本市其他重建项目提供了范本,同时也成了其他城市道路绿色工程的典范。

2)公园绿地内的应用

随着雨水花园理论和实践的发展,其尺度也在不断增长,但可以确定的是雨水花园的面积不会超过城市公园,它只能是公园绿地的一部分,只不过现在随着建造技术的成熟雨水花园的规模正向公园尺度拓展。开放绿地内的雨水花园同样具有调节雨洪、净化雨水的作用,规模上的优势使其功能效果的发挥更加明显。

公园绿地内具有变化的地形、丰富的植物,有些公园还有湖泊、河流、人工湿地等,其自身就是一个生态系统,能够通过自己的生态属性去整体实现雨洪管理。在公园中应用雨水花园技术,从某种程度上来说是将雨水花园与自然绿地、湿地、水体、透水材料等元素相配合,从而综合提高公园绿地的生态性能。总结起来说,雨水花园在公园绿地中的应用应关注以下问题。

① 公园内雨水收集方式不仅局限于雨水花园一种形式，可以考虑结合其他收集方式，将其技术结合已有设施和现状环境综合利用。

② 充分利用公园的植被优势，结合地形设置雨水花园，多利用地形和植被来减少地表径流、吸收雨水、净化水质。

③ 多使用透水材料，增大公园内除了雨水花园、普通绿地之外的渗透面积，利用公园作为城市开放空间的特点，使其成为城市内雨水下渗、补充地下水的核心区域。

④ 可以将雨水处理的过程变得更有意思。公园绿地有足够的空间设置，更有创造力和乐趣的园林景观设施，也可以建造更为复杂的结构，因此可以考虑加入喷泉叠水、光电效果、音响效果等内容，既能提升园林景观的品质，也能丰富公园的活动内容。

美国波特兰市的坦纳斯普林斯公园是雨水收集的优秀案例。坦纳斯普林斯公园位于波特兰的一个繁华街区，该基地在被开发为工业用途之前是一块湿地，被坦纳河从中分开，与宽广的威拉麦狄河相邻。铁路站和工业区首先占用了这片土地，并伴有场地排水要求。

公园设计充分利用了基地地形从南到北逐渐降低的特点，收集来自周边街道和铺地的雨水。种植的植物种类、从坡地的高处到低处的水池分布的变化，反映的是基地土壤含水量从干到湿的变化过程。收集到的雨水经过坡地上植物过滤带的层层吸收、过滤和净化，最终多余的雨水被释放到坡地下方的水池中。

另外，公园在传统的湿地基础上，还被赋予了现代的元素：如横穿水池的曲桥和由象征波特兰往日城市肌理的旧铁轨所组成的波形艺术墙，这些艺术作品将场地与当地的历史文化紧密联系起来，人们能够从情感上与之产生共鸣，从而使他们对这块经历过改变的场地倍感亲切。坦纳斯普林斯公园以其独特的生态特色和出色的景观魅力成为当地广受欢迎的开放公园。周围市民将其作为活动、聚会的地点，人们的交流往来使得这片绿地更加富有生机。

雨水花园技术的应用可以拓展到一个区域甚至是更大的尺度中，如美国科罗拉多州奥罗拉市的叙普河治理就是一个成功的例子。随着城市的发展所带来的环境破坏，位于奥罗拉市城郊的叙普河成为附近区域的主要污染源，每到雨期，大量含有高浓度磷元素的雨水径流从四面八方汇入叙普河，造成河中鱼类大量死亡，也对生态和休闲用水造成严重破坏。

叙普河项目的目标是将汇入河水的雨水径流中的磷含量削减一半，为此设计团队运用一组雨水生态处理系统来应对地表径流。

雨水生态处理系统由池塘和湿地组成，在暴雨期间，大部分的磷被池塘上部的湿地去除。湿地生态系统中种植了能够吸收污染物的香蒲和柳树，能够消除水中的磷以及其他污染物，加上池塘的沉淀作用，不少悬浮颗粒也被滞留下来。

整个叙普河段中设置了六个新月形的雨水处理系统，每个系统由几级下降结构保护，当雨水径流从四周汇集时，水从各个阶梯状结构跌落的过程中消耗了动能，从而速度得到减缓。据统计，该设计能够将洪水和小型降水形成的径流速度分别降到 $0.9m/s$ 和 $0.09m/s$。

下降结构顺应了河岸的高差变化，所使用的建造材料为沙子和土壤混合波特兰水泥，这种混合物依次叠放在河床上形成高差约为 $2.4m$ 的阶梯。阶梯在减缓径流速度的同时也保护了所在区域河床两边土壤不被侵蚀。

7.4 雨水资源利用技术

7.4.1 城市降雨径流污染

1. 城市降雨径流污染的产生原因与危害

城市降雨径流污染,是指在降雨的淋洗和冲刷作用下,雨水径流裹挟着城市大气中和地表上积存的污染物,经由排水系统收集、输送和处理,通过多种迁移、汇集和排放方式,最终进入受纳水体而造成的水污染。它是一种较为复杂的城市水体污染形式。一方面,由于污染是"分散产生"的,也常被称为城市面源污染、城市非点源污染等;另一方面,大部分污染物是经由排水系统进入水体的,因此又呈现一定的"集中排放"特征。快速的城市化进程是城市降雨径流污染产生的根本原因。

径流中的各类污染物最终进入城市水体后会造成严重的城市面源污染。城市降雨径流污染物成分复杂、来源广泛,既有降水从空气中裹挟出的污染物(重工业区和大气PM2.5值较高的城市中这一现象特别显著),又有城市地面上的污染物(包括生活垃圾、城建渣物、包装材料、动物粪便等固体废物,大气干沉降物质,农药肥料以及机动车排放的尾气等)。综合考虑各种污染物的消除过程及其对环境的影响等多方面因素,降雨径流对城市水体的危害可归纳为以下五方面。

(1) 营养物质输入与富营养化风险

营养物质主要是指生物所需的氮素化合物、磷素化合物和其他有机物。当大量的营养物质输入流速缓慢、滞留时间长的城市水体后,藻类等水生浮游植物在光照、气温适宜的条件下迅速繁殖,使水体溶解氧量大幅度下降,导致鱼类或其他生物因缺氧而大批死亡,大大降低了城市水体的美观性。

(2) 悬浮固体负荷增加

固体悬浮物是主要的城市降雨径流污染物之一。研究表明,城市径流中悬浮固体的粒径为5~10mm。即使对降雨径流进行吸滤处理,这些固体悬浮颗粒也很难被滤出,而附着在悬浮颗粒上的其他污染物也无法被去除,进而使城市水体水质情况恶化。

(3) 微生物的潜在威胁

地表径流中细菌和病毒虽然十分罕见,但仍可能给人体健康带来潜在威胁。我国城市径流常见的病原体包括沙门氏菌、绿脓杆菌、志贺氏菌属、肠道病毒等。这些微生物主要来源于城市土壤、工业废水、生活污水和牲畜的排泄物等。

(4) 有机物降解导致水体缺氧

城市径流中包含大量的有机物质,例如,生活垃圾、工业废水以及动物排泄物等。这些有机物在降解过程中消耗大量的氧气,如果水体中溶氧不足,则会导致水体中还原性毒物不断积累,还会引起病原微生物的大量繁殖,使得水体极易发黑发臭,水中的鱼、虾、藻类等水生生物也会受到严重威胁。

(5) 有毒污染物恶化城市水体水质

城市雨水径流中通常含有一定量的毒性重金属及有机物,其来源包括交通排放、大气沉降、工业生产等。含铅涂料油漆是城市降雨径流中铅的主要来源,屋面材料和轮胎破损是城市降雨径流中锌的主要来源,草地、菜地等施用的农药、机动车辆排放的废气以及大气的干湿沉降是多氯联苯和多环芳烃的主要来源。

2. 城市降雨径流污染的来源与特征

城市降雨径流污染物来源广泛、成分复杂,其主要由城市化程度、下垫面类型、空气污染程度和人类活动等因素决定。城市降雨径流污染物的来源大致可分为自然降雨、城市地表和城市排水系统三方面。

具体而言,可分为以下六个方面,即大气沉降、交通、住宅和商业区、施工区、休闲娱乐区和底泥的二次污染。城市降雨径流污染过程复杂而多变,它既不同于污水处理厂和工业企业等典型点源污染,又区别于农村的径流污染,其产生与排放特征如下。

(1) 污染负荷的时空差异性

受降雨过程的影响,城市地表径流中的污染负荷随时间的变化规律非常明显,具有显著的时间尺度特征。由于降雨具有随机性,城市地表径流中污染负荷的稳定性不高。

(2) 产生过程的随机性和不确定性

影响城市降雨径流污染的诸多因素均具有不确定性。例如,在地表污染物淋洗和冲刷过程中,降雨特征、大气污染状况、地表清扫情况、下水道状况等重要变量均存在随机性和不确定性。

(3) 排放方式的复杂多变性

在雨期,降雨径流污染物的排放特征是晴天时污染物在城市地表累积,降雨时通过冲刷进入径流,经由排水系统汇流、运输、处理后进入城市水体;在短期(单场降雨)内,降雨径流的污染过程因降雨特征的不同而呈现出一定的随机性。

7.4.2 雨水的收集

1. 海绵城市雨水收集施工内容

出于成本和环境保护的考虑,海绵城市雨水收集工程运用了低影响开发技术对雨水进行收集,项目施工关键内容为透水铺装。对于铺设材料的选择来说,透水铺装材料主要可以分为透水砖铺装和透水沥青混凝土铺装两种。施工流程为:通过管道疏通将雨水集中→对雨水径流污染源进行控制→通过铺设材料进行雨水渗流→雨水集中处理和利用。在雨水收集和净化处理过程中,出于对生态环境保护和节约成本的考虑,运用地形环境和原生态灌木林,实现对雨水的收集。

对于海绵城市雨水收集来说,安装透水铺装是项目施工的关键环节,主要以新材料和传统材料进行透水铺装,达到提高孔隙率的目的。此外,还可以综合运用不同铺装材料进行雨水的收集和净化。对透水铺装材料和施工程序的研究,可以有效提高公园建设中雨水收集系统的利用率。施工的关键和重点环节是增强透水铺装的有效率。

2. 提高雨水收集系统关键技术

雨水收集系统工序较为复杂,各个项目施工的工序都会影响雨水收集系统的质量。本书立足于生态环境现状,对雨水收集系统的关键工艺进行了研究,以有效增强海绵城市雨水收集系统质量。

1）可渗透路面控制措施

可渗透路面要发挥地形的优势，将雨水疏通到指定位置进行净化。此项目立足于 Revit 系列软件建模，对可渗透路面的坡度、地形的构造进行研究，使得可渗透路面在发挥雨水收集功能的同时，能够与周围的环境彼此兼容，在增强可渗透路面植物净化功能的同时，营造生态宜居的自然景观。

在海绵城市的建设中，需要对原始生态系统的保护、生态系统的修复等诸多方面进行考虑。可渗透路面需要对以下因素进行考虑：受到重力势能的影响，相同体积的雨水从坡度越陡的地方降落，其水流的速度也越快。为了最大化提高降雨在可渗透路面中渗流和净化的时间，在对可渗透路面进行建设过程中，需要确保路面的坡度尽量小，以增强可渗透路面雨水收集和净化效果。在对斜坡进行施工过程中，可将斜坡设计为阶梯式结构，以增加雨水和地表的接触面积，也能有效改善可渗透路面的生态环境。对于地形平缓的区域，在雨水径流方向保持相对稳定的前提下，施工人员可以在雨水汇集处对可渗透路面进行设计。而对于施工地形错综复杂的区域，可通过对原始径流交汇点的运用，对雨水进行分散疏通，提高雨水收集系统设计功能。

2）透水铺装控制措施

（1）原材料控制措施

为增强雨水收集系统的设计合理性，在项目施工中对原材料质量进行把控，以提高项目施工的质量。透水铺装路面需要按照以下流程进行监控：对原材料进行合理的配置，按照项目施工的经验，最终确定水、水泥、胶结剂和碎石比例为 113∶310∶100∶1520。为增强铺装结构的透水性，在透水铺装过程中需要在透水基层铺设垫层。可以运用级配碎石作为基层材料，增强其渗水性。

（2）透水铺装材料制作

透水铺装材料可采用机器进行搅拌，根据物料比例和投料的次序，将物料投放到搅拌机器中。在此项目施工中运用了三次投料法，具体投料的程序和要求如下：一是确定各种材料的合理配合比，将骨料投放到搅拌机中，进行全面、全方位的搅拌；二是将胶结料和其他外加剂投放到搅拌机中进行搅拌，连续搅拌的时间需要大于 30s；三是按照方案将预设的一定量的材料放入搅拌机搅拌 15min 左右，根据搅拌情况，对搅拌时间进行适度延长。对透水铺装材料分三次进行搅拌，使得水泥浆均匀地附着在骨料表面，达到提高混凝土的透水性和强度的目的。从性质上来说，透水铺装材料作为干性混凝土料，发生凝结的时间短。在对混凝土料进行运输时，需要将运输的时间控制在 20min 内。在运输过程中需要确保翻斗车的平稳性。

（3）透水铺装材料浇筑成型

干性混凝土料非常容易发生凝结，在项目施工环节，需要及时进行摊铺。大面积摊铺时，常采用分块隔仓方式。在施工过程中，将混合物均匀摊铺到路面上，并且通过滚筒进行抹平。若现场铺设厚度过高，在施工环节需要对高出方案预设厚度的地方进行振动压实。振动压实环节，需要增加结构中下方集料之间的接触面积，使集料能够形成高强度、多孔结构。采取浇筑成型的施工方式，有效避免了单纯振动成型工艺导致的结构中下方集料接触不严密的问题，有效增强了混凝土的强度和渗水性能。

(4) 透水铺装养护

从本质上讲，雨水收集系统透水铺装环节中所运用的透水混凝土料和水泥混凝土料属性相似。在进行摊铺施工后，经检验其标高合格以后，要及时覆盖塑料薄膜进行养护。在浇筑以后需要进行洒水养护，每天不得少于两次。在混凝土表面达到预设强度和凝结以后，需喷射封闭剂，以增强透水混凝土的强度和美观性。为了防止降雨过程中冲击而来的杂物对透水混凝土产生堵塞问题，以及受热胀冷缩而导致路面裂缝，在施工完成以后需要增设伸缩缝。伸缩缝的设计需要和结构层混凝土切割缝保持一致，每 6m 设置通缝，缝隙宽度以 5mm 左右为宜，并采用柔性物质嵌缝。目前透水铺装已经得到了较为广泛的利用。在铺装过程中，要按照国家施工标准，确定铺装的平整度、砂垫层的含水率等。在进行找平层施工环节，要加强对砂浆的监护，保证其透水率，防止雨水堵塞（透水能力需要大于面层）。在施工过程中，需要时刻控制好透水率，将其作为透水铺装的重点项目。另外，因为透水铺装材料孔隙较大，容易被杂物堵塞，所以要定期采取高压冲洗的方式，清理孔隙周围的堵塞物，强化对透水铺装的后期养护。

7.4.3 雨水的净化

1. 雨水净化需解决的问题

雨水净化需要解决雨水净化环节不足、净化效率低、净化容量小等问题。可从传统雨水系统自身和外部环境两方面考虑解决。

2. 雨水净化对应的技术

为增加雨水净化环节，提高净化效率和净化容量，传统雨水系统可增大检查井的容积、加装填料，增加净化容量和提高净化效率。在雨水口加装填料可使其具备集蓄和净化雨水的能力，提高净化效率和污染物去除量。可将排放口加装垃圾筛，在不影响排水的情况下，使垃圾筛孔径尽可能小并定期清理，以截留更多的污染物。对传统雨水系统外部环境而言，下垫面主要分为绿地、道路、铺装、屋面、水面和裸土。为增加具有雨水净化功能的环节，可将不透水下垫面改为渗透下垫面。如尽量多采用透水铺装，使雨水在下渗的过程中通过土壤和微生物的共同作用而得到净化；屋面条件允许时，应采用绿化种植屋面搭配耐污染和净化能力强的植物，增大雨水净化面积，提高雨水净化效率；可将道路雨水由路缘石开口导入下凹绿化带，合理搭配植物，增强其对雨水的净化功能；对于绿地本身，可选用耐污染和净化能力强的植物，优化乔灌木等植物的组合，提高净化效能；对于城市水体，可通过流域水环境治理，恢复水体原有的自净能力。

3. 雨水净化可采用的功能单元

(1) 雨水湿地

雨水湿地有时也被称作人工雨水湿地、暴雨径流人工湿地等。雨水湿地能较好地削减地表径流量和径流污染。雨水湿地构成单元通常包括进出水口（含消能坎）、护坡和驳岸、前置塘、沼泽区和检修区等。雨水湿地内应根据实际水深种植不同类型的水生植物。

雨水湿地对水的净化主要依靠湿地内种植的植物和微生物实现，除对雨水有较好的净化作用外，依靠其自身的调蓄容量对径流总量控制和洪峰削减也有较好的效果。兰哈特（Lenhart）等人研究了雨水湿地在11场降雨中对降雨峰值流量和径流总量的控制效果，雨水湿地削减了80%的降雨峰值流量和54%的降雨径流总量。单保庆等人的研究表明，雨水湿地能削减单场76.5mm降雨的85.1%的径流总量，延缓暴雨产流时间3h。雨水湿地的应用需具备一定的空间条件，当空间条件满足时，居住小区、道路、绿地等处均能运用。雨水湿地占地面积较大，建设和维护费用较高。

(2) 环保雨水口

环保雨水口拟安装在常用雨水口位置，为三层同心圆筒结构。最外侧同心圆外包裹一层土工布，土工布外再填充一层河砂。该设备能自动分流初期雨水径流，具备径流污染控制和径流量削减功能，主要包括防堵塞雨水箅、垃圾筛、滤料层等构成单元，能自动集蓄、净化、入渗汇集到雨水口的雨水。该设备依靠滤料的过滤和吸附作用去除初期污染物。在重力作用下，初雨径流通过中层滤料和外层砂层时，污染物被滤料吸附和砂层过滤。河砂对有机物和重金属也有一定的吸附能力。河砂搭配合适的滤料，将有效去除初期雨水径流中的溶解性污染物。

环保雨水口对径流的削减量由其本身的结构层蓄水容量决定，为$1m^3$。外层粗砂也具有一定的削减容量。该雨水口箅型为圆形，箅条间过水孔径较大，可保证大部分杂物通过。箅子下方和中层滤料之间安装了截污垃圾筛，杂物进入雨水箅后，积存在截污垃圾筛中，容易取出。

环保雨水口在深圳L区有较好的应用。L区设置了127个环保雨水口，结合附近雨量站降雨数据分析估算，单个雨水口每场降雨可收集$1m^3$降雨径流，年均收集回补地下水$550m^3$。实际应用中，L区环境好，工业和交通污染较小，若初期雨水平均污染负荷以COD（化学需氧量）计为30mg/L，以SS计为100mg/L。污染物质一旦进入环保雨水口将会被全部去除，则该环保雨水口对COD和SS的年削减量分别为2100kg和7000kg。该环保雨水口在L区示范效果良好、维护简便，可分离初雨和后期雨水，对初雨污染物去除效果明显，能有效改善排入河流的雨水水质。

7.4.4 雨水的储存

雨水的储存与调节是海绵城市中的重要一环，在雨量集中时可以调节峰值流量，在降水不足时储存收集的雨水可以供给生活生产之用，在雨水治理和综合利用方面都发挥着至关重要的作用。雨水储存与调节设施主要有湿塘、雨水湿地、渗透塘、调节塘、蓄水池、蓄水模块等。

1. 湿塘

湿塘指具有雨水调蓄和净化功能的景观水体，同时雨水作为其主要的补水水源。湿塘有时可结合绿地、开放空间等场地条件设计为多功能调蓄水体，即平时发挥正常的景观及休闲、娱乐功能，暴雨发生时发挥调蓄功能，实现土地资源的多功能利用。

典型湿塘一般由进水口、前置塘、主塘、溢流出水口、护坡及驳岸、维护通道等构成。

(1) 进水口

① 进水口高程应高于常水位，避免阻水。进水口位置可根据完工后的汇水面径流的实际汇流路径进行调整。

② 进水口处的碎石（卵石）、混凝土等形式的消能设施，应坚固、稳定等。

(2) 前置塘、主塘

① 前置塘应按设计尺寸施工，保证其预处理能力；当采用混凝土或块石结构时，其底面软弱土层应清除干净，对不符合要求的，应进行换填处理；维护通道应与基础通道同时施工。

② 配水石笼安装标高应符合设计要求。

③ 沼泽区水生植物应选用当地耐生植物，以保证成活质量。

④ 主塘堤坝应采取防渗漏措施，满足《水利水电工程单元工程施工质量验收评定标准——堤防工程》（SL 634—2012）的相关规定。

(3) 出水口

① 溢流出水口的外侧应设置于雨水收水口处，雨水收水口处必须设置沉泥坑。

② 应严格控制相邻进水口与出水口的高程，保证进水和出水功能。

③ 溢流竖管标高应满足设计要求，保证调节水位的标高。

④ 出水管道安装满足现行标准《给水排水管道工程施工及验收规范》（GB 50268—2008）的规定。

2. 雨水湿地

雨水湿地利用物理、水生植物及微生物等作用净化雨水，是一种高效的径流污染控制设施。雨水湿地分为雨水表流湿地和雨水潜流湿地，一般设计成防渗型以便维持雨水湿地植物所需要的水量。雨水湿地常与湿塘合建并设计调蓄容积。

典型雨水湿地与湿塘的构造相似，一般由进水口、前置塘、沼泽区、出水池、溢流出水口、护坡及驳岸、维护通道等构成。

7.4.5 雨水的利用

通过分析雨水利用需解决的问题及解决途径、雨水利用可以采用的技术来研究传统雨水系统利用功能拓展技术。

1. 雨水利用需解决的问题

为实现雨水利用，需要解决水量不足和水质不达标的问题。可从传统雨水系统自身和传统雨水系统外部环境两方面考虑解决。

2. 雨水利用对应的技术

深圳市多年平均降水量为 1933.3mm，雨水利用量充足。为使雨水水质满足利用标准，传统雨水系统可通过设置雨水口净化初期雨水，以及增大雨水检查井的容量来净化雨水。若安装了调蓄池，调蓄池需在进口安装初期雨水净化措施，可在调蓄池排口或管渠检查井安装雨水利用设备，根据利用水质的要求确定雨水利用处理工艺流程。传统雨水系统外部环境中，可在绿色屋顶下设置雨水罐，就近用于灌溉、绿化等，超过雨水罐容量的水量可接入雨水花园或绿地等。

3. 雨水利用可采用的功能单元

雨水罐是小型的雨水收集利用设施，能从源头上减少地面径流，减小雨水集中处理的压力，多用于降雨期间收集屋面降雨径流。罐内雨水经简单处理后可用于浇灌绿地、清扫道路等，实现雨洪资源化利用。屋面雨水经雨水立管进入雨水罐，进入雨水罐前经过一层物理过滤。当收集量超过雨水罐容量时，雨水经由雨水罐上部溢流管排入地面。有条件的地区可以直接接入雨水花园。

詹宁斯（Jennings）等人研究了雨水罐收集雨水对年度径流量削减的影响，结果表明，收集 186m² 的屋顶 20% 面积的径流，即可减小整个屋顶年度径流总量的 1.4%～3.1%。雨水罐多应用于收集利用屋面较干净的汇水面的雨水，市场上已有较多成熟产品，安装和维护简单。但其蓄水容量较小，基本不具备雨水净化功能。

7.4.6 雨水的排放

通过分析雨水排放需解决的问题及解决途径、雨水排放可以采用的技术来研究传统雨水系统雨水排放功能拓展技术。

1. 雨水排放需解决的问题

为实现雨水排放，需解决传统雨水系统本身排放能力不足和需外排的雨水量过多的问题。可从传统雨水系统本身和传统雨水系统两方面考虑。

2. 雨水排放对应的技术

为增强雨水系统的排水能力，传统雨水系统可通过增强泵站抽排能力、定期维护清理来实现。从传统雨水系统外部，可增强前文所述的雨水入渗、滞留、集蓄、利用功能，削减进入传统雨水系统的雨水量，减轻传统雨水系统的排水压力。

3. 雨水排放可采用的功能单元

（1）植草沟

植草沟是指有植被的地表沟渠，具有一定的雨水净化作用，可用于衔接其他单项设施、城市雨水干管等。降雨径流在植草沟中流动的过程中，植物可滞留雨水，减缓其流速。可通过沟内植物吸附、土壤过滤和微生物的净化作用净化雨水。依据传输降雨径流的方式，植草沟分为标准转输型植草沟、湿式植草沟和干式植草沟三种形式。

在降雨强度较小时，植草沟主要起到入渗雨水的作用；当降雨强度为中等强度时，植草沟的功能以减缓降雨径流流速、降低径流峰值流量为主；当降雨强度较大时，植草沟主要起雨水转输排放的作用。匹克（Peak）等人研究发现 60～80m 长度范围内的植草沟可去除 80% 的水体污染物，长度超过 30m 后，径流调蓄效果较好。云斯顿（Winston）等人比较研究了几种类型的植草沟去除污染物的效果，结果表明，当进水污染物的初始浓度较低时，湿式植草沟效果较标准传输植草沟更好。

国内对植草沟技术研究的起步较晚，相关研究相对较少。戈鑫等人监测了不同雨型下，常州某污水处理厂内的植草沟控制道路径流水质污染的效果，结果表明，植草沟能削减 90% 以上的 SS 和 COD 负荷及超过 80% 的氮、磷污染负荷。黄俊杰等人在合肥市滨湖新区对两条不同类型植草沟进行实地监测，以考察植草沟对路面径流水量的控制效果。结果表明，设置有渗排管的改良植草沟水量控制效果显著优于普通植草沟。植草沟适用范围较广，对场地有一定的要求，建筑小区内部路面、停车场周边、道路和绿地等均适用。植草沟可与生物滞留设施、雨水管渠等联用，在条件允许时可部分代替雨水管渠。植草沟建设和维护成本较低，具有一定的景观效果。

（2）深层隧道

地下深隧排水系统是一种在国外已实践应用多年的排涝方式。目前在我国多个城市已展开了针对深隧的研究，希望利用深隧来增强城市防洪能力并控制污染。深隧排水系统构成单元包括主隧道、竖井、排水泵组、通风设施、排泥设施等。合流污水、初雨和暴雨的调蓄转输主要依靠深隧的主隧道，合流污水、初雨和超标雨水经竖井进入深隧；排水泵站用于雨水转输、深隧放空或排洪。

隧道充水过程中依靠通风设施排气；隧道内淤泥由位于隧道尾端的排泥设施清除。降雨时，地面多余雨水进入地下深隧，浅层排水管网的压力减小，城市路面积水情况得到改善。多余雨水除直接排入受纳水体外，还可以在降雨停止后，利用水泵和管网输送至地面污水处理厂，经处理后再排入受纳水体。美国芝加哥深层隧道系统长度为176km、直径为2.5～10m、埋深为45～106m，含直径为1.2～7.6m竖井246个、三座排涝泵站，最大泵站流量为$3.7×10^7 m^3/d$，提升扬程107m。该隧道建成后，地面溢流点减少405处。隧道内雨水最终输送至超大规模污水处理厂，处理达标后排入自然河流。芝加哥深隧的实施，保护了饮用水源地密歇根湖（美国），能有效减轻城市内涝风险和缓解水体污染。香港地形地势独特，已建成一个方便从西九龙腹地集水区收集雨水的隧道工程，该地区的地面雨水通过多个收集口汇入一条直径为4.9m、长2.5km的分支隧道，最后由一条长1.2km的倒虹吸隧道将雨水排出维多利亚港。该项目的建成有效缓解了荔枝角、长沙湾和深水埗水区的内涝风险，并将该地区的防洪标准提升到50年一遇。香港的深层隧道排水工程具有高度针对性，对相似地形的城市具有指导意义。深隧的排水能力强，适用范围广，能较好地减少城市降雨径流，但其造价昂贵，维护较为烦琐，且一旦修建基本为永久性设施，在其实际应用中应和城市长远期规划相协调，避免后期对城市发展造成不利影响。

7.5 智慧排水技术

7.5.1 智慧理念

城市供排水事业的发展与城市社会经济的发展息息相关，其服务质量的好坏不仅关系到企业自身的利益，也直接影响社会的稳定和政府形象。而由于城市水务管理存在涉及范围广、时空跨度大、突发事件多、不确定因素难以控制等技术性难点，城市水务传统管理仍面临诸多问题。例如：设施信息"家底"不清、信息利用效率低、缺乏数据标准及规范，从而影响信息的共享和有效使用；缺少长期定量化的运行动态数据监管，无法及时掌握管网动态，缺少优化调度科学分析的数据基础；缺乏有效的评估决策模式，导致相关决策仍然以主观判断为主，难以科学解决管网连通、布局优化、泵站调控、厂网联控、流域调水等工程措施对管网系统的动态影响；大部分信息化建设仍停留在信息管理水平，数据、系统分散，"信息孤岛"问题突出。

智慧排水系统是信息技术对水务行业的一种变革，它使水务管理突破传统模式，以更加智能化的方式运作。智慧排水系统的三大核心理念为感知、协同和智能。

1. 感知

数据是智慧排水系统的核心。通过感知技术,将先进的传感技术和物联网技术嵌入水务业务系统中的各个环节,完成数据采集;通过网络传输使水务业务系统充分数据化,为其他系统的建设创造条件,为智慧水务建设提供基础。

2. 协同

利用智慧排水系统各个环节的内在协同运行关系,使各业务单元更加系统高效地运行起来,实现水务系统在数据、业务流程、决策信息、门户等不同层面上的协同运行。

3. 智能

利用先进的计算模型、计算分析模式、应用计算能力、强大的计算设备对数据进行整理、加工和分析,将数据转化成有效的信息,提升水务管理决策能力。

7.5.2 智慧排水系统建设内容

智慧排水系统建设通过对感知层、网络层、基础设施层(IaaS层)、数据服务层(DaaS层)、平台支撑层(PaaS层)、软件服务层(SaaS层)、交互层的建设,构建城市智慧水务大数据平台框架,形成以服务为总线的平台服务体系。

感知层通过采集水质、流量、水位、雨量、气象、地下水信息的水利监测设备,自动化控制设备并为视频联动提供多源数据。

网络层负责信息传输,通过有线传输和无线传输两种主要形式,应用光纤、GPRS、4G、5G、卫星、短波等传输技术,实现数据信息安全稳定传输。

IaaS层通过对计算机基础设施整合利用后提供服务,通过虚拟化技术重新整合服务器、交换机、路由器、防火墙、机柜、UPS等基础设施构建数据中心,实现对数据中心基础设施的监控管理和资源的分配调度管理,为数据的存储和调用提供强有力的物理环境。

DaaS层为业务应用提供公共数据的访问服务,以及提供数据中潜在的有价值信息的服务。

PaaS层为业务系统提供统一的平台应用支撑服务,为水资源、水环境、防汛抗旱相关领域的业务应用系统提供统一的基础数据访问、数据分析、界面表现等平台公共服务支持。

SaaS层让相关人员能够通过互联网连接来使用其平台的应用程序。它不需要用户将软件产品安装在自己的电脑或服务器上。

1. 智慧排水系统建设任务

根据城市水务信息化发展现状和智慧水务的总体框架,其建设任务包括四个监测体系、五个控制体系、一个水务大数据中心和一个应用体系,具体如下。

(1) 四个监测体系

四个监测体系主要围绕防汛抗旱、水资源、水环境和水生态管理四类核心业务,以完善水务监测体系。同传统的监测手段相比,智慧水务利用遥感、卫星、物联网等技术构建智能感知体系,确保信息互通和资源共享,形成"空天地"一体化的水务立体感知监测体系。

(2) 五个控制体系

五个控制体系主要围绕洪水控制、水源控制、城市供水控制、城市排水控制和生态河湖控制五类体系。洪水控制体系涵盖城市主要河流及城市内涝，采取上蓄、中疏、下排的防洪措施；水源控制体系可实现水库、水源地及再生水统一配置；城市供水控制体系包括城区和郊区供水控制体系，形成城郊供水单元相结合的供水格局；城市排水控制体系包括污水收集和处理体系；生态河湖控制体系包括内城水系、生态廊道及小流域。

(3) 一个大数据中心

一个大数据中心通过元数据库结合数据资源目录的方式，实现数据的标准化管理，并在现有综合库的基础上建设数据库，通过配套相关硬件设备并充分运用大数据技术，为水务业务分析、统计、决策等过程提供重要的数据支撑。建设水务信息基础平台，建立形式多样、使用灵活、方便快捷的资源共享服务系统，形成"一库一平台"。

(4) 一个应用体系

一个应用体系采用功能个性化定制的思想，水务应用系统以通用和个性相结合的方式实现。共性业务使用统一的通用模块，个性业务则单独开发模块。通过管理平台实现模块的共享、升级和管理，形成上下贯通、左右协同的业务应用链条，为社会公众、水务各级管理部门提供便捷的在线服务和决策支持依据。

2. 建设原则

为确保目标的实现，克服信息化发展过程中出现的各自为政、重复建设、信息资源分散、开发利用效率低等全局性问题，智慧水务建设应遵循以下基本原则。

(1) 统筹规划、稳步推进

根据统筹安排建设任务，逐一落实，协调、稳步推进各项建设内容，满足当前工作的迫切需要。此外，建立有效的工作协调机制，健全相关办法，制定标准规范，采取有效措施，促进重点项目建设，在技术上统一标准框架，确保信息的互联互通，促进资源的整合共享，充分发挥各种资源的作用和效能。

(2) 需求驱动、急用先建

以满足实际需求、提升业务支撑能力为目的，建立以应用需求为导向、信息技术应用服从水务事务和业务需求的科学发展模式，在保障系统可拓展性的基础上，选择实用先进的信息技术，建立可配置、易扩充、能演化的系统，注重实用，确保系统尽快发挥效益。

(3) 注重整合、资源共享

按照资源共享的原则建设和应用所有信息基础设施，特别是要依托水务大数据中心建设，利用信息交换平台在全市水务系统内部最大限度地共享信息资源，最大限度地对社会公众开放公共信息，实现资源优化配置、信息互联互通、政务公开透明，促进信息基础设施建设和应用系统效能最大化，避免重复建设。

(4) 建管并重、注重运维

加强建设项目的规范化过程管理与科学评估，明确各类信息基础设施及业务应用的合理生命周期，将所建系统的运行维护管理方案及合理生命周期内所需备品、备件纳入设计内容，落实运行维护经费和组织方式，强化日常管理，保障水务信息系统可持续使用。

3. 建设模式

智慧排水系统的核心体现在应用层面，应用系统建设以现有系统整合为主、以现有系统升级改造和新建系统为辅的方式开展。具体内容如下。

（1）现有系统整合

现有系统整合分为数据资源整合与应用系统整合两个层面。数据资源层面的整合针对运行良好、相互功能交集较小，但具有一定数据联系的现有应用系统，通过分析系统之间的数据关联关系（如数据类型、流向、共享需求等），确定整合后的数据资源结构，并对上层应用系统进行相应改造，实现同一数据资源上不同系统的稳定运行。

应用系统层面的整合是在云计算服务环境下，基于面向服务的架构，对当前在不同的开发平台下，用不同的开发语言、架构设计开发，并且运行于不同网络环境中的信息系统进行深入分析，将业务流程分割包装成不同的服务，并整合在统一的网络中，为使用者提供透明化的服务，从而实现系统的松耦合。

（2）现有系统升级改造

对不能满足智慧水务业务需求的系统进行评估，找出目前运行状况良好的系统，按照智慧水务业务需求，在大数据、云计算和物联网环境下，基于面向服务的技术架构对业务流程进行重新梳理，采用工作流、可视化等技术对业务流程进行建模，构建可变动的业务流程定制机制，实现对现有系统的升级，以满足服务社会公众和支持领导决策的需求。

（3）新系统建设

针对无法通过升级改造达到相应的建设目标、升级改造成本过高等困难，或者承担新的工作和任务的系统，需要建设新的信息系统。新建系统基于统一的布局、标准和开发平台，充分考虑软硬件的兼容性问题，以提高各业务系统的开发效率，方便各业务系统间的集成，实现各系统间的互联互通与信息共享，从而保障跨部门的业务协同。

4. 建成预期成果

建成后，将实现以水务局为中心、以局属单位为分中心的城市智慧水务服务系统，为基层监控、业务管理、决策支持、公共服务，提供全面、可靠、灵活、便捷的信息化支撑和保障。其具体内容如下。

（1）控制自动化

面向城市水源地、排水管网、城市生态河湖水系等各类监控对象，建立防洪工程、水源工程自动化、城乡供水工程、城市排水工程和生态河湖工程等控制体系，实现水利工程及时、可靠、自动控制。

（2）管理协同化

面向业务人员，建立市区两级联动的协同管理工作体制，在业务和政务管理方面实现统一流程、用户、资源、配置的协作化管理。通过对目标、过程、执行及结果等管理的统一把控，业务人员的管理更加高效、共享和协同，实现精细化管理。

（3）决策科学化

面向领导建立模型，实现多水源多用户水资源联合调度、洪水资源利用、风险管理等分析，为领导科学决策提供支持。通过信息支撑与决策依据、方法及过程的科学化，领导的决策更加合理、可行,实现科学化决策。

(4) 服务人性化

面向社会公众,建立涉及水行政、民生的公共服务,提供了解水务的渠道,实现水务信息资源共建共享,避免重复建设。通过服务内容、方式、品质及社会交互,社会公众体验到水务品质的便捷,实现人性化服务。

智慧水务是水务部门相关业务信息化的高级阶段。其核心理念是以云计算、大数据、物联网和移动互联网等新一代信息技术为支撑,通过智能设备感知水务信息化采集数据的全方位变化,对海量感知数据进行传输、存储和处理,并基于统一融合与互联互通的公共服务平台,实现对数据的智能分析,以更加精细和动态的方式管理水务业务系统的整套采集、监测、管理、决策和服务流程,从而达到"智慧排水"的目的。

参考文献

[1] 张自杰. 排水工程（下册）[M]. 北京：中国建筑工业出版社，2000.
[2] 陈春光. 城市给水排水工程 [M]. 成都：西南交通大学出版社，2017.
[3] 王丽娟，李杨，龚宾. 给排水管道工程技术 [M]. 北京：中国水利水电出版社，2017.
[4] 翟端端，林兵，刘堃. 给排水工程规划设计与管理研究 [M]. 沈阳：辽宁科学技术出版社，2022.
[5] 李淑欣，陆云华，王文静. 城市给排水系统设计与技术研究 [M]. 哈尔滨：哈尔滨出版社，2023.
[6] 崔晓英. 市政给排水工程技术研究 [M]. 天津：天津科学技术出版社，2023.
[7] 邓照华，宋明严，张磊. 城市建设与给排水工程 [M]. 长春：吉林科学技术出版社，2023.
[8] 饶鑫，赵云. 市政给排水管道工程 [M]. 上海：上海交通大学出版社，2020.
[9] 杨杰，陈海棠，毛丽英. 市政给排水应用研究 [M]. 汕头：汕头大学出版社，2024.0
[10] 王迪，崔卉，鲁教银. 城市给排水工程规划与设计 [M]. 长春：吉林科学技术出版社，2022.
[11] 刘志伟，刘文君，杨黎. 路桥工程管理与给排水规划设计 [M]. 长春：吉林科学技术出版社，2023.
[12] 赫亚宁，韩彦波，刘瑜. 城市建设与市政给排水设计应用 [M]. 长春：吉林人民出版社，2023.
[13] 许彦，王宏伟，朱红莲. 市政规划与给排水工程 [M]. 长春：吉林科学技术出版社，2020.
[14] 崔玉川，马志毅，王孝承，等. 废水处理工艺设计计算 [M]. 北京：中国建筑工业出版社，1994.
[15] 高俊发，王社平. 污水处理厂工艺设计手册 [M]. 北京：化学工业出版社，2003.
[16] 孙力平，周少奇. 污水处理新工艺与设计计算实例 [M]. 北京：化学工业出版社，2002.
[17] 北京水环境技术与设备研究中心. 三废处理工程技术手册（废水卷）[M]. 北京：化学工业出版社，2000.
[18] 李梅，郭兴芳. 城市污水处理技术及工程实例 [M]. 北京：化学工业出版社，2002.
[19] 杨岳平，周少奇. 废水处理工程及实例分析 [M]. 北京：化学工业出版社，2003.
[20] 冯生华. 城市中小型污水处理厂的建设与管理 [M]. 北京：中国建筑工业出版社，2001.
[21] 崔玉川. 城市与工业节约用水手册 [M]. 北京：中国建筑工业出版社，2002.
[22] 郑兴灿，李亚新. 污水除磷脱氮技术 [M]. 北京：中国建筑工业出版社，1998.
[23] 钱易，唐孝炎. 现代废水处理新技术 [M]. 北京：中国科学技术出版社，1993.
[24] 北京市市政设计研究院. 简明排水设计手册 [M]. 北京：中国建筑工业出版社，1990.
[25] 史惠祥. 实用环境工程手册 [M]. 北京：化学工业出版社，2002.
[26] 中华人民共和国住房和城乡建设部. 室外排水设计标准：GB 50014–2021 [S]. 北京：中国计划出版社，2021.
[27] 于尔捷，张杰. 给水排水工程快速设计手册（排水工程）[M]. 北京：中国建筑工业出版社，1996.

[28] 聂梅生. 水工业工程设计手册（废水处理及再用）[M]. 北京：中国建筑工业出版社，2002.
[29] 张中和. 给水排水设计手册（第5册　城市排水）[M]. 北京：中国建筑工业出版社，1986.
[30] 金儒霖. 污泥处理[M]. 北京：中国建筑工业出版社，1982.
[31] 唐授印，汪大翚. 水处理工程师手册[M]. 北京：化学工业出版社，2000.
[32] 严熙世. 给水排水工程快速设计手册（第一册）[M]. 北京：中国建筑工业出版社，1995.
[33] 中国市政工程西北设计研究院. 给水排水设计手册（第3册）[M]. 北京：中国建筑工业出版社，1986.
[34] 崔玉川，李福勤. 城市污水回用深度处理设施设计计算[M]. 北京：化学工业出版社，2003.
[35] 陈秀华，奚旦立. 废水处理工艺设计及实例分析[M]. 北京：化学工业出版社，1990.
[36] 周毓豪. 基于海绵城市理念的市政道路给排水设计分析[J]. 工程建设与设计，2024（19）：120-122.
[37] 吴怡桦. 海绵城市理念在市政给排水设计中的应用分析[J]. 工程建设与设计，2024（17）：103-105.
[38] 单靖涵. 市政给排水管道布置的设计原则与技术分析[J]. 工程建设与设计，2024（3）：83-85.
[39] 陈伟. 海绵城市理念在市政给排水设计中的应用[J]. 工程建设与设计，2023（5）：95-97.
[40] 何永平，董洁，张永红. 生态城市背景下市政给排水规划设计研究[J]. 工程建设与设计，2024（11）：80-82.